2023 年版

全国一级造价工程师继续教育教材

工程造价
数字化管理

GONGCHENG ZAOJIA
SHUZIHUA GUANLI

中国建设工程造价管理协会 编

U0250999

中国计划出版社
北　京

图书在版编目（ＣＩＰ）数据

工程造价数字化管理 / 中国建设工程造价管理协会
编. -- 北京 ： 中国计划出版社，2023.7（2024.4 重印）
2023年版全国一级造价工程师继续教育教材
ISBN 978-7-5182-1545-4

Ⅰ．①工… Ⅱ．①中… Ⅲ．①建筑造价管理－继续教
育－教材 Ⅳ．①TU723.31

中国国家版本馆CIP数据核字(2023)第120627号

责任编辑：刘　涛　　　　封面设计：韩可斌
责任校对：杨奇志　谭佳艺　责任印制：李　晨　王亚军

中国计划出版社出版发行
网址：www. jhpress. com
地址：北京市西城区木樨地北里甲 11 号国宏大厦 C 座 4 层
邮政编码：100038　电话：(010) 63906433（发行部）
北京天宇星印刷厂印刷

787mm×1092mm　1/16　14.75 印张　374 千字
2023 年 7 月第 1 版　2024 年 4 月第 2 次印刷

定价：59.00 元

编审人员名单

编写人员：

第一章　郭怀君　中昌慧建工程管理集团有限公司

　　　　刘守奎　中昌慧建工程管理集团有限公司

　　　　李东海　中昌慧建工程管理集团有限公司

第二章　张　晓　华昆工程管理咨询有限公司

第三章　顾　明　清华大学

　　　　武鹏飞　数云科际（深圳）技术有限公司

　　　　肖　雪　深圳市斯维尔科技有限公司

第四章　姜　辉　广联达科技股份有限公司

　　　　李忠宝　广联达科技股份有限公司

第五章　李宏颀　瑞杰历信行（北京）数据科技有限公司

　　　　吕　向　瑞杰历信行（北京）数据科技有限公司

　　　　孙海萱　瑞杰历信行（北京）数据科技有限公司

主　　审： 杨丽坤

审查人员： 李成栋　　沈维春　　王广斌　　曹信红　　陈　静

　　　　　　郭婧娟　　吴虹鸥　　郝治福　　杨海欧　　刘　东

前　言

为加强工程造价专业人才培养，持续改进工程造价行业专业人才的知识结构，我协会有针对性地选择了当前工程项目建设及工程咨询方面的热点、难点问题，组织有关高等院校、咨询单位及软件企业等专家、学者，共同研究编写了《2023 年版全国一级造价工程师继续教育教材——工程造价数字化管理》，本教材的主要内容包括：建设工程数字化概论、面向数字建造的工程分解结构概论、基于 BIM 的工程造价数字化、数字造价管理、建筑成本投资数据模型研究及应用。

本教材可作为全国注册一级造价工程师继续教育教材使用，也可作为建设工程造价管理人员、项目经理及有关人员的学习资料和参考用书，以及高等院校相关专业的教学参考用书。

在此对本教材的编审过程中给予帮助与支持的同仁表示衷心的感谢！

由于时间仓促，书中难免有疏漏，恳请广大读者批评、指正。

中国建设工程造价管理协会

2023 年 6 月

目　　录

第一章　建设工程数字化概论

第一节　工程数字化及体系架构

一、工程数字化内涵及价值

（一）工程数字化内涵

1. 工程数字化的提出

以习近平同志为核心的党中央高度重视数字经济发展，明确提出数字中国战略。在《国家"十四五"规划纲要》中，提出要"加快数字化发展，建设数字中国"，深刻阐明了加快数字经济发展对于把握数字时代机遇，建设数字中国的关键作用。各地区和部门相继制定数字化相关规划，大力推进数字化转型。

数字化的兴起源于"信息化"的发展。《2006—2020 年国家信息化发展战略》中，将"信息化"定义为"充分利用信息技术，开发利用信息资源，促进信息交流和知识共享，提高经济增长质量"。"信息化"的核心在于将真实物理世界的业务、交易、方法、思想通过计算机和网络变成可以更快速、容量更大、传播范围更广、高度可复用的算法、程序和数据，并将这些信息资源作为一种新型的生产要素，投放到社会经济的各环节中去，发挥更大的价值。

信息系统的应用是信息化的代表，能够大幅提高运行效率。但是，传统的信息系统也存在相对封闭、缺乏信息共享、采集方式较为落后、数据综合处理能力较弱、缺少数据标准化处理和智能化管理手段等问题。随着大数据、云计算、区块链、人工智能等数字技术的发展，以及各类学科的交叉融合，"数字工程"由此诞生。用"数字"概括一切"数字化"的信息，由注重专题的"专业系统"升格为强调综合应用的"数字平台"，传统信息系统被归纳和包含于数字平台之中，由此开启了数字化时代。

数字化是信息化发展的高级阶段，虽然没有官方的定义，但一般被认为有两个层面的含义：狭义的数字化主要是利用数字技术，对具体业务、场景的数字化改造，更关注数字技术本身对业务的降本增效作用；广义的数字化则是利用数字技术，对企业、政府等各类组织的业务模式、运营方式，进行系统化、整体性的变革，更关注数字技术对组织的整个体系的赋能和重塑。

数字化与信息化是一脉相承的，但在思维理念和方法论上，又有本质的区别。"信息化"并未从本质上改变原有的物理世界的生产和经济模式，"数字化"则用一种全新的模式再现甚至重构原有物理世界的生产生活方式。因此，信息化和数字化的根本区别在于是否颠覆原有的传统模式。信息化是数字化的基础，数字化是信息化的升级。没有颠覆传统模式的信息化，就不能是数字化。

在工程建设领域，"工程数字化"是工程建设行业在工程信息化发展基础上形成的一种新的管理理念、技术和模式，是将工程以及整个建设活动的信息转变为一系列计算机可读的二进制代码，由计算机进行处理，并颠覆工程建设传统模式的过程。

2. 工程数字化概念

工程数字化是工程建设行业在工程信息化基础上发展形成的一种新的管理理念、技术和模式。

广义而言，工程数字化是指工程建设行业的数字化，包括工程项目的数字化建设与运维、工程建设企业的数字化管理、建设行政管理部门的数字化监管等。

狭义而言，工程数字化是指工程项目的数字化建设管理，是指依托新一代信息技术，实现项目投资决策、勘察设计、建设实施、资产交付等的数字化、在线化、智能化转变，同时带动项目全生命周期业务模式、管理模式、合作模式的优化、重构与升级的过程。本书所指工程数字化主要以狭义概念为准。

从狭义的角度，建筑信息模型（BIM）技术是实现工程数字化的主要手段，工程数字化也是 BIM 深入应用的结果，属于"BIM+"的应用范畴，在建设单位（或投资单位）主导下，贯穿项目全生命周期，全体参建单位基于以 BIM 为基础的数字化平台，实现各类信息的集成化管理，为项目管理提质增效，为智慧运维奠定数据基础。在工程数字化过程中，通过智能感知技术、先进计算技术、网络通信技术、数据管理技术、共性平台技术以及人工智能（AI）等多类型技术的集成化创新和协同化应用，颠覆了传统工程管理模式，实现工程建设的智能化、智慧化。

3. 工程数字化特点

与传统的工程信息化相比，工程数字化具有如下特点：

（1）时空载体性与场景可视化。时空载体性是指关于工程信息的空间属性以及可随时间变化的特征。借助 BIM、地理信息系统（GIS）等三维技术载体，数字平台存储的大部分信息都具有统一的坐标定位，并可在不同的时间段具有不同的取值或形态，表现出时态性、变化性和载体性。工程数据的存储在空间与时间方面都具有可追溯性，从规划设计到运行维护形成完整统一的工程数据链。这是传统信息化无法做到的。

时空载体性带来的另一个好处是场景的可视化，通过多维可视化展现工作场景，帮助人们直观地理解数据和信息所表现的形态。基于 BIM、GIS 数据模型、可视化与虚拟仿真技术，使工程数据应用更加丰富与生动。如数字建筑、虚拟现实、演习模拟等。

（2）结构化、标准化与自动化。结构化数据是遵循统一标准与规范的数据。既按照计算机逻辑来组织数据，包括为每个数据定义明确的类型和取值范围、在数据之间建立反映信息本质的关联关系等，结构化数据是对现实世界事物的关系映射。例如，一张学生成绩单电子表格使用二维表反映学生个体与其学习成绩之间的关系；一个建筑信息模型则使用结构化数据反映建筑构件的物理信息、几何信息，以及模型单元之间关联关系。工程数字化是在具有时空载体性的结构化数据基础上，利用数字平台的异源异构数据集成技术，形成高度综合统一的数据管理形态，将传统的信息载体向数字化载体转变，从而使数据更有利于在各系统之间进行处理、传输、存储和应用。

工程数据属性描述的非标准与不规范具有普遍性，因此数据标准化是工程数字化的前提。借助 AI 技术对非标工程数据进行分类、编码使综合、统一的数字化管理成为可能。

数据以结构化、标准化形式存于计算机内，就可以支持信息处理的自动化。如对模型数据质量的自动检查，由模型数据自动析取并形成资产数据库等，都是基于软件对结构化数据直接辨识而形成的自动化数据处理能力，是工程数字化效率和价值提高的关键。

（3）融合与集成性。融合与集成是数字化技术的最显著的特点，是破除"信息孤岛"的技术保证。上述所有特性都需要在数字底层平台，即数据与系统集成平台上实现。

融合与集成主要体现在数据和系统两个方面：数据融合是指多种具有单个特征的专业数据经过合成后形成新的综合数据；数据集成是指各种异构模型数据通过统一的空间定位，以规范和协议为标准的无缝集成。

系统集成是将不同平台、不同架构、不同专业系统进行改造和扩充，按照一定的规范和协议（网络接口）组成一个更高层次的系统应用。

（4）交互性。工程数字化推行的是所有参建方都可以在任何地点、任何时间和任何计算机终端或通信终端，进行端对端的信息交换和沟通。形成"我为人人，人人为我"的信息实时、快速采集与应用局面。信息的采集与应用不再是单向的，它的价值就在于交换，令每个用户都受益；提供信息不分时间与空间，端对端的具有显著实时性。例如，施工现场监控，信息和服务必需传输给确定的目标用户，这种传输是有目标的，而非盲目的。每个用户都有确定的"身份"，从而保证信息交换安全性与准确性。

4. 工程数字化必要性

数字经济时代中，现代数字技术正在颠覆各行业业态并创造新的需求，作为国民支柱产业的工程建设行业，长期存在能耗高、污染大、发展方式粗放等问题，传统的信息系统模式已难以满足新时期建筑业高质量发展的需求，"工程数字化"迎来发展的最佳契机，是国家数字经济发展战略在工程行业的具体体现，是工程行业数字化转型的必由之路，是数字技术深入应用于工程行业的必然结果。

（1）"工程数字化"是国家数字经济发展战略在工程行业的具体体现。数字经济正在以前所未有的速度，推动着生产、生活和治理方式的深刻变革，成为重组全球要素资源、重塑全球经济结构、改变全球竞争格局的关键力量。国家"十四五"数字经济发展规划为我国数字化发展提出了目标：以数据为关键要素，以数字技术与实体经济深度融合为主线，加强数字基础设施建设，完善数字经济治理体系，协同推进数字产业化和产业数字化，赋能传统产业转型升级，培育新产业、新业态、新模式，不断做强、做优、做大我国数字经济，为构建数字中国提供有力支撑。

"工程数字化"是国家数字经济发展战略在工程建设行业的具体表现，也是构建数字中国的一个部分。近年来，国家发布了多项政策引导和鼓励工程数字化发展。2020年，住房和城乡建设部等13个部门联合发布的《关于推动智能建造与建筑工业化协同发展的指导意见》指出："到2025年，建筑工业化、数字化、智能化水平显著提高"；2022年，《"十四五"建筑业发展规划》指出要"健全数据交互和安全标准，强化设计、生产、施工各环节数字化协同，推动工程建设全过程数字化成果交付和应用。"上述文件的发布表明了国家在工程数字化发展方面的决心和信心，工程数字化发展是大势所趋。

（2）"工程数字化"是工程行业数字化转型的必由之路。在数字经济背景下，工程建设行业亟需借助数字化实现全产业链转型升级。工程行业数字化转型包括工程项目的数字化和企业管理数字化。国资委《关于加快推进国有企业数字化转型工作的通知》对国有企业数字化转型提出了具体要求："要推动新一代信息技术深度融合，促进国有企业数字化、网络化、智能化发展，增强竞争力、创新力、控制力、影响力、抗风险能力"。越来越精细的管理要求，促使企业更要加强资源整合与平台建设，用更为数字化、智能化的手段提升企业能力。

2020 年，住房和城乡建设部等七部委联合发布《关于加快推进新型城市基础设施建设的指导意见》，提出加快推进城市建设从数字化，到智能化，再到智慧化。基于物联网技术的智慧化建设以工程数字化为基础，因而，工程数字化是智慧工程的客观要求。工程数字化能有效提升工程项目集成化管理水平，创新管理模式和手段，提高项目管理效率和提升工程质量，降低工程安全风险，进而推动建筑业高质量发展，实现产业升级和核心价值再造。

（3）"工程数字化"是数字技术深入应用于工程行业的必然结果。近年来，随着 BIM 技术在工程建设中的深入推广，其应用已从单阶段、单一参建单位散点式应用向全生命周期系统性应用发展，在工程全过程管理、全参与方信息交换与共享以及"数字孪生"过程中发挥了巨大的基础性作用。AI、物联网、GIS、云计算等技术的应用，也有效促进了工程建设向智能化、智慧化发展。如何获取更加准确、完善的项目数据，并对其进行结构化处理与存储，为项目管理提供丰富的数字化服务，如何基于上述数字技术建立数字化管理平台，促进各参建单位进行可视化、一体化、数字化、智慧化的综合管理，是当下行业研究的主要方向，这也是数字技术应用带领工程走向数字化的必然结果。

（二）工程数字化价值

工程数字化深入建设项目全生命周期的各环节，涵盖各参与方，可有效打通建筑产业链的上下游，实现信息协同和产业效率的升级。

1. 工程数字化总体价值

工程数字化管理有别于传统的建设项目管理，在管理模式、技术研发、团队建设和组织实施等方面发生了重大转变，通过新一代信息技术的赋能，能提高全过程、全要素、全方位工程管理水平，实现工程可视化、一体化、数字化、智能化的过程管理，也能带动业务模式、管理模式、合作模式的优化、重构与升级。因而，工程数字化是工程行业转型升级的必由之路，也是提升工程行业整体水平、建设管理水平和工程价值的有效途径，具有极高的应用价值。总体而言，体现以下意义和价值：

（1）打通全产业链业务流程。以项目为对象，以数字化管理平台为载体，结合全产业链各业务场景，实现工程数据的采集、积累以及各主体间的相互协作和共享，在各产业链主体间形成良性生态系统，带动全产业链数字化转型。

（2）实现全生命期管理集成。通过科学规划、协同设计、智能生产和建造、数字交付，实现全过程工程管理精细化、智能化、高效化，减少资源浪费，确保工程质量，促进科学决策，实现数字孪生，为资产移交和后期运维管理提供数据保证。

（3）促进全要素智能管理。通过三维设计优化和新一代信息技术应用，统筹组织设计、生产、施工，促进技术、经济、安全、环保等多目标平衡，实现工程综合价值的全面提升。

2. 工程数字化全生命期价值

（1）工程数字化助力科学规划。工程数字化以 BIM 技术为核心，以遥感、三维激光扫描、倾斜摄影等技术产生的高精度空间地理数据为基础，全面整合场地设施、周边环境、地质条件等工程规划信息，提高方案设计比选和论证的效果，并利用造价指标的大数据，快速、准确预测方案设计的经济性和合理性，为建设工程的可行性研究及规划提供高效的数字采集、管理和决策支持。

（2）工程数字化提供协同设计。建筑工程设计具有高度的跨专业特点，涉及建筑、结构、机电等不同专业的协同和建筑信息模型数据间的交换与共享。传统设计模式中多方协同主要基于二维图纸和文档的频繁交换，工程数字化过程中，则通过构建三维建筑信息模型及环境，实现跨专业、跨区域和跨单位的数据交互和信息共享，通过各专业对建筑信息模型的分工设计到整合优化、设计方案模拟等，提高设计工作整体效率和设计方案质量，减少设计变更，节约工程投资。

（3）工程数字化带动智能生产。新型建筑工业化带动传统建筑生产模式向自动化、数字化方向发展，利用工程数字化无缝连接 BIM 设计，在工厂生产阶段，使 BIM 通过数据转换直接驱动各类数控加工设备，实现数据驱动设备自动化生产，推进构件生产管理的标准化和精细化，促进工厂生产线的智慧化升级。

（4）工程数字化推进智能建造。基于数字化管理平台及其智慧工地的管控，运用工程数字化相关技术，对施工现场全生产要素进行实时的一体化管控，通过虚拟建造、施工模拟、可视化交底、装配式施工等，降低施工难度和协调难度，减少施工返工、提高工程质量、降低安全风险、节约工期和投资，全面提升建设施工的效率。同时利用数字技术与进度、质量、安全、成本等管理相结合，保证数据的唯一性、共享性，避免信息孤岛，实现一体化与数据共享管理模式，提高项目管理效率。

（5）工程数字化实现数字交付。通过建造阶段的数据集成与应用管理，保证工程项目数据的准确性、规范性，节约数据收集、加工、整理的成本，在竣工时除交付实体工程外，可附带交付工程竣工数据库。基于此数据库可根据应用场景生成电子档案数据库、资产管理数据库、设备维保数据库、造价指标数据库及其他各类智慧工程管理数据库，解决竣工交付数据混乱与再整理此类数据成本巨大的建筑业顽疾。

（6）工程数字化为绿色建筑提供技术支持。同工程数字化一样，绿色建筑也贯穿建筑项目全生命周期，工程数字化可为绿色建筑提供其所需要的材料和设备等的完整信息，为绿色建筑的设计、建设、运行、拆除等过程提供技术支持，有效降低建造全过程的资源消耗和环境污染，进一步减少碳排放，提升建筑绿色低碳水平。尤其是在设计阶段，工程数字化为绿色建筑所关注的装配率、碳排放、光声热风等性能模拟提供模型、数据等技术支持。

（7）工程数字化为智慧运维奠定基础。在运维阶段，依托工程数字化交付的数字孪生建筑，为智慧运维提供可视化数据底座，在空间管理、资产管理、设备维保管理时提供三维可视化模型与基础数据库，以此为基准进行运维阶段的更新和调整。通过各类模拟手段辅助进行直观的应急管理，并基于模拟数据在应急事件发生时做出准确判断。在能耗及其他运维管理时，结合物联网、云计算、大数据等技术，实现设备、终端等建筑资产的可视化、精细化、动态化运维管理，提升建筑生态化、绿色化管理和运营水平。

二、工程数字化目标及原则

（一）工程数字化目标

工程数字化目标是利用新一代信息技术，以建筑信息模型为载体完成数据的自动提取和传递，实现工程建设的可视化、一体化、数字化和智能化，对项目建设各环节进行赋能，促进管理模式转变和管理水平提升，为项目建设提质增效，为智慧运维奠定基础。

工程数字化具体建设目标包括：工程数字化应有效聚合建设单位（或投资单位）、运维单位、咨询单位、设计单位、监理单位、施工单位及供应商等多方力量，打通建筑工程全生命周期各专业间协同，实现端到端全产业链能力协同，实现跨地域、跨企业协同的建设模式。

工程数字化应从项目决策立项阶段开始，贯穿项目建设全过程，不限于决策、招投标、设计、建设及运维阶段，通过新一代信息技术应用，实现数据及资源在项目建设全过程中的流通共享、挖掘利用。

工程数字化应覆盖项目建设中进度、质量、安全及投资等全要素，以信息共享、专业协同等能力对全要素信息进行数字化升级。

（二）工程数字化原则

工程数字化是一种全新的工程建设管理模式，由传统的建设管理模式向工程数字化转型，建设理念先要更新，需遵循以下管理原则：

（1）集成统筹原则。工程数字化注重底层基础（软硬件、数据、标准和安全）的集成性、共享性、统一性、可视性与异源异构信息系统整合、集成。按系统工程思维进行顶层设计和统筹规划，从目标设定、组织形式、管理规划、管理内容、技术手段和管理基础、数字化产出等方面，打造涵盖项目建设全过程、全要素及全方位的数字化管理体系。

（2）逆向思维原则。工程数字化应以结果为导向，在决策及设计阶段，根据数字交付目标、项目的建设目标及功能需求，制定项目工程数字化相关标准和要求，将标准及要求落实在各参建单位招标文件、承包合同中，贯彻于项目建设全过程，并按相关标准和要求进行项目验收。

（3）数字孪生原则。工程数字化应采用数字孪生建设模式，在建设过程中以建筑信息模型为载体实现数据的自动提取、传递和积累，做到实体工程与虚拟工程的虚实融合、同生共长、互相映射、相互影响和共同验收。

三、工程数字化管理体系架构

（一）体系整体架构

工程数字化是一个集技术、管理、信息等为一体的复杂管理体系，需要以建设单位为主导，以实现建设项目数字化转型为目标，在顶层规划、组织管理、标准制定、平台建设、过程管控和成果交付等方面不断创新、发展，迭代升级工程数字化应用广度和深度，构建建设项目工程数字化管理体系。

建设单位的工程数字化管理体系包括：管理组织构建、策划实施文件制定、保障措施落实、过程管理强化、关键环节管控和数字成果交付六个方面。具体如图 1-1 所示：

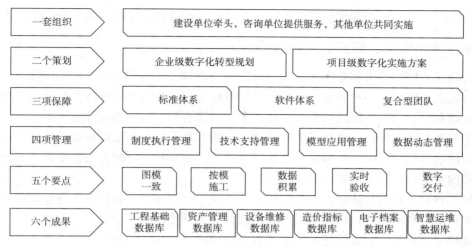

图 1-1　工程数字化管理体系架构

（二）建立多主体协同管理组织体系

工程数字化实施需要工程建设产业链全体成员参与，在组织层面，由于建设单位参与了工程从策划到建设、运维的全过程，是产业链的主导者，因此，工程数字化的推行应以建设单位为主导，勘察设计单位、施工单位、监理单位、工程咨询单位、供应商和运营单位等各参建方共同参与，建立工程数字化管理组织体系。建设单位要承担组织管理的首要责任，负责统一领导、统筹协调、建立机构、明确分工、提出要求、监督执行和严格考评，促进组织体系的高效运行。

工程数字化是数字技术与传统管理相融合的复杂过程，数字技术应用是实现转型的关键，数字化转型的团队中，不仅需要工程管理专业人才，也同样需要数字技术、软件开发的人才参与，由具有工程数字化实施经验的复合型团队组织实施，在开展工程数字化过程中，可借助工程数字化咨询企业的力量，快速实施平台建设、标准制定、技术支持、数据管理、过程管控和成果验收等。

（三）制定企业和项目两级实施规划

工程数字化的实施，需要进行系统化顶层设计和统筹规划，按照工程数字化内涵，需制定企业级数字化转型规划和项目级数字化实施方案，企业级数字化转型规划为企业的顶层筹划和规划类文件，项目级数字化实施方案为具体项目的执行依据和指导类文件。

企业级数字化转型规划是基础底层纲领性文件，除提出企业数字化转型目标外，侧重明确软硬件、数据、标准和安全以及专业应用等规约，用以指导企业各类项目数字化应用和管理活动，保证企业数字化转型目标的顺利实现。企业级数字化转型规划应包括总体目标、实施原则、标准编制、数字平台、应用内容、实施措施、管理制度及风险管控等。

项目级数字化实施方案是指导项目全生命期数字化管理的操作指引，用于规范和管理工程数字化过程及各参建单位行为，保证项目工程数字化的落地实施。项目级数字化实施方案包括项目应用目标、组织管理、实施内容、各阶段实施管理、交付成果及保障措施等。

(四) 加强标准、软件、团队保障措施

完善的保障措施是工程数字化目标实现的重要基础，实现数字化的资源包括信息资源、技术资源及人力资源，各类标准是实现信息资源传递和共享的基础保障，软件是工程数字化的技术支撑和创新引擎，团队组织是工程数字化的核心和人力资源保障。

制定工程数字化管理标准体系，包括建模标准、数据标准和管理标准等。规定模型几何精度和属性信息深度；明确数据采集、集成、应用、交互和交付的方法；明确各参建单位工作职责和内容、管理要点、考核办法等。

规划工程数字化软件体系，包括建模软件、应用软件和平台软件等。建模软件支持模型创建、数据输入和输出等；应用软件支持工程量计算、建筑日照分析、结构受力分析等；平台软件支持模型管理、数据管理及工程管理业务协同等。

建立工程数字化管理团队，组织各参建单位的工程管理和数字技术复合型人员组成项目数字化团队，对团队人员进行考核和培训，提升其数字技术应用与管理的相关技能。

(五) 强化全过程数字化动态管理

工程数字化管理渗透到工程管理的各方面，需要以工程为载体，管理流程为主线，推行全过程数字化管理，实现实时、动态跟踪管理，将各种管理措施落到实处，才能达到预期效果。全过程动态数字化管理包括了制度执行管理、技术支持管理、模型应用管理和数据动态管理。

1. 制度执行管理

（1）会签制度。对设计、施工阶段优化后的模型文件，通过各参与单位集中会审会签后方才可使用。

（2）例会制度。定期召开管理例会，检查计划执行情况，发现问题、分析原因和采取改进措施。

（3）月报制度。根据制定的进度节点计划及项目建设进度，形成月报制度，统计报告进度完成情况、数字化应用中的问题及解决方案、下月工作安排等。

（4）巡查制度。组织设计单位、施工单位及监理单位等定期或不定期对工程实体与模型的一致性进行现场比对，对模型与实体的匹配程度进行全过程跟踪管理。

（5）考核制度。对各参建单位的数字化应用进行考核，包括人员配置、履约情况、工作成果质量等，并采取相应的奖惩措施，形成管理闭环。

2. 技术支持管理

（1）应用培训。对各参建单位进行基础知识、标准规定，建模软件和应用软件以及管理平台操作培训，培训贯穿于前期使用培训、中期对接培训及后期竣工移交培训。

（2）模型单元库。建立标准的模型单元库，统一设备模型构件标准，保证构件属性、参数信息的准确，实现模型构件管理统一，避免各参建单位重复建模，并具备审核、验收、上传、下载、使用及更新功能。

（3）建模环境。各专业模型创建前，建立有利于统一工作和模型创建标准环境，有利于各专业之间模型的通用性传递及不同专业模型的整合。

（4）合同条款约定。项目各类招标开始前，在相关招标和合同文件中明确相应的数字化应用各项要求，主要包括团队人员配备、各阶段的工作内容、软硬件设施配置、时间节点、考核考评等。

3. 模型应用管理

（1）设计阶段。应用于三维设计和协同设计，包括实景建模（三维地形、三维地质水文、三维市政管线）、场地分析、性能分析（日照、风、热、声等）、方案比选、管线搬迁模拟、道路翻交模拟、管线综合、限额设计等。

（2）施工阶段。应用于虚拟建造和协同施工，包括施工方案模拟、可视化交底、装配式施工等，并通过管理平台进行进度管理、投资管理、质量与安全管理等。

（3）竣工移交阶段。实现数字化交付，包括模型调整、移交数据处理、文档资料补充等。

4. 数据动态管理

项目实施过程中做到边封模、边施工、边验收、边核对，各参建单位根据职责要求对模型和数据进行动态管理，包括数据获取、集成、应用、处理和分析等，逐步形成品名规格清晰、专业分类规范、空间定位准确、文件查询便捷、管理组织明确五个维度的标准化模型数据库，做到图纸、实物、模型、数据四统一，为数字化移交管理奠定基础。

（六）　把控实现数字孪生的关键环节

以 BIM 技术为基础开展数字孪生是工程数字化管理的重要内容，其中的关键环节包括：图模一致、按模施工、数据积累、实时验收和数字交付。

（1）图模一致。模型封装在前，图纸输出在后，从封装的模型中输出二维设计图纸，施工前对模型和二维设计图纸的一致性进行复查，保证模型和图纸都可以指导施工。

（2）按模施工。严格按模型施工，模型更新与设计变更同步，确保工程实体与信息模型保持一致。

（3）数据积累。基于 BIM 和管理平台，开展工程管理和实时数据收集，不断积累和完善工程数据，实时审核确保数据质量。

（4）实时验收。施工单位对模型进行及时动态调整，保证工程实体与模型的一致性，建设单位、监理单位、运维单位利用模型对工程实体进行检查和验收。

（5）数字交付。利用项目实施过程积累的基于 BIM 技术、完整的可视化数据库，根据运维管理、档案管理、投资管理的要求，形成可交付的各类数据库。

（七）　交付面向智慧运维的数字成果

交付质量合格的数字成果是检验工程数字化管理成果的标志，也是工程实现智慧运维的基础，同时也是数据价值的延续。

工程数字化交付成果包括：工程基础数据库、固定资产数据库、设备维保数据库、竣工资料数据库、工程造价指标库和各类智慧化系统数据库。

（1）工程基础数据库为与实体工程"孪生"的竣工模型数据库，集成了建设阶段的设计、进度、造价、质量等各类数据。

（2）固定资产数据库为运维阶段固定资产管理所需的基础数据。

（3）设备维保数据库为运维阶段设备维修维保管理所需的基础数据。

（4）竣工资料数据库为工程档案移交所需的数据，包括建立模型与文档资料之间的关联关系。

（5）工程造价指标库为后续同类项目的投资管理提供的造价指标数据。

（6）各类智慧化系统数据库为运维阶段智慧消防、智慧照明、智慧电梯、智慧安防等各智慧运维管理系统运行所需的基础数据。

第二节　工程数字化管理标准

一、标准建设的必要性

（一）相关标准发布现状

目前，国家、行业及各省市均未颁布有关工程数字化的标准。BIM 技术作为工程数字化的基础，其应用已相对广泛，国家和各省市已发布了一系列 BIM 标准。如《建筑信息模型分类和编码标准》GB/T 51269—2017、《建筑信息模型设计交付标准》GB/T 51301—2018、《建筑信息模型施工应用标准》GB/T 51235—2017、《建筑信息模型应用统一标准》GB/T 51212—2016、《建筑信息模型存储标准》GB/T 51447—2021 等，以上标准为工程数字化标准编制奠定了基础。但因实施阶段、工作内容、工作职责的不同，不同机构对 BIM 标准的需求也不尽相同，如设计单位需要从设计优化、辅助出图的角度来制定 BIM 标准，施工单位需要从 BIM 技术辅助施工图深化设计、虚拟施工进度及处理复杂节点施工等方面来制定标准，因需求不同造成上述 BIM 标准不能完全满足各方需要，对企业 BIM 的应用指导也缺乏广度和深度。

（二）工程数字化标准建设的意义

工程数字化标准是用于规范工程数字化管理基础、管理行为、过程控制、操作方法等的统一标准，是促进工程数字化规范化运行的基础。对于不同企业，工程数字化发展具有一定个性化特点，故工程数字化标准主要以企业标准形式发布，应依据企业发展需求、工程管理需求建立。包括项目管理、模型管理、数据管理等方面的规范性内容，用于统一规范企业建筑信息模型的创建与交付、工程建设数据的集成与应用、全过程数字化的管理行为。标准的制定有利于提高工程数字化管理效率，提升数字化管理质量，保障数字化实施效果，是推进工程数字化应用的重要条件。

二、标准编制原则

1. 遵循有关法律、政策的原则

标准应遵循国家现行法律、法规及规范性文件，符合国家或地方政府指导意见，响应政府工程数字化要求。

2. 适用性原则

标准内容应覆盖工程数字化管理整体范围，做到重点突出，详略得当，也要满足工程项目协同管理的具体情况和各阶段管理需求。

3. 系统性原则

标准应对管理需求、数据需求、应用需求、模型创建需求等做出系统的规定，满足项目全生命周期（规划设计、施工建造、运行维护）、不同内容（质量、进度、投资等）的系统性应用，标准体系架构合理，标准之间相互衔接、互为补充。

4. 可扩展性原则

标准体系的框架结构设计应具有前瞻性，能满足工程数字化长期发展需要，为后续发展留有空间，在内容上也应能兼容工程数字化的长期有序发展。

三、标准体系架构

工程数字化企业标准体系应包含项目管理、模型管理和数据管理三个部分，包括对模型的建立、深化、交付，数据的集成、传承和应用以及项目实施过程的考核与指导方面的规范性要求，从而实现全生命周期、全专业、全参建方的数字化应用。工程数字化标准体系架构如图1-2所示。

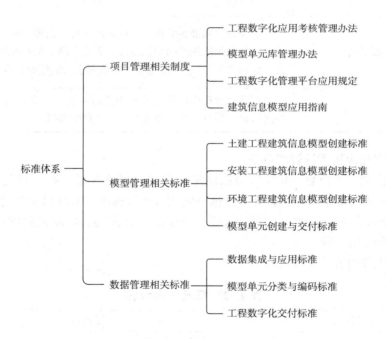

图1-2 工程数字化标准体系架构

四、标准编制内容

参照《标准化工作导则 第1部分：标准化文件的结构和起草规则》GB/T 1.1，综合多个项目工程数字化实施经验总结，工程数字化标准编制内容重点包括标准编制目的、章节以及各章节应明确的主要内容等。下述内容可作为企业编制工程数字化标准的参考。

（一）项目管理相关制度（办法）

1. 建筑信息模型应用指南

（1）标准作用。本标准主要包括设计、施工、竣工验收阶段建筑信息模型的应用内容、流程、方法、要求和成果等，用于规范建筑信息模型的全过程管理和应用。

（2）标准主要内容（见表1-1）。

表1-1　标准主要内容

序号	内容类型	主要内容
1	基本规定	模型应用过程中的通用性、纲领性规定
2	实施模式	模型应用总体实施模式，如组织管理模式与模型应用的实施模式，明确组织管理职责
3	实施流程	模型应用的总体实施流程，模型在设计阶段、施工阶段、竣工验收阶段的流转过程
4	模型应用	工程建设前期准备阶段、设计阶段、施工阶段、竣工验收阶段的应用点，包含各应用点的实施目标、实施思路、资源配置（含软件、硬件、资料收集等）、实施流程、实施要求、实施成果等
5	平台应用	工程建设过程中以管理平台为手段进行的相关应用，如投资管理、进度管理、质量管理、安全管理、文档管理等

2. 工程数字化应用考核管理办法

（1）标准作用。工程数字化实施应以结果为导向，以终为始。在项目管理中，对工程数字化应用考核是指基于数字化目标，依据一定的流程和标准，对项目实施过程及其结果的效率、效果、程序等进行科学、客观、公正、全面的综合评判，以此强化项目管理的监督、提高工程数字化应用质量。

（2）标准主要内容（见表1-2）。

表1-2　标准主要内容

序号	内容类型	主要内容
1	考核类别	考核层次的划分，如企业级考核、项目级考核等
2	组织机构和工作职责	考核管理组织机构以及各考核主体的工作职责
3	考核内容	考核依据、各参建单位主要考核内容、专项考核主要内容、加分项考核、扣分项考核
4	考核方法	考核方式，如日常管理、阶段管理、年度综合评定
5	考核结果	考核结果量化标准，考核结果等级划分，如优秀、合格、不合格等
6	考核奖惩	奖励、处罚规定等

3. 工程数字化管理平台应用规范

（1）标准作用。工程数字化管理平台应用规范用于规范工程数字化管理平台中应用过程中的作业行为，指导相关人员业务工作开展。

（2）标准主要内容（见表1-3）。

表1-3　标准主要内容

序号	内容类型	主要内容
1	基本规定	工程数字化管理平台应用过程中通用性、纲领性规定
2	组织架构及职责	组织机构建设、相关单位的工作职责
3	用户管理	账户开通、权限设置、账户变更、账户注销、账户使用
4	应用规定	工程数字化管理平台各功能模块（如模型管理、进度管理、质量管理、投资管理等）的应用内容、实施流程、操作要求等
5	安全保障措施	资料上传、使用以及平台的维护与升级过程中行为的安全性要求

4. 模型单元库管理办法

（1）标准作用。模型单元库是指各类通用性的模型单元汇集成的库，通过模型单元库实现模型单元的整理、归档、储存以及后续调用，模型单元库是一个规范化的、流程化的企业级模型单元库，可在多项目中调用，避免重复建模。

（2）标准主要内容（见表1-4）。

表1-4　标准主要内容

序号	内容类型	主要内容
1	基本规定	模型单元库管理过程中的通用性、纲领性规定
2	模型单元库建立流程	模型单元库构建过程，包含模型单元库建立的具体工作和责任划分
3	模型单元库搭建	模型单元库搭建的条件以及模型单元库的文件夹架构，包括模型单元库管理系统具备的功能（如文件储存、文件检索、文件预览、权限设置等内容）、模型单元库建设应具备的硬件条件（如宽带的要求等）
4	模型单元库管理	模型单元的分类、模型单元的审核、模型单元的入库、权限管理、版本管理、数据保密、数据安全等
5	模型单元库使用	模型单元的检索、预览、下载以及更新等

（二）模型管理相关标准

1. 建筑信息模型创建标准

（1）标准作用。实际项目执行过程中，可依据专业类别不同对建筑信息模型创建标准进行分册处理，如可分为土建工程建筑信息模型创建标准、安装工程建筑信息模型创建标准、环境工程按建筑信息模型创建与交付标准等。通过建筑信息模型创建与交付标准的编制，对工程建设过程中各专业模型的创建和管理进行规范性规定，用于模型创建与管理的前期指导、过程把控和后期验收。

（2）标准主要内容（见表1-5）。

表1-5　标准主要内容

序号	内容类型	主要内容
1	基本规定	模型创建过程中的通用性、纲领性规定
2	模型文件创建	模型文件夹的设定、模型文件的命名规则、模型文件拆分原则、模型文件整合原则、模型文件包含的模型单元类别等
3	模型创建	样板文件制作要求、模型单元命名规则、模型标识要求、模型精细度要求、模型创建要求等

2. 模型单元创建与交付标准

（1）标准作用。模型单元创建与交付标准是对模型单元创建过程、成果以及交付制定的规范性标准，是建筑信息模型创建标准之下的更基础层面的标准，同时也为模型单元库管理办法提供基础数据。标准与建筑信息模型创建标准、模型单元库管理办法紧密关联，互为补充，三者共同构成模型管理的规范集合。

（2）标准主要内容（见表1-6）。

表1-6　标准主要内容

序号	内容类型	主要内容
1	基本规定	模型单元创建与交付过程中的通用性、纲领性规定
2	模型单元创建要求	模型单元文件夹要求：文件夹架构的设置规则以及设置主体。 模型单元文件命名要求：文件命名要求及文件命名结构。 模型单元参数要求：模型定位点、绘图单位等要求。 模型单元精细度要求：几何精度和非几何精度要求。 模型单元格式要求：数据流转中的模型单元格式。 模型单元二维图例：各阶段模型单元图例设置深度及样式
3	模型单元交付要求	模型单元交付内容、交付要求、交付流程、交付示例

（三）数据管理相关标准

1. 模型单元分类与编码标准

（1）标准作用。信息分类与编码标准化是进行信息交换和实现物品信息资源共享的重要前提，工程项目的建设周期主要由两个过程组成：第一是信息过程；第二是物质过程，建筑信息模型提高了建筑信息生产、处理、传递和应用的效率，并且架起从信息到物质过渡的桥梁。模型单元分类与编码则是建筑信息集成、传递、应用与管理的基础，也是建筑生产及管理的基础，是工程数字化建设的基础性工作，通过模型单元分类与编码的实施有利于提高信息处理的速度并改善数据的准确性和相容性，降低冗余度。

（2）标准主要内容（见表1-7）。

表1-7　标准主要内容

序号	内容类型	主要内容
1	模型分类	模型单元的分类标准及类型
2	模型编码	编码结构与编码方法：编码层级结构、表代码、类别代码、连接符等的标注方式
3	编码扩展	新增模型单元的编码扩展原则和方式

2. 数据集成与应用标准

（1）标准作用。数据集成与应用标准用于规范设备采购管理、进度管理、投资管理、质量管理、安全管理、文档管理模块集成的数据内容、输出的数据内容以及基于模型数据的工作流程，解决数据壁垒、资源浪费、重复性工作等问题，实现数据在工程建设全过程的继承与流转，提高数据的共享和使用效率。

（2）标准主要内容（见表1-8）。

表1-8　标准主要内容

序号	内容类型	主要内容
1	基本规定	数据集成与应用过程中的通用性、纲领性规定
2	设备采购管理	设备采购管理数据集成内容，数据应用流程、数据检查要求等
3	进度管理	进度管理数据集成内容，数据应用流程、数据检查要求等
4	投资管理	投资管理数据集成内容，数据应用流程、数据检查要求等
5	质量管理	质量管理数据集成内容，数据应用流程、数据检查要求等
6	安全管理	安全管理数据集成内容，数据应用流程、数据检查要求等
7	文档管理	文档管理数据集成内容，数据应用流程、数据检查要求等

3. 工程数字化交付标准

（1）标准作用。在传统工程建设交付中，主要以"档案图纸""单系统"为核心交付主体，交付时提供设计图纸、计算书，采购阶段的装箱清单、使用说明书、质量证明文件，施工阶段的各种施工记录、试验报告、验收报告等海量资料。这些数据零散繁杂、互不关联，对后期运维工作造成极大困难。通过数字化交付，能获得真实反映实体工程的多维"数字建筑"，可以从源头掌握建筑的各种数据，实现对建筑的数字化运营，实时查看相关设备的位置、参数等信息，通过不同系统间数据的综合利用分析，实现智慧化运维与管控，对践行绿色建筑理念，实现双碳目标具有重要意义。

数字化交付标准是用来规范工程交付时模型交付、数据交付的具体内容、流程、要求等的标准。

（2）标准主要内容（见表1-9）。

表1-9　标准主要内容

序号	内容类型	主要内容
1	基本规定	数字化交付过程中的通用性、纲领性规定
2	模型交付	工程建设各阶段模型交付的内容、交付流程、交付要求
3	数据交付	依据模型形成工程基础数据库，包括设计和施工数据以及为各类交付准备的数据、各单位职责及交付流程等，基于工程基础数据库形成固定资产数据库、设备维保数据库、竣工资料数据库、工程造价指标库和各类智慧化系统数据库。 （1）固定资产数据交付包括资产数据交付表、各单位职责及移交流程等。 （2）设备维保数据交付内容包括设备维保管理的分类与编码、设备信息表、各单位职责及移交流程等。 （3）竣工资料数据交付包括数据分类、数据格式、各单位职责及交付流程等。 （4）工程造价指标数据交付包括指标分类数据、各单位职责及交付流程等。 （5）各类智慧化系统数据交付包括数据分类、数据格式、各单位职责及交付流程等

第三节　工程数字化技术支撑

工程数字化管理过程是用工程数据为工程建设管理服务的过程，需要在新一代信息技术支撑下完成工程数据的采集、转换、解析、存储、传递，以及工程项目的数字化管理，并在项目竣工时，将建设过程所积累的数据交付到运维管理系统中，作为运维管理系统的数据底座，支撑运维管理系统的业务功能。本章仅就若干关键技术进行简要介绍，帮助读者了解数字化技术在工程数字化管理中的典型作用。

一、工程数字化管理平台

（一）平台建设必要性

工程的数字化管理，需要以数据处理能力强大、提供统一数据管理，并能够支撑各参建方协同工作的工程数字化管理平台为基础。工程数字化管理平台，是承载BIM及建设期工程信息、为建设项目各参建方提供工程信息共享与协同工作、以数据为工程建设管理和运维管理提供支持或支撑的信息化平台的泛称。由不同开发商开发、用于不同建设项目的平台，功能各异、名称繁多，如"BIM协同管理平台""BIM数据集成管理平台""BIM工程建设综合管理平台"等，均属于数字化平台范畴，为表述方便，本书统称为工程数字化管理平台。工程数字化管理平台能有效完成工程数字化管理的基础性工作，是实现工程数字化的基础。

1. 实现模型数据的系统管理

由设计单位完成的建筑信息模型，主要包含设计信息，是用于工程数字化管理的基础数据，也是持续集成建设过程数据的基础，在进一步应用前必须对它进行系统管理。首先，需要对模型进行统一性、唯一性管理，保证在任何一个时段内，有且只有一个模型版本。其次，要确保模型数据的质量，保证后续应用中从模型中获取的数据是可用的，具体包括模型与图纸的实质性信息一致性、模型数据与标准的相符性等。工程数字化管理平台能够对模型质量审查工作流程进行管理，保证模型质量得到相关参建方的检查与认可，也能通过对模型数据的自动分析实现对模型质量的快速检查，提高模型检查工作的效率，保证模型不会因人为的疏漏出现完整性、错误性的问题。

2. 从多种数据源获取数据，进行数据集成、分析与应用

工程数字化管理需要对描述工程实体特性的数据、建设过程中发生的数据以及交付运维的数据进行处理，因数据量庞大，单纯依赖手工输入已不可行，需要采用人工智能方式从模型、物联网、第三方协作系统等数据源获取数据，将建设过程数据与模型关联起来，并按照建设管理应用与数字化交付的要求，对数据进行分析、转换等处理。例如，为满足虚拟现场巡检的需要，平台必须从模型中析取构件几何数据用于展示工程现场的 3D 虚拟场景，获取与模型单元所关联的完工统计信息、质量文档用于判断进度和质量情况，从环境监测传感器、施工机械设备运行状态传感器等采集现场的实时状态数据，按照巡检人员需要掌握的信息层次进行加工处理，最终将上述信息综合后展示在 3D 虚拟场景中，当用户需要与现场实情进行对比时，还需要调用现场视频监控画面叠加到屏幕上，在如此多的数据支持下，才能真正让管理人员处理这些数据。

3. 同步交付数字化建设成果

在竣工时，同步交付数字化建设成果，是工程数字化的一个典型目标。尽管早期的工程信息化管理平台可以在竣工时交付诸如工程资料、部分结构化数据等，但不足以满足运维管理对建设期数据的需求，例如，各类工厂工程、轨道交通工程、水电工程以及含有较多设备的建筑工程，在运维阶段需要系统性、结构化的设备静态数据作为支撑，包括设备型号、生产日期、电气参数、机械参数、物理指标、构配件列表、维保说明等，是一个庞大的数据体，需要通过更加便捷、更加安全的数据交付方式移交给相关运营系统。数字化建设成果包括：工程基础数据库、固定资产数据库、设备维保数据库、竣工资料数据库、工程造价指标库和各类智慧化系统数据库。

上述工作是工程数字化管理最为基础的工作，只有依赖工程数字化管理平台，才能为工程建设管理与运维管理提供数据支持，从而完成工程数字化目标，工程数字化管理平台建设不仅必要，而且必须。

（二）目的与作用

1. 项目各参建方协同工作的信息枢纽

平台的使用对象包括：建设单位（或投资单位）、设计单位、施工单位、监理单位、工程咨询单位、设备供应商等项目建设各参与方。建设单位（或投资单位）是平台建设与应用的主导方，为平台提供整体的研发方向，在应用中从平台获取各方所提供的工程信息，监控工程实时情况，并通过平台向相关方发送指令性信息，其他各方负责为平台提供与实体建设职责对应的工程信息，如模型、设计进度、施工进度、工程质量资料、设备安装状态等。其中，工程咨询单位受托于建设单位（或投资单位），对平台实现应用目标负责，负责平台基础数据建设、模型及其他工程数据的质量管理，是协助建设单位（或投资单位）开展平台建设和应用工作的主要力量。

2. 实现标准化、精细化工程管理的基础

在标准化的项目管理流程以及制定的跨部门、跨业务的标准化信息交换规则等基础上，通过平台，形成建设管理过程中各项工作的标准化操作模式。平台向相关方推送、提醒既定的工作内容或相关信息，项目各参建方按照标准化要求开展工作，实现针对质量、安全等重要工作的精细化管理，并通过标准化工作流程和信息交换方式推动精细化管理措施。例如，中期计量支付环节，在平台上实时建立每个构件的进度信息、质量信息、安全信息与模型单元的关联关系，当中期计量时，可以首先浏览要计量构件是否均已完成施工、质量问题与安全隐患问题是否得到有效解决、质量验收资料是否已具备，将此作为申请中期计量的前提，也作为督促相关方完成前提工作的依据。

3. 改进管理方式、提升管理效率和质量的工具

平台以 BIM 工程数据为基础，通过数据驱动改进管理方式。如施工图计价环节，施工单位可通过平台调度基于 BIM 的工程量计算软件，向工程量计算软件发送经项目各方认可的模型，并将工程量计算结果返回平台，之后在平台上进行监理单位审核、造价咨询单位审核，审核意见保留于平台，依托平台采用可视化方式逐级核对，直到达成一致意见。这种工作方式采用被各方认可的项目统一模型作为工程量计算基础，不再需要双方单独计算工程量后再行核对，大幅度提升工作效率和质量。再如，通过平台的模型管理、工程资料管理、设备状态管理、投资管理沉淀并形成系统性的数字化交付成果，整理后形成系统性的数字化交付成果，不再需要竣工时重新人工填报资产移交清单，较传统手工填表方式更高效和准确。

4. 管理 BIM 集成数据、实现数字孪生的载体

在工程建设全过程中，工程数字化管理平台完成从初始数据到中间数据再到最终交付成果的工作，通过对模型文件的统一管理，进行数模分离，将工程建设过程的数据实时集成到模型单元，工程竣工时形成与实体工程相互对应的数字工程，因而，工程数字化管理平台是数字孪生成果的载体。

（三）主要功能

工程数字化管理平台的功能架构包括三个层次，自下而上分别是系统管理层、基础数据层、业务应用层。同时，平台需要与其他系统和技术进行集成，以实现跨系统的异构异源数据共享与业务协同，如与 BIM 算量软件的集成、与企业级工程造价指标系统的集成等。

系统管理层，是平台最基本的功能层，负责管理平台的系统性信息资源，包括项目组织和用户管理、访问权限管理、项目结构管理、项目标段设置、工作流定义、运行日志等功能模块，由该层功能设置的系统性信息资源将在业务应用层获得频繁使用，同时也对业务层的功能起到控制作用。

基础数据管理层，用于管理与业务密切相关的专业性基础数据，这些数据一般仅影响业务层的某一个或某几个业务功能模块，例如，对 BIM 分类数据进行管理，它主要影响模型管理、进度管理等模块，进度计划模板支持用户自定义进度计划模板，主要影响进度计划管理模块。

业务应用层，以工程管理的专业划分为主线，分为设计协同与管理、进度管理、投资管理、质量管理、安全管理、现场管理、模型管理、文档资料管理、设备状态管理、数字化交付等多个模块。

工程数字化管理平台的功能架构见图1-3。

图1-3　工程数字化管理平台的功能架构

1. 模型管理

平台对模型和设备模型单元进行系统管理，其中，模型是由设计单位或施工单位提供的版本，设备模型单元则由设备供应商提供。该功能模块包括：设置模型版本进行版本化管理、模型版本对比、模型审查管理、模型质量自动检查、标准化分类数据补充、集成数据的跨版本自动关联等。该功能模块的主要用户是模型创建和模型质量管控人员，用于及时上传模型到平台，实现各方共享唯一的、经过多方审核确认的模型数据。

2. 设计协同与管理

从建设单位（或投资单位）视角管理设计过程与设计成果，为跨企业的设计团队提供协同设计环境。对设计过程的管理包括：各设计单位的出图计划编审、设计过程跟踪（催图）、设计交底等；对设计成果的管理包括：电子图纸的制作上传、BIM 关联、分发使用、施工状况或意见标注等，推动 BIM+电子图纸的无纸化施工；为跨企业的协同设计提供基于中心文件和互联网的协同工作环境，支持设计团队通过平台进行协同提资、资料共享、设计审查。另外，平台还包括基于 BIM 的设计成果智能审查模块，对设计成果与相关设计规范的合规性进行自动化审查，提出设计审查意见。以上，都体现了平台在设计质量管理方面的具体作用。

3. 进度管理

遵循项目管理知识体系（PMBOK）的工程管理理念，将进度管理作为工程管理的主线，同时也作为工程数据集成的时间纽带。其功能模块包括：计划、统计、分析、报表输出等。其中，计划模块是由项目里程碑计划、施工总控计划、年计划、月计划、周计划构成的分层细化体系，支持用户进行计划编制、审核审批以及计划修订工作，可对实际完成施工内容进行每日进度统计，可按周、按月进行实际进度汇总，将实际完成与计划进行对比，为用户进行进度与计划的差异分析提供数据支持。在该功能中，可使用项目结构和 BIM 结构，替代人工自动形成项目的工作分解结构（WBS），可以通过扫描现场已完工构件或设备上的二维码（二维码与 BIM 单元一一对应）实现完工统计，也可以通过 BIM 与施工任务之间的关联关系形成每项任务的工作量，从而升级传统信息化平台的功能。

4. 投资管理

该模块支持从工程概算到竣工决算的投资全过程管理，包括：概算管理、合同管理、施工图核算、变更管理、中期计量支付管理、结算与决算管理以及投资分析等。该模块可在施工图核算、中期计量管理环节充分发挥 BIM 的价值，提高工作效率和工程量准确性。

（1）概算管理。建立工程概算数据，结合后续控制价、合同价以及过程变更价款、结算价数据，进行概算执行情况分析及预警。

（2）合同管理。按照合同分类规整合同，并完善合同其他信息，形成整个工程合同台账。

（3）施工图核算管理。依据施工图及合同清单进行工程量核算，在原合同清单基础上形成工程量清单，增补工程量的形成增补清单，以此作为基准台账；通过模型进行工程量核算，建立工程量清单与模型关联关系；根据变更图纸形成变更工程清单；根据施工过程中的洽商、索赔，形成洽商、索赔工程量清单；通过平台完成计价文件的审核确认。

（4）中期计量支付管理。形成计量支付清单，包括：核算清单、增补清单、变更清单以及洽商索赔清单、本期内材料、人工调差、材料调差，以及甲供材扣除金额等。经相关各方审核最终形成本期的计量支付单，进行支付处理。

（5）结算与决算管理。包括建设单位合同结算的生成及审批（一审），审计单位审计数据的生成及审批结果录入（二审），工程合同结算款的支付管理；投资分析主要包括对建设工程过程投资进行多维度的统计分析；各阶段数据之间进行对比分析；根据管理及决策需要生成各种统计分析图表及报表。

5. 设备状态管理

从模型数据库中析取工程中全部需采购、定制的设备，形成设备状态跟踪管理台账，在此基础上，依据工程总体施工进度计划，制订设备进场计划，形成按设备类型、甲供乙供类型、进场批次，以及单位工程划分的设备进场计划。依据设备进场计划，结合二维码技术，从合同签订后开始对每批进场设备进行状态跟踪，实现对设备生产（加工）、运输、进场验收、安装、调试的全过程状态跟踪管理。其中，二维码作为设备实物与平台数据的关联纽带，在设备状态跟踪管理过程中起到重要作用，二维码由建设单位（或投资单位）授权平台数据管理方统一创建、统计管理、统一分发，设备供应方在设备生产完成或加工完成后，扫描设备上的二维码，并对设备拍照上传到平台，完成第一次设备状态的上报，同时完成对二维码的回传验证，后续设备状态的变化，采用同样的方法向管理方上报设备状态。

对于运营期作为资产管理的设备，将要求设备供应方将二维码制作成永久性标牌，从建设期延续应用到运营期，永久性的二维码标牌将成为设备的终身唯一标志，直到设备报废。

6. 质量管理

质量管理模块包括：质量检验与验收、质量隐患整改闭合管理以及质量统计分析等功能。基于模型制定检验批计划，建立检验批模板与模型单元关联关系，通过过程质量检验验收的发起、审核、执行等流程，分别完成检验批验收、分部分项工程验收、子单位工程验收和竣工验收，在验收过程中使用与模型关联的验收资料模板完成验收资料，形成验收资料与模型的关联，最终实现验收资料的归档。对检查与验收过程发现的质量隐患进行闭环管理，质量隐患及跟踪过程与模型关联，作为支持中期计量支付的条件。

7. 安全管理

安全管理模块包括：风险源管理、安全隐患管理、安全培训、应急处置等功能。基于工程模型、地质模型、环境模型建立项目级风险源监控模型，对接地基变形监测、周边重要建筑物沉降监测、重要市政设施监测物联网等，实时监控各类风险源的变化动态；对于施工现场发现的安全隐患进行整改闭合管理，安全隐患的整改情况以标段为单位作为中期支付的条件。

8. 现场管理

基于BIM可视化和施工单位的智慧工地系统，对施工现场进行虚拟现实管理，监控施工现场的安全、质量、环境、生产进度等。按照管理者事先设定的施工场地巡视线路，在屏幕上用模型模拟现场巡视场景，当场景中的构件或设备出现未闭合的安全、质量隐患、应完成而未完成的施工内容以及应提交而未提交的质量资料时，会以信息卡、模型变色等方式提示给管理者，并对存在的问题进行统计，并在个人代办区提示管理者对存在问题进行持续关注、尽快解决。管理者也可以直接跳转到某个带有未解决问题的场景中，或者设置为仅浏览带有未解决问题的场景。针对某个场景，管理者还可以调用现场的摄像头，通过现场视频和BIM场景的对比，验证问题的真实性。

该功能实际上是通过对模型中集成数据的综合分析，按照行业规则得出可能存在的各种问题，然后借助于BIM的可视化能力和现场监控视频进行展现和验证。可以大幅度提高施工现场管理效率，帮助管理者同时关注不同的单位工程。

9. 数字化交付

按照智慧运维过程中对设施设备基础数据和空间方位的要求，在竣工模型的基础上，对交付数据进行创建与完善，并对交付过程进行跟踪管理，完成数字化交付过程。主要功能包括：运营期多种标准化分类数据的挂接、对模型单元进行自动化合并、补充资产交付所需的个别属性、形成交付清单、资产交付现场清点、问题资产处理、交付情况综合查询等功能。

二、数字化管理关键技术

（一）BIM模型质量检查技术

不论是翻模还是正向设计，人工创建的模型总会存在合规性偏差及错误，这些错误对于模型数据的分析与应用会产生显著影响，甚至导致模型的应用失败。因此，在平台应用之前，对模型数据质量的检查非常重要。通过平台的模型质量检查技术与模型审核流程的结合，可以解决这一问题。检查内容包括模型单元空间位置冲突、模型单元悬空、关键属性缺失以及模型单元几何表达方式不符合标准化要求等问题，该检查技术较人工检查方式更能保证模型数据的质量。

（1）模型单元空间位置冲突。包括：在建模过程中因误操作、文件合并、文件引用等导致的同类型模型单元完全重叠、包含、局部重叠等问题，这些问题可能会导致工程量计算偏差，用于进度、质量管理以及交付到运维时，出现系统操作谬误、运行结果错误等严重问题。

（2）模型单元悬空。结构构件模型出现悬空问题，会导致钢筋自动统计错误，以及机电系统回路的计算难以运行等问题。

（3）关键属性缺失。BIM分类编码、构件名称、主材型号、设备型号等关键属性的缺失，会导致后续应用不能正确识别模型单元、数据分析结果错误等问题。

（4）模型单元几何表达方式不符合标准化要求。与平台协同工作的工具性软件对模型单元几何表达方式有具体要求，因此需要对模型单元的几何表达方式进行检查。如钢筋自动统计软件依靠结构构件的建模参数来计算钢筋的空间排布，如果结构构件模型单元的几何表达方式不能提供建模参数，则无法对其进行钢筋统计计算。

模型检查功能需要与模型审核流程衔接，从而确保模型审核工作得以落实、后续工作得以继续。该模块作为可独立运行的微服务单元由平台调用将更加灵活。模型质量检查模块运行时，首先对所读取的原始文件进行完整性检查，确保模型文件包含单位工程的全部专业或系统，然后将其转换为自主格式的模型数据，并按照系统设定的自动检查路径，逐个检查模型单元，按检查结果输出整改意见。平台可对全部整改意见进行跟踪管理，直到全部得到落实。

（二）BIM模型工程量计算技术

1. BIM模型工程量计算的必要性

模型工程量计算是基于BIM进行造价管理的必然发展趋势。

首先，以模型作为工程量计算的核心，可以更好地实现大数据的存储和管理。所有造价信息均集中关联到模型上，可实现数据的可视化录入和查询。

其次，工程量数据与模型保持同步，随着工程进展，可进行数据纵向跟踪和比对，是模型工程量计算的重要价值所在。通过将模型算量软件集成于工程数字化管理平台中，随着工程建设的进展及变更的产生，在修正模型的同时，也可同步由模型算量软件对工程量进行调整，能够保证算量的正确性和提高算量效率。

再次，模型可由工程建设各方协同完成并确认，那么存储于模型中的工程量也将获得各方认可，从而避免各方对工程算量结果的质疑，避免重复核算。

将模型的创建与维护贯穿始终，在估算管理、概算管理、设计变更管理、中期计量支付管理、结算和决算管理以及投资分析等各环节利用模型计算工程量，可以避免二次建模计量。

在项目最初决策阶段，根据拟建项目的场地条件、建设规模、使用用途等因素，可从以往存储的模型数据库中搜索到相似工程，进行工程的经济成本对比分析，完成一份可信度较高的项目估算。

在项目设计阶段，协同各专业创建精确的模型，包括建筑、结构、机电等，在设计之初就避免专业间的设计冲突。再以此为基础进行项目概算，可提高概算的准确性。

在项目招投标阶段，利用模型的可视化特点，可以更好地展示项目方案的各种细节，并且利用模型算量软件，可以明显提高算量的效率和精确度，避免出现漏项、重复计算等情况；可以快速套用项目所在地方的定额或清单，得到较完善的工程量清单及价格。

在项目施工阶段，施工进度、设计变更等各种项目建设信息都可以及时体现在模型上，通过模型算量，及时获取各阶段建设成本数据，以及由设计变更造成的建设成本变化，实现项目的五维（5D）管理。通过人工、设备、耗材等经济指标分析，及时调整施工进度和方案，避免造成不必要的建设成本浪费。

在项目竣工阶段，由于模型作为项目的数字孪生始终存在，并且同步更新，使竣工结算变成了事半功倍的事。整个建设过程的所有记录均在模型上有迹可循，在完成结算的同时，还可以更好地对项目的成本分布和利润变化原因进行分析总结，有利于后续项目的管理。

2. BIM 模型工程量计算软件的应用

为保证建设工程数字化的顺利实施，模型工程量计算软件具备以下功能：

（1）能够兼容各种项目数据格式。这里说的项目数据格式包括两个概念。

从数据格式来说，一款模型工程量计算软件一般能够兼容建设行业中常用各种软件数据格式，比如 Revit、Bently、Tekla 等。算量软件应能够支持这些模型的导入，识别构件的几何造型，并恢复成三维显示状态。算量软件应能够从各种数据格式中提取算量需要的各项参数，完成算量工作。

从建设项目特点来说，BIM 算量软件除了能够识别造型常见的构件外，还能够对异型构件进行识别和处理。工程项目有时会因为地形、建设场地条件、周边建筑影响等因素，不得不设计一些异型构件。另外，对于市政工程、轨道交通工程、各类厂房工程等，根据建筑物或构筑物的使用场景，均会有一些异型构件，但在这些项目中又是常规的。既然模型中已经可以构造这些异型构件的精确形状，那么 BIM 算量软件就可以从技术上解决这些异型构件的识别，以完成构件"实物量"的计算。保证整个项目的绝大多数工程量通过计算机完成计算。

另外，BIM 算量软件一般还具有一定的精度处理能力。大量的 BIM 模型是通过人工创建的，在绘制精度方面难免会存在偏差，如构件对齐偏差、构件连接偏差等，这样的偏差是很难完全避免的。BIM 算量软件在进行数据转换时，会根据工程精度要求，纠正这些偏差，保证算量工作能够正确完成。

（2）能够完成全专业工程算量。BIM 算量软件一般能够完成全专业的工程算量工作，包括土建算量、机电算量等。土建算量又可细分为混凝土工程、钢筋工程、模板工程、装饰装修工程等。有些算量软件，针对一些细分工程领域，还包含地下工程项目的防水工程算量。

算量软件一般能够根据项目的混凝土构件，自动生成构件的模板、装饰、防水、钢筋等，因为这些构件可以根据混凝土构件的形状、设计规范、算量规则、国标图集等规定自动生成，这样可以降低设计人员的建模成本，使算量更容易完成。

（3）能够实现与项目管理平台的双向数据联动。一款好的 BIM 算量软件应能够提供数据导入导出接口。若一款 BIM 算量软件只能提供模型算量，却不提供数据传输接口，那它的实用价值是不高的。因为 BIM 算量软件的数据输入源是模型，愿意创建 BIM 模型的建设方是希望对建设项目进行数字化管理的，单纯为了算量而创建模型，不论是对建设单位（或投资单位）、设计单位来说，都不会有很高的积极性。

BIM 算量软件若具有数据导入导出接口，就可作为项目管理平台的关键组成部分，与项目管理平台实现双向数据联动。BIM 算量软件的导入接口主要用于接收项目管理平台各建设节点的模型，完成对模型工程量计算。BIM 算量软件的导出接口，主要用于将计算结果数据推回到项目管理平台，在项目管理平台实现项目的版本管理、版本对比、施工进度管理、投资管理、资产移交等功能。另外，项目管理平台可能提供的模型审查、模型会签、工程量核对等功能都需要将工程量作为重要的评估指标。

因此，BIM 算量软件若与项目管理平台联合使用，就能将其价值发挥到最大化。

（三）工程数据集成技术

1. 工程数据与版本化管理

在工程数字化平台上与模型集成的工程数据包括工程造价数据、进度数据、质量资料、设备技术资料等，既包括结构化的数据，也包括半结构化或非结构化的数据，如办公文档、工程图纸、图片、视频等。把工程数据与模型单元集成，形成与模型的树状构造相匹配的集成化数据，能为建设和运维管理提供便捷、智能的数据服务。

在建设过程中，因设计更新与优化、施工深化，以及现场施工变动等原因，模型需要进行动态更新，工程数字化平台通过版本化管理来适应模型的动态更新：在平台上保存每个模型版本数据，并保持任何一个时刻有且只有一个版本处于激活状态。同时，平台为每个模型版本保存所关联的工程数据版本，使得工程数据与模型的版本保持同步更新。

2. 关联关系的跨版本维护

当模型更新时，模型提供方只提供更新后的模型，新版本与工程数据的关联关系由平台进行自动化处理，确保新版本中未被删除的模型单元能够完整、准确地继承上一版本的关联信息，新增的模型单元与工程数据关联关系则需要人工完善。跨版本的自动化关联关系维护，是一项技术含量较高的实现过程。我们知道，每个模型单元都会有一个唯一标识符（GUID），GUID 是在模型单元产生时由系统自动形成的，并在全生命期内保持不变。在大多数情况下，如果模型单元的 GUID 在前后版本中保持不变，那么该模型单元的其他信息也未被修改，因此，我们可能想当然地认为，可以仅仅通过对比模型单元前后版本 GUID 的变化，实现对工程数据关联关系的自动继承，但是，这种想法是错误的，如果仅通过模型单元 GUID 的一致性维护关联数据，则某些情况下将造成数据错误或不必要的人机交互工作。如深化设计会删除原模型单元、在相同位置产生同类型的新构件，由于新构件的 GUID 与原构件的不同，平台就不能仅仅通过 GUID 实现跨版本的数据关联。又如，构件的大尺度移位、关键属性的修改都能改变模型单元的实质，但是它们仍沿用前版本的 GUID，平台仅仅用模型单元的 GUID 作为构件相同的判断条件可能就会造成错判。

为解决上述问题，需要引入参数化模型分析技术，对前后版本进行综合对比分析，才能获得正确的结果。综合对比分析从两个方面进行：一方面是针对前后版本 GUID 相同的模型单元，需要对比其工程类别和空间位置，如果工程类别不一致，则表明可能不再是工程意义上的同一个构件，如新版本中的工程类别是"基础梁"，而旧版本是"框架梁"，则旧版本中与该构件相关联的工程数据可能已经不再适合新版本，就需要用户确认，而不能直接继承。在确定工程类别相同前提下，还需要通过空间几何计算对比其空间位置，如果模型单元在前后版本中的空间位置差别较大，则与其相关联的进度计划数据、质量资料等可能不再适应新版本，也需要用户确认。另一方面是对 GUID 不同而位置相同的模型单元进行综合对比分析，判断新旧版本中的这两个模型单元是否具有相同的工程类型，如果工程类型相同，尽管 GUID 不同仍可以视为同一个构件，可以将旧版本中关联的工程数据直接关联到新构件上，而不需要用户确认。由于轻量化模型数据不具备精确几何分析的支持能力，因此，新旧版本中模型单元空间位置的对比分析，需要基于参数化数据进行，具有一定的技术难度，是判别工程数字化平台技术水平的一个标志。

（四）工程数据 AI 识别技术

1. AI 识别技术应用的必要性

2015 年之后，信息技术在机器学习、人工智能领域取得突破性进展，带来了全新的数据处理思维和技术实现模式。人工智能在语音识别、图像识别、人脸识别、辅助驾驶等通用领域取得卓越成绩，对各行各业带来新的启发。应用 AI 技术标准化工程数据，提升工程管理质量和效率，是工程数字化管理的一项关键技术。

2. AI 识别技术应用的必要条件

在建设工程数字化应用中，AI 识别技术作为提升能力的工具技术，其核心价值是提升管理效率，引入 AI 识别技术必须满足以下条件：

（1）识别准确率要求。识别准确率是直接影响实际应用效率的关键因素，越高的识别准确率意味着识别结果的可信，从而大幅度减少人工修改、审核工作量，否则，会带来相反的效果。不同的应用场景对识别准确率有不同的要求，一般不低于90%。

（2）提高学习能力和纠错能力要求。人工智能技术通过自动化训练学习人类定义的知识，如果用于训练的数据错误或不足可能导致学习结果错误（识别错误），在用户发现其知识应用结果错误之后，可以通过修正或补充训练数据的方式，让机器人自行训练并自动升级训练模型，从而不断提升识别准确率。

（3）自纠错能力要求。在接收到新的训练数据时，人工智能算法能主动发现新旧知识之间的矛盾，应能主动排除矛盾数据或向 AI 工程师列举矛盾知识，从而由 AI 工程师修正矛盾、自动升级算法和模型。

3. AI 识别技术的应用

（1）工程造价数据清洗。工程造价数据清洗是指对造价管理过程中产生的"概算文件""预算文件""合同文件""结算文件""决算文件"等进行二次处理，使这些分散的、非标准化、非结构化的数据变成结构化数据，实现不同文件间的数据关联、汇总，同时满足数据持久化和结构化存储的需求。

AI 技术在工程造价数据清洗过程，通过识别造价文件中的上下文语义来建立文件内容中隐含的层级关系，改变了以往依靠大量人工对造价文件进行重新层级编码的烦琐工作，还可以对文件中的消耗量指标、经济指标、工程量指标、相关指标数据进行自动识别并标签化，大幅提升了数据处理效率和质量。

（2）材料设备机械数据的分类编码。建筑领域涉及的材料设备机械数据品种繁多，书写方式多样化。材料设备数据的 IT 系统往往很难做到深入和精细，原因在于非标准化的数据需要进行人工识别、人工编码后录入系统，这个过程工作量庞大、错误率高、效率低下，也需要调动不同专业的人员配合，新的管理规范出台，还需要对历史数据进行重新编码，编码不易于维护。

使用 AI 技术对材料设备数据进行自动编码会更高效，百万级的数据进行自动编码所花费的时间一般不超过 1min；机器人通过训练，对新知识能可持续学习，不因人员离职、水平差异、理解偏差导致编码差异，具有更高稳定可持续性。

（3）智能配价。智能配价是一种基于建设工程材料设备机械数据识别技术的应用，由已经学习训练好的材料设备知识机器人，对用户配价需求的料单进行识别，利用识别结果实时匹配数据库中标准化的市场价和政府发布的信息价。该技术能通过智能比较的方式甄别出部分价格不合理的供应商报价；提供一种批量配价的方式，可以大批量的完成料单配价，提升工作效率；还衍生出一种智能搜索辅助技术，可以协助用户更高效的搜索需要的材料价格。

（4）造价机器人。造价机器人是使用 AI 技术进行造价全过程管理的智能技术，需要将多种识别技术串联，从清单套定额、自动算量、自动配价到成果文件产出，实现自动化操作。目前，造价机器人的实现中存在一些困难，例如，机器人无法直接根据多家供应商报价主动识别价格的合理性等，在现有的造价管理模式下，还不具备可以完全取代人工工作的条件。

第四节　工程数字化核心内容与成果交付

一、建设全过程 BIM 模型管理与应用

（一）BIM 模型管理

BIM 模型管理主要包括：模型单元库管理、模型版本管理、图模一致管理、按模施工管理、物模一致管理等。通过对模型的标准化、精细化管理，实现数据的传承与积累，为后续数字化管理及应用提供基础数据支持。

1. 准备工作

目前各类建模软件模型单元库内容均不完整，已有模型单元文件深度和附着属性也与要求不符，从而导致了建模效率的低下，构件模型单元标准化程度低。而在设计到运维的过程中，施工图设计、工程计量、生产管理、成本管理等均需要模型单元库，运营阶段维修管理仍然需要模型单元库，为此建立企业级模型单元库非常必要。

为保证模型单元库标准统一、管理统一、构件属性、参数信息准确，避免各参建单位重复建模，需要对各参建单位提出构件模型及信息方面的统一要求，再通过对构件模型及信息进行审核、验收、使用及更新等，逐步形成企业级模型单元库，保证模型与实体的一致性，

提高模型创建效率和质量，方便竣工移交。所以，需要根据各专业、各系统、各阶段需求，编制模型颗粒度标准和基本模型单元表，解决建设、设计、施工、运维等各方对模型单元库要求不一致、各自独立建库的问题。

（1）模型单元管理。为实现项目全生命周期的构件模型应用，克服软件公司、设计、施工等单位分别建库的缺陷，达到全面、系统、适用的目的，应将模型单元库建设与运维管理分类标准相结合，实现模型单元库、项目管理平台、运维管理平台等所有数据库的统一，从而推动模型单元库利用效率和提高建设、运维管理水平。

模型单元库建设应由建设单位（或投资单位）主导，咨询、设计、施工、设备供应商等单位共同配合、共同建设。

（2）模型精细度管理。建筑信息模型包含的最小模型单元应由模型精细度等级衡量，模型精细度基本等级划分应符合表1-10的规定。根据工程项目的应用需求，可在基本等级之间扩充模型精细度等级。

表 1-10　模型精细度基本等级划分

等级	英文名	代号	包含的最小模型单元
1.0级模型精细度	Level of Model Definition 1.0	LOD1.O	项目级模型单元
2.0级模型精细度	Level of Model Definition 2.0	LOD2.O	功能级模型单元
3.0级模型精细度	Level of Model Definition 3.0	LOD3.O	功能级模型单元
4.0级模型精细度	Level of Model Definition 4.0	LOD4.O	零件级模型单元

（3）模型单元的几何信息管理。模型单元的几何信息应符合下列规定：应选取适宜的几何表达精度呈现模型单元几何信息；在满足设计深度和应用需求的前提下，应选取较低等级的几何表达精度；不同的模型单元可选取不同的几何表达精度；几何表达精度的等级划分应符合表1-11的规定。

表 1-11　几何表达精度的等级划分

等级	英文名	代号	几何表达精度要求
1级几何表达精度	Level 1 of geometric detail	G1	满足三维化或者符号化识别需求的几何表达精度
2级几何表达精度	Level 2 of geometric detail	G2	满足空间占位、主要颜色等粗略识别需求的几何表度
3级几何表达精度	Level 3 of geometric detail	G3	满足建造安装流程、采购等精细识别需求的几何表达精度
4级几何表达精度	Level 4 of geometric detail	G4	满足高精度渲染展示、产品管理、制造加工准备等高精度识别需求的几何表达精度

（4）模型单元信息深度管理。模型单元信息深度等级的划分应符合表1-12的规定。

表 1-12　信息深度等级的划分

等级	英文名	代号	包含的最小模型单元
1 级信息深度	Level 1 of information detail	N1	宜包含模型单元的身份描述、项目信息、组织角色等信息
2 级信息深度	Level 2 of information detail	N2	宜包含和补充 N1 等级信息，增加实体系统关系、组成及材质，性能或属性等信息
3 级信息深度	Level 3 of information detail	N3	宜包含和补充 N2 等级信息，增加生产信息、安装信息
4 级信息深度	Level 4 of information detail	N4	宜包含和补充 N3 等级信息，增加资产信息和维护信息

2. 版本管理

建筑信息模型的电子文件夹和文件，在交付过程中均应进行版本管理，并应在命名字段中标识，使各阶段模型能集成为逻辑上唯一的本阶段分部模型或整体模型。

方案设计模型根据可研阶段设计信息创建，初步设计模型宜在方案设计模型基础上按初步设计阶段设计信息进行增加和细化形成，施工图设计模型宜根据施工图设计阶段设计信息进行增加和细化形成，施工模型宜在施工图设计模型基础上按施工组织设计进行深化形成，竣工模型宜在施工模型基础上依据施工现场确认的实际结果调整形成。

3. 图模一致

图模一致性是 BIM 应用可落地实施的重要环节，先模型后图纸、先模型后施工，避免图模分离、无据可依。推行图模一致性管理，模型封装在前，图纸输出在后，从封装的模型中输出二维施工图纸，施工前对模型和施工图的一致性进行复查，确保现场可按模型施工。

4. 按模施工

施工单位严格按施工深化模型进行施工，施工过程发生的设计变更、构件位置微调和甲供设备构件的替换，施工单位及时在施工过程中对模型进行动态调整，保证后续项目实体与模型一致性。

5. 物模一致

对模型与工程实体的一致性进行现场检查，保证数字化成果的真实性和有效性，为竣工移交提供可靠的模型质量保证。

（二）BIM 模型应用

1. 典型应用点

利用 BIM 的可视化、矢量化等特点提高设计与施工管理水平的应用非常广泛，以下仅列出部分典型应用点，见表 1-13。

表 1-13　BIM 模型典型应用点

应用阶段	应用类型	典型应用点
方案设计阶段	可视化应用	设计方案比选
		场地规划
		征地拆迁分析
		交通导致
		管线改迁
	数据资源应用	结构性能分析
		消防性能分析
		绿色建筑性能分析
初步设计阶段	可视化应用	建筑结构系统方案论证
		设施设备系统方案论证
		施工影响分析
	数据资源应用	技术经济指标统计
施工图设计阶段	可视化应用	辅助图纸会审
		冲突检测
		净高核查
		管线综合
		基于模型的图纸输出
	数据资源应用	工程量统计
		面积统计
		设计审查
施工准备阶段	可视化应用	预留预埋核查
		检修空间复核
		综合支吊架优化布置
		施工场地规划
		深化设计
		施工组织模拟
		施工工艺模拟
	数据资源应用	土方平衡
施工阶段	可视化应用	可视化交底
	数据资源应用	变更管理
		预制加工与装配式施工
		采购管理
		投资与造价管理
		进度管理

应用阶段	应用类型	典型应用点
施工阶段	数据资源应用	质量与安全管理
		文档资料管理
		竣工验收
运维阶段	可视化应用	应急疏散管理
		空间管理
	数据资源应用	资产管理
		设施设备管理
		能耗模拟
拆除阶段	可视化应用	拆除影响分析
		建筑拆除模拟

2. 模型应用点说明

（1）设计优化。

1）应用内容。通过设计阶段创建各专业模型，应用建模软件检查施工图设计阶段各专业模型之间的相互关系，完成设计图纸范围内各专业之间的三维协同设计工作，避免各专业冲突与碰撞，将设计阶段模型传递到施工阶段使用。其应用目标是优化各专业模型设计方案，优化建筑空间净高，消除二维设计平面的差、漏、碰、错等问题，为深化设计、工厂预制加工、设计交底提供依据。

2）模型要求。要求各专业模型元素完整程度满足施工图设计深度要求，各专业模型信息完整、准确。

3）应用成果。应用成果包括优化后的各专业模型和优化报告。

（2）方案模拟。

1）应用内容。通过已创建的模型进行方案模拟，包括设计方案模拟和施工方案模拟。

设计方案模拟是利用设计阶段各专业模型对各项设计方案进行模拟分析，如净空净高模拟、房间布局方案模拟、绿色节能方案模拟等，实现对设计方案的最大程度优化，使设计方案具有落地性。

施工方案模拟是利用施工阶段各专业模型对施工的工序、工法以及施工中的重点、难点进行模拟，提前制订施工方案，最大程度降低施工的返工、物料浪费等现象。

2）模型要求。要求设计阶段模型元素、信息满足设计深度要求；施工阶段模型在满足设计模型的基础上，还应符合相关施工方案和标准的要求。

3）应用成果。应用成果包括各专业 BIM 模型文件、方案模拟成果、优化后的设计方案和施工方案。

（3）三维可视化交底。

1）应用内容。可视化技术交底是指用深化模型进行分项工程全过程施工模拟，展现关键节点的措施和关键工序的衔接关系，从而降低沟通成本，提高项目施工技术管理水平和效率。

2）模型要求。准备施工深化模型，除此以外还需要施工方案、施工现场条件及设备选型。

3）应用成果。三维技术交底 BIM 应用的成果包括：

①施工技术可视化交底及模拟模型。模型应当正确反映各分项工程部位以及施工顺序，能够达到虚拟演示施工过程的效果。

②施工技术和安全交底。技术交底应当清晰表达施工内容，满足施工条件，并符合规范要求。

（4）装配式施工。

1）应用内容。装配式建筑构造复杂，特别强调各环节的协同性，需要各专业紧密配合。在设计过程中，能提高设计深度，为构件工厂化加工提供依据。通过模型内部碰撞和自动纠错功能，检索各类冲突和错误，有效地避免各环节的设计问题。在生产过程中，为了最大限度地确保预制构件生产的精确性，生产厂家从模型中提取详尽的数据信息，能制定并完善构件生产计划。在施工过程中，装配式建筑施工工艺复杂，通过模型模拟安装流程，提升现场施工管理水平。

2）模型要求。预制构件应满足标准化、模数化要求，模型建立应依据国家相关标准，并宜考虑工程实际需要。

3）应用成果。应用成果包括通过施工深化模型创建的模拟安装流程视频以及深化施工图及剖面图。施工图及节点图应当清晰表达深化后模型的内容，满足施工条件的要求。其中，优化后的管线排布平面图和剖面图，应当精确标注各类管线的具体位置。

（5）BIM 与 GIS 的结合应用。在工程建筑领域，BIM 能为工程项目提供完整的、与实际情况一致的建筑工程基础数据。而 GIS 则能提供更为宏观的地理空间定位信息，包含建筑工程的地理位置信息、周边环境信息、地上和地下管线系统、周围道路信息等。BIM+GIS的融合，能通过互联互补，为长线工程和大规模区域性工程等重大工程的应用和实践，提供更深层次的技术支撑。

1）应用内容。

①多源数据融合匹配。GIS 集成了海量多源数据，如地形影像、地质模型、倾斜摄影模型、激光点云、水面、地下管线等。BIM+GIS 的应用可以实现 BIM 与多源数据融合匹配，从而提高数据的利用价值。

②为项目规划设计提供数据支撑。GIS 集成的模型可以生成高程点、等高线等数字高程模型（DEM）数据，提供区域 CAD 设计底图；GIS 提供的三维影像模型为方案设计、路由规划等提供数据支撑；在统一的三维地理空间框架体系中实现多种场景下的可交互时空分析，包括叠加分析、空间拓扑分析、通视分析、剖面分析、天际线分析、淹没分析，并提供基于可视化建模的复杂分析能力，助力多业务场景的辅助决策。

③辅助项目管理。将 BIM+GIS 落实到工程数字化管理平台上，尤其是长线工程和大规模区域性工程等重大工程中时，除了在数据层面增强宏观和微观信息的结合，在业务层面，也可以加强项目在进度、质量、计量、安全等方面的管理。例如，将 BIM 中完工情况与 GIS结合，可以更直观地展示项目进度情况。

④土方计算。通过将土方 BIM 模型与数字高程模型的精准匹配，可以快速、精准地对土方工程量进行计算，便于土方倒运策划及施工预结算。

⑤数据分析。网络模型是另一类 GIS 空间数据模型，用三维网络模型数据来表示 BIM 单体之间的链接网络，例如，道路数据，可以提取出带拓扑连接关系的三维点、线对象，然后构建三维网络数据模型。这样就可以将 BIM 模型应用于各种复杂的实际工程领域中，例如，爆管网络分析，若某一处市政水网/供热管网/天然气管道的地下管线发生了爆裂，可以基于三维网络数据模型的拓扑关系知道关闭哪些阀门，哪些管线受到了影响，从而及时、快速地解决问题。

2）模型要求。BIM+GIS 技术应用的基础是坐标的统一，通过坐标转换和数据配准，将 BIM 模型与倾斜摄影模型、地形等多源数据统一到一个坐标系，实现各种信息对齐；然后再对数据进行操作和处理，进行诸如镶嵌压平裁剪等操作，实现数据平滑衔接、纹理拼接自然，以满足在建设、运营、管理过程中对数据的精度需求。

对 GIS 的要求：倾斜摄影测量时，控制点设置要提前与设计院沟通，了解地方坐标系、工程坐标系，便于在地球曲率影响下的 BIM 模型和 GIS 数据精确匹配。

对 BIM 的要求：模型创建时其原点、角度应与设计要求一致，以确保模型构件的绝对坐标准确。同时应了解项目使用的 GIS 平台的模型识别逻辑，如各类构件颜色是通过过滤器还是材质定义，以便与 BIM 模型可以在 GIS 平台正确显示。

3）应用成果。通过 BIM 与 GIS 的多源数据整合，可为项目决策提供重要依据；提高项目设计质量；实现可视化、精细化的项目管理；快速、精准的土方工程量计算；通过三维网络数据模型分析实现爆管分析等各类应用；同时在城市和景观规划、智慧城市建设、灾害管理等领域发挥巨大的作用。

二、建设全过程数据化管理

（一）数据管理

数据管理是指以工程数字化管理为目标，以工程数字化管理平台为统一工作环境，对数据进行获取、集成、标准化处理、验收和交付等过程。

1. 数据类型

著名学者查克·伊斯曼博士指出："BIM 应该集成建设项目全生命周期中所有的几何模型信息、功能要求信息和构件性能信息，同时包括过程信息，如施工进度、建造工序、维护管理等"，住房和城乡建设部从技术视角对 BIM 的定义为："BIM 技术是一种应用于工程设计以及建造管理中的一种数据化工具，通过参数模型整合各种项目中的相关信息，在项目策划、运行和维护管理的全生命周期过程中进行共享和传递，使工程技术人员对各种建设项目信息做出正确的理解和高效的应对，为设计团队以及各方建设主体提供协同工作的平台，在提高生产效率、节约成本和缩短工期方面发挥重要作用。"无论是从 BIM 的基本概念还是从实现技术视角，BIM 都是与工程数据相关数据的集成体，不仅包含实体工程的成果性信息，还包括建设与管理实体工程的过程性信息。从 BIM 所集成的数据形式上，包括结构化数据（如模型中的设计信息）、半结构化数据或非结构的数据（如办公文档、工程图纸文档、图片、音视频文件等），从所集成数据的时间顺序上，包括在工程立项、可研、规划、勘察、设计、施工、交付，以及运维过程中所形成的数据。其中，运维阶段集成的数据与行业相关，数据涵盖范围较大。仅考虑建设过程所集成的数据，BIM 集成数据见图 1-4。

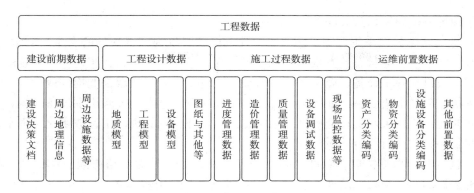

图 1-4　工程建设期 BIM 集成的数据类型

图 1-4 中，建设前期数据是指从项目立项到工程设计之前这一阶段内所产生或要使用的数据，包括立项报告、可研报告、项目规划数据等各种与建设决策相关的文档，以 GIS 或其他方式表达的周边地理信息，以模型或其他方式表达的周边设施数据等。

工程设计数据是指反映工程建设实物成果的几何、物理、用途描述、建设要求等数据，包括各个版本的工程图纸、地质模型、工程设计模型、设备模型以及相关附加文档。

施工过程数据是指在施工过程中形成的数据，包括进度管理数据、投资管理数据、质量管理数据、设备调试数据、现场监控数据、设备采购等其他数据。

运维前置数据是指用在运营过程中使用，并在建设过程中形成的数据，如各种运维业务所需的分类与编码等。

工程数字化要同时为建设和运营阶段提供数据服务，就必须把工程数据作为主要管理内容，对工程数据进行采集、加工处理并提供给建设相关方或其他信息化系统，是工程数字化应用的核心工作。

2. 数据获取

数据获取是指以工程数字化管理平台为基础、以工程管理和运维管理为应用目标，用不同方法从不同数据源获取所需数据的过程。其方法包括：模型数据析取、现场状态数据采集、协同软件数据接口，以及人机交互输入等。

（1）模型数据析取。工程模型、设备模型、GIS 模型、地质模型、周边设施模型等信息化模型，是采用专业软件创建的，其本身就是具有良好组织的结构化数据。可以把每个模型单元的数据划分为两大类：一类是支持可视化展示的几何数据，如描述柱断面四个角点的坐标值、高度等；另一类是非几何属性数据，如柱混凝土强度等级、混凝土防水等级等。模型数据析取的主要工作是对几何数据和非几何数据进行分类，将分离后的几何数据和非几何属性分别以不同技术存储，以满足对几何数据快速访问、对非几何数据方便查询的要求，这个过程一般称作数模分离。其中，几何数据的一个用途是 3D 可视化渲染，由于 BIM 的模型单元数量庞大，3D 可视化渲染过程需要快速计算密集的几何数据，而常用的关系数据库如 Oracle、MySQL 等，在支持高速几何数据计算方面能力不足，因此几何数据的存储一般使用非关系型数据库，如使用 MongoDB，以支持分布式存储、高性能、高并发访问。分离之后，几何数据成为人们常说的轻量化模型数据。非几何数据的内容覆盖面较广，用途也比较多，适合使用关系数据库保存。在同一个模型单元的几何数据和非几何数据之间，通过共同拥有模型单元的唯一标识符保持关联关系。

（2）现场状态数据采集。为了能够向管理人员及时呈现施工现场的安全、质量、进度、工作环境、施工设备等状态，发现施工现场可能存在的隐患或问题，实现施工现场的智能化管理，很多项目在施工设备、施工环境、人员通道以及作为建设成果的构件或设备上设置各种类型的状态数据采集设备，如压力传感器、空气质量传感器、人脸识别设备、视频监控设备等，并通过物联网关联到相应的管理系统，进行专业化的管理。工程数字化管理平台需要接入这些状态数据进行综合分析。

（3）协同软件数据接口。软件之间的协同工作，是通过为参与协同工作的开发数据接口，实现数据的双向交换，从而实现就某项业务的协同工作。如在平台和 BIM 算量软件之间建立数据接口，将平台上经过参建方审核确认的模型推送给算量软件，算量软件获取模型后进行工程量计算、清单挂接等操作，形成的计算结果再由算量软件推送到平台，从而实现基于 BIM 的自动算量，同时实现工程量、清单与模型中模型单元的自动挂接。相比于算量软件独立工作的方式，平台与算量软件协同工作能够充分共享可靠的模型，并能用 BIM 算量结果直接为后续工程管理服务，其效果非常突出。

3. 数据集成

数据集成是指在平台上以工程模型为核心，在工程数据与模型之间建立关联关系，打通不同管理专业之间的数据隔阂，实现多专业之间的数据共享。如由于建筑工程领域的进度管理与投资管理分别采用不同的数据组织方式，投资管理所使用的工程量清单和进度管理中的施工任务，并不存在一一对应的关系，在以往没有与模型集成的情况下，无论是做进度计划还是完工统计，都需要重新计算每个任务的工程量，而无法直接使用已有的清单工程量。把工程量集成在模型单元上之后，每个构件就具有了独立的工程量，这样，在进度计划编制、进度完工统计时，可以通过每个任务所包含的构件自动统计出对应的工程量，从而打通进度管理和投资管理的数据共享通道。再如，通过数据集成，将质量验收资料与对应的模型单元关联起来，这样，在中期计量支付时，平台可以自动检查一份中期计量清单中的构件是否都通过了分部分项质量验收，从而决定本期计量结果是否符合支付要求，从而用软件对数据的分析替代以往人为的信息沟通，大大提高跨专业的业务流程推进速度，这将推动工程管理标准化的发展。对于数据量较大的工程数据，如构件工程量与模型的集成，应采用自动集成方式，否则将因工作量过大而降低实用性。

4. 数据标准化

在平台上，对工程数据进行标准化主要有两方面的目的：一是保证平台以及与平台协同工作的其他软件能够正确识别工程数据；二是保证工程数据自身的完整性、规范性、可用性。

（1）数据分类标准化。当两个工程人员进行交流时，针对空调系统中的设备，一方把它说成"风机"而另一方说成"通风机"，一般不会引起误解，但是软件，会把"风机"和"通风机"看作完全不同的两个数据。在实际项目上，很难避免不同来源的数据中构件及材料设备的名称、型号、属性等各项数值完全相同，这就很有必要为它们赋予标准化的分类信息，使得计算机能够准确地识别他们。其中，用途最广泛的分类，是对模型单元进行标准化分类，国家标准《建筑信息模型分类和编码标准》GB/T 51269—2017 就是为建筑工程模型的分类标准化而编制，在某些细分领域，如轨道交通、水利水电、市政工程等，可能还需要参考该标准做些局部调整，以充实或补足建筑工程覆盖范围之外的模型单元分类。此外，为支持运营维护的数字化、智慧化，还需要为工程数据赋予资产分类编码、设备维护维修分类编码等。对数据进行标准化的方法有多种，如在创建构件模型时直接把标准化分类编码嵌入构件模型中，或者在创建模型单元时再作为模型单元的属性追加上去，这两种方法各有优缺点，第一种方法看上去工作量较小，但实用性存在缺陷：当标准做修订之后，往往会因模型中的分类信息未及时调整而引起不匹配。使用前景最好的一种方法是使用 AI 技术为模型单元自动赋予标准化编码，目前，该技术已有初步应用。

（2）数据交换标准化。在两个软件之间，用标准化数据格式、数据组织、数据定义进行数据交换，一直是 BIM 相关软件研发、应用的一项重要技术方法。数据交换标准化是将交换的数据作为一种公开格式的文件输出，读取数据的一方也能直接按照标准读取，而不需要在相关软件之间进行接口讨论，这种方法扩大了软件之间进行数据共享的工作范围：基于标准化交换数据标准，参与协同工作的软件开发商不必是事先约定的，参与协作的软件数量也是不受限制的，是解决软件之间协同工作的优选方法。国际非营利性组织 buildingSMART 于 1994 年发布并持续维护的工业基础类（IFC）标准，就是一个典型的数据交换标准，IFC 支持在不同的软件之间以公开的、标准化的格式进行数据交换与互用，目前，多数建模软件和工程数字化管理平台都支持该标准。

5. 数据验收

针对实物建设成果的工程验收，是保证实物建设成果质量的重要手段，工程验收是一个系统性的构成，自下而上包括工程检验批验收、分项验收、分部验收、单位工程以及项目竣工验收，通过质量验收体系，保证每个构件、每个设备在完成施工后的第一时间得到质量确认，以便及时发现可能存在的问题并及时整改。工程数字化管理的实施使得工程建设呈现出数字孪生特征：反应实物建设成果的数据伴随建设与管理业务同步形成，如果所形成的数据不能得到及时的验收，同样会影响后续的工程数字化实施。如由设计院提交到平台上的设计模型，一方面是进行工程量计算的基础，如果模型中存在错误，会直接导致工程量计算错误；另一方面，如果没有经过工程其他参建方参与会审和验收，造价人员也不能直接使用平台上的模型进行工程量计算。平台将提供对模型数据进行质量验收的流程管理，记录模型验收过程，并保留通过验收的文件证明。

除工程模型之外，设备模型单元、工程资料等也需要在相关业务完成后，提交给工程数据管理单位及时组织验收，以保证后续工作可以使用这些数据。

（二）数据应用

1. 工程前期

（1）数字化工程前期管理的作用。在工程前期的阶段依托方案设计模型、初步设计模型包含的几何数据以及工程相关属性数据，结合造价指标数据，可快速的得出主要工程量及其造价估算信息，极大地减少了造价人员工作量，提升前期投资估算效率。此外，还可通过设计方案的比较，迅速了解主要工程量以及投资造价的差异情况，通过各方案工程技术难度、主要工程量、造价数据对比和模拟分析，找出不同解决方案的优缺点，辅助项目建设单位（或投资单位）迅速评估方案的投资和时间等，对方案进行科学的择优选用。

（2）数字化工程前期管理的特点。工程数字化是贯穿工程全过程的，工程前期是其应用的起始点，在工程前期做好数字化的基础工作是后续深入推进的前提。通过数字化技术确定工程的初步设计方案，并以模型为主线将数据进行传递与回溯，减少详细设计阶段修改工作量，避免"失之毫厘，谬以千里"现象的发生。

（3）数字化工程前期管理的方法。为实现工程前期的数字化应用，首先应该建立数字化应用各种标准规范，依据标准建立方案设计模型、初步设计模型并附加各项属性数据，通过模型及其相关属性数据进行主要工程量估算，根据估算的工程量，结合企业积累的造价指标数据（企业定额）形成投资估算额；其次对于不同的设计方案可分别通过参数化建模，快速建立模型并进行估算，形成各项统计数据，从而进行方案对比分析以支持决策。

2. 进度控制

（1）数字化进度控制的作用。结合施工深化阶段模型和工程数字化管理平台各项管理功能，实现基于 BIM 的数字化进度管理，在平台中能够利用模型进行项目进度计划的编制、完工数据采集、进度预警、进度概览以及报表汇总等。

（2）数字化进度控制的特点。

1）进度管理平台化。利用工程数字化管理平台的功能，解决传统进度管理与其他目标化管理相互孤立、多参与方数据流转烦琐、数据汇总不断重复的问题，通过平台转变为与建设期各项管理数据结合、管理流程自动流转、数据结果自动汇总的平台化管理方式。

2）形象进度可视化。将精细度满足施工阶段管理要求的施工深化模型作为进度管理的数据载体，集成各项进度数据，通过不同维度的信息筛选，利用三维可视化形态展示相应进度状态。

3）进度报表无纸化。利用工程数字化管理平台中的各项管理数据形成进度报表的基础层级架构，通过在平台中模型所集成的投资、质量和进度等数据，自动形成汇总的进度报表，提高报表数据准确程度。

（3）数字化进度控制的方法。

1）进度计划按照进度管理需求由高到低依次分为总控计划、月计划、周计划等。

2）在编制总控计划之前，提前将总控计划中的任务等级和层级架构，与模型文件中的构件分类结构进行确定对应关系，实现通过模型构件自动对应总控计划任务和层级的功能。

3）通过利用点选构件模型自动生成总控计划任务，直接获取构件模型对应的工程量数据，此外，按任务选择计划开工时间和计划完工时间等。

4）月计划的任务等级、任务与构件模型的对应关系、计划开工时间、计划完工时间等数据，直接依据上一级的总控计划而来，按照月度时间自动生成。月计划的计划工程量需在月计划中录入。

5）完工统计以日为时间单位进行统计，通过点选构件模型进行完工统计数据的形成，且已完工的构件自动集成完工时间等信息。

6）可根据项目情况形成和需求，生成定制化的进度统计报表。

7）按照构件模型的计划完工时间与实际完工时间等信息进行可视化的进度对比和预警。

8）实现基于模型的可视化形象进度概览，按照构件的状态不同，用不同颜色区分构件模型。

3. 造价管理

（1）数字化造价管理的作用。数字化工程造价管理，是指综合运用 BIM、云计算、大数据、人工智能等数字化信息技术开展工程造价管理。结合全面造价管理的理论与方法，集成人员、流程、数据、技术和业务系统，实现工程造价管理的全过程、全要素、全参与方的结构化、在线化、智能化管理，并为工程数字化交付提供相关基础数据的过程。数字化造价管理的作用是提高造价管理效率和质量，改变造价管理业务形态，实现全生命周期投资价值更优、全要素综合成本更低和全参与方综合效益更好，从而最终服务于工程项目综合价值更优的目标。

（2）数字化造价管理的特点。

1）可视化。BIM 具有可视化特征，将工程造价数据与模型构件相互关联，能够将工程的实际情况进行三维图像呈现，同时还能够将模型数据及造价数据进行一体化保存，实现建设各阶段成本的动态管理。

2）精细化。数字化工程造价管理的精细化特征包括两个方面：一是在工程量计算方面的精细化，通过模型直接生成工程量计算结果，特别是对复杂异型的构件通过三维模型精准计算，避免了手工计算的误差；二是在工程造价管理方面的精细化，通过 BIM 技术能够快速获取工程量计算，结合造价数据指标可以在设计阶段快速进行设计方案的经济比选，科学选择价值最优的方案，施工阶段先测算再变更，避免盲目变更。另外，工程数字化造价管理可以在工程的不同阶段实现对数据的衔接，使得"估、概、预、结、决"五算不再分割孤立，强化了投资控制。

3）自动化。数字化工程造价管理的自动化特征是指从模型中能自动提取造价工程量数据，不需采用人工处理数据方式。依靠工程数字化管理平台，将 BIM 技术与计量计价、中期支付、竣工结算、造价指标编制等一系列管理工作相结合，实现各阶段、各部门之间的数据自动推送、采集。

（3）数字化造价管理的方法。数字化工程造价管理主要基于 BIM 技术、云计算、大数据、人工智能等技术，造价管理的工作方式也因此发生了相应变化。

1）采用模型进行工程量计算，提高工作质量。工程量是工程项目造价管理的关键性要素，是进行造价测算、工程招标、商务谈判、合同签订、进度款支付等一系列造价管理活动的基础。在数字化工程造价管理模式下，造价人员可直接利用模型通过导入模型算量软件获取符合清单计算规则的工程量，特别是对异型构件的工程量计算，算量结果更准确，解决了传统手工算量误差大的弊端，大幅提高了工作效率和质量。采用数字化工程造价管理模式，双方造价人员可在同一模型开展工程量计算工作，缩短了核量时间、提高了工作效率，同时造价数据与模型结合，使得核算结果可视、透明，便于审查和追溯。

2）采用智能询价系统，确保价格选用合理。工程造价中材料价格通常会占到整个造价的 60% 左右，因此，材料价格的选用是造价控制的重点。随着造价改革工作的不断深化，材料市场询价的方式越来越广泛。智能询价是基于语义识别技术和大数据分析的一款建筑材料、设备价格查询产品，该产品收集的数据量大、渠道广，并使用技术手段对多家供应商数据进行横向对比，对报价偏移市场调查太大的供应商数据进行剔除，保证价格选用的合理性，提高了造价人员的工作质量和效率。

3）采用工程数字化管理平台管理，提高工作效率。数字化工程造价管理是全过程、全方位、全要素的管理模式，因此在管理中就要依靠工程数字化管理平台进行投资管理。

①合同文件的管理。建设工程项目涉及的合同文件种类繁多，包括设计合同、工程合同、采购合同、服务合同等，同时各类合同按不同的签约单位还要细分管理。而合同又是造价管理中的重要依据，因此管理好合同文件是一项重要工作。利用工程数字化管理平台中的投资管理系统可以将全部合同文件进行电子存储，便于后期查找和各方使用。

②施工图核算管理。施工图核算是咨询单位受建设单位（或投资单位）的委托与施工方单位的造价人员依据合同清单计算规则和综合单价对施工图中的工程量进行核算，获得更新后的合同总价的过程。核算结果由施工单位推送到工程数字化管理平台，监理单位、咨询单位依次审核，最后由建设单位（或投资单位）审批后，作为施工阶段工程款支付上限。

③变更签证管理。传统的施工成本管理，工程变更常常因为管理信息不对称和工程量计算复杂等原因，出现先施工，后补手续的现象，等到结算时项目造价人员查阅图纸或者根据变更通知书，复核变更部位及内容，再手算工程量增减，不但耗时长还增加工作强度，数据维护工作量也很大，变更追溯和查询困难。应用数字化模式，造价人员可通过设计提供的修改模型检查到变更内容，直观的展现出变更结果，并将结果同步给建设单位（或投资单位）、设计单位和施工单位，使各方沟通和了解变更及其影响，协助各方做出科学的变更决策。

④进度款支付管理。从完工且质量合格的模型构件中点选获取工程量并自动统计工程量，其结果可靠性与量价核算相同，自动保持与清单项总工程量的闭合关系，不需要人工复查；当超计量时会告警，从而有效防止超支超计。投资管理系统获取工程量后，自动计算支付金额，流程化推送，每个审核审批环节完成后自动跳转，系统永久性保留可追溯能力。

4）建立造价指标管理系统，做好数据传承。数字化技术的准确性和全面性为结算的完成提供了可靠的信息数据，提高了结算的效率，有效节约竣工验收阶段成本。在竣工结算完成后利用造价指标管理系统将项目的概算价、合同价、结算价进行集成管理，自动生成多层级、多维度的指标体系，便于造价人员进行"三算"精准分析，并深度挖掘建设项目全过程造价管理的数据价值，开展相关查询、分析和统计工作。对于大量已完项目，采用智能数据清洗技术，将项目各建设阶段不同文件格式的数据文件内容进行收集、分析和整理，输出符合造价指标标准的应用级别数据，形成既有工程造价数据库及造价指标库，为后续项目决策提供科学的数据支撑。

5）提供数字化工程成果，为智慧运维服务。传统的造价管理在竣工时只提供与造价相关的造价成果文件及相关资料，采用数字化工程造价管理模式还可以为数字化基础数据库提供相关数据。采用数字化工程造价管理，可以实现从项目立项到项目决算全过程的造价数据、设备资产数据、人工材料数据的实时、动态的收集和管理，为基于数字孪生技术的工程数字化交付提供了数据基础。

总之，建设工程数字化是发展的必然之路，工程造价管理也要通过采用数字化的模式，降本增效，提质创新，助力工程数字化的发展。

4. 质量控制

（1）数字化质量控制的作用。数字化质量控制是指将 BIM 与互联网、物联网、虚拟现实、大数据与人工智能等多种先进技术融合，从技术管理、生产管理等管理主线入手，采取数字模拟、实景管控和信息整合传递的数字化方法，实现项目质量控制信息透明化、工程质量可视化、数据精准化、工艺标准化、流程规范化，数字化质量控制有助于实时采集质量管理数据，共享质量管理数据，及时监控和处理质量问题，从而达到提升质量管理效率，确保质量提升的效果。

（2）数字化质量控制的特点。

1）数据采集便捷。通过电脑、手机、平板等各种访问终端进行现场数据采集，让移动办公更方便、更实时。

2）协同办公高效。各质量控制环节的数据实现实时流转，提高业务流转的工作效率。

3）数据存储安全。通过权限矩阵和数据权限确保业务和数据的安全性。

4）质量资料归档智能。通过预先设定好的规则对标准化的质量文档资料自动归档到指定位置。

（3）数字化质量控制的方法。

1）质量资料编制。通过平台内置的 BIM 分类标准，自动建立质量资料与模型元素之间的关联关系，通过成熟的质量资料编制软件，在每个层级的质量验收通过时，将质量验收资料自动集成到模型上，并对质量资料流程化审核。

2）质量问题整改。对现场存在的质量问题，项目管理人员可直接在网页端或手机端发起整改事件并进行闭环跟踪。质量整改事件与模型关联，以可视化方式展现质量整改情况。

3）为计量提供支持。以 BIM 为载体建立质量检查、质量验收资料与中期计量的关系，支持在中期计量时以质量整改完成、质量资料齐全为计量的前置条件，为建设单位（或投资单位）的工程管理提供有效的技术方法支持。

4）质量资料归档。质量控制过程中所形成的大量资料，将自动归档到文档管理中，最终形成工程资料档案进入到竣工移交。

5. 安全管理

（1）数字化安全管理的作用。数字化安全管理模式是指借助 BIM 技术、大数据、GIS 等数字化技术，基于数据积累、实践和数字化，进行工程安全状况的全时监控、实时评估，并预测变化趋势，智能化提供应对策略和方案。数字化安全管理能够及时发现安全管理隐患，预判安全管理事态发展，协助安全管理策略的落地执行，为工程项目顺利实施提供安全支撑。

（2）数字化安全管理的特点。数字化安全管理以安全问题清单和整改责任流程为基础，监督监理单位和施工单位有效落实主体责任、精准管控措施的同时，提升建设单位安全监督管理与决策指挥能力和效率。

（3）数字化安全管理的方法。通过 BIM 技术、大数据、云计算等技术手段，帮助工程项目进行安全管理。项目管理人员通过 App、借助物联网技术提供的设备状况，开展安全监管，无需进行旁站式监管或频繁巡检，远程监管主要区域安全状况。

安全管理功能主要包括：安全巡检管理、安全教育培训、安全文明管理、安全风险源管理、安全隐患管理、应急管理等。通过 GIS 地图与模型展示项目预警工点、重点关注工点、未完成整改工点、易涝工点等风险源进行重点提醒，对重大安全风险源的动态分布进行重点监控与跟踪管理，对工程的风险评估情况建立风险源清单，提前标识出每种风险源的风险等级。根据项目风险等级的设定，自行设置风险等级及各个等级的识别颜色，编制风险控制措施方案，并根据 BIM 分类标准与相应的模型构件进行关联。结合施工进度计划形成风险控制计划，根据施工进度进行风险预警、跟踪处置、统计分析等。

通过 GIS 地图与模型展示隐患情况，动态展示各工点隐患指数及指标。支持多种维度的汇总统计功能，根据各个单位工程查看风险源及风险点个数，根据各个单位工程统计风险的处置情况以及风险的等级情况等。

通过 GIS 地图与模型展示项目应急救援基地地理位置、应急物资储备仓库位置、应急救援队伍地理位置等信息，在应急救援过程中，实现规划应急救援路线，对预案的匹配、资源的查询等。

6. 文档管理

（1）数字化文档管理的作用。数字化文档指由项目参建各方工作人员在项目建设过程中创建，在统一平台上上传、生成、审核、储存、流转、检索、应用等形成的数据集成，数字化文档管理是在项目实施过程中对以上文档进行收集、标记、处理、归集的过程。文档管理的数字化，可充分利用数字化工具实现文档与模型关联、文档与项目应用关联、文档数据自动推送与获取、项目文档的自动归集等，从而颠覆文档管理模式，提高文档管理效率。

（2）数字化文档管理的特点。数字化文档管理与传统文档管理相比，改变了文档载体、储存形式、审核流转渠道、汇总归集方式等，具有文档数字化、处理自动化、管理多元化特点。

1）存档数字化。数字化文档管理以电子数据为存档载体，以文档数据库为提交成果，是实现数字化项目管理的重要一环。

2）处理自动化。充分发挥数字化优势，在文档与模型、应用的数据交换和文档归集工作中，均实现了由平台软件依据内置规则进行自动化处理，提高了数据协同应用效率。

3）管理多维化。数字化文档使用综合管理平台进行管理，与模型、项目应用高度关联，包含文档全过程处理信息。如文档上传、审核信息中包括单位信息、人员信息、时间信息等；文档事件信息中包括专业信息、位置信息、时间信息等。工程数字化管理平台可利用以上信息，结合标记检索功能对数字化文档进行多维化管理。

（3）数字化文档管理的方法。数字化文档管理由建设单位（或投资单位）牵头，项目参建各方参与，依托工程数字化管理平台实现。为了实现对数字化文档的有效管理，需为各单位、各环节的文档创建、提交、审批、储存、流转、检索、归集等工作制订具体操作流程和要求，并在工程数字化管理平台中内置符合项目管理需求的操作流程、标准以及操作和管理权限等，以指导各单位各岗位工作人员依据要求开展文档管理相关工作。具体内容包括：

1）文档线上审核流转。数字化文档通过工程数字化管理平台进行线上审核流转，以平台为依托、以电子数据为载体、以网络为媒介、以电子签章为手段，实现无纸化办公和文档审核的闭环管理。

2）文档与模型关联。数字化文档通过工程数字化管理平台实现与模型关联，使模型与文档关联关系条理清晰，直观定位文档中反映的事件，便于文档与模型双向查询、调取和使用。例如，质量验收文档关联相关模型及其中涉及的一个或多个构件，便于对质量管理的直观理解；模型文件关联与之对应的多张图纸文件，便于查询；构件关联相关变更文档，便于掌握项目和模型变更情况；设备关联其技术资料文档，便于后续数字化交付等。

3）文档与项目应用关联。数字化文档通过工程数字化管理平台实现与项目应用关联，使文档中反应的事件可以关联应用文件或应用界面，可通过文档直观查阅应用事件情况，亦可在应用文件或应用界面查询事件相关文档资料。例如，质量整改通知单作为质量事件处理的过程文件与质量事件关联，方便随时查看事件处理进展和处理方案；培训通知文档关联培训资料，可在线调取。

4）文档数据自动推送与获取。数字化文档通过与模型、项目应用的高度关联，可为模型与项目管理事件提供数据，同时从模型与各应用模块中获取项目管理数据，自动形成文档内容，实现项目数据的自动推送与获取。例如，合同文件关联投资管理应用模块，推送合同清单内容，作为投资管理工程量统计的依据。中期支付文档关联工程量核算及进度管理数据，综合统计形成该月实际完成工作的工程量，降低统计工作量。

5）文档自动归集。数字化文档的创建与项目同步开展，贯穿工程建设全过程，文档随着生成、确认等工作的完结自动存档，最终形成项目完整的工程基础资料数据库。文档生成和归集工作可同步进行，无需人工干预，平台可根据不同的规则，自动归集文档，形成相关文档数据库。例如，自动归集项目构件、设备、空间数据资料形成项目资产管理数据库。自动归集设备技术资料文档，形成设备维保数据库。自动归集工程资料中需提交档案馆的文档，生成电子档案数据库等。

三、工程数字化成果交付

（一）BIM 模型交付

1. 过程模型

从工程项目可行性研究到工程竣工交付，可以依据建设流程、结构层次、业务逻辑划分整个过程模型。依据建设流程可以将过程模型分为初步设计模型、施工图设计模型、施工过程模型等。按结构层次可以将过程模型分为不同专业工程的模型，每个专业工程模型又包含其不同阶段的模型。结合建设流程模型和专业工程模型，也可因特定的业务需求创建过程模型，这类模型往往不需要做最终的交付。

2. 竣工模型

竣工模型是一个庞大的数据库。鉴于目前建筑信息模型创建技术的限制，无法在高效、经济的前提下将所有的工程对象创建为模型单元，所以，能对 90% 以上工程对象进行模型构建而形成的最终模型称之为竣工模型。竣工模型包含三层含义和一个特征。三层含义分别是：模型与工程实体保持高度一致；模型集成建设期信息的完整、准确；设备身份编码具有唯一性。一个特征是指结构化的信息组织、交互和管理。因而，竣工模型数据库不是由建模软件独立产生的，而是一套逻辑严谨、数据组织结构严密的系统。

在工程交付中，竣工模型数据库起到承上启下的作用，其承载的各项建设期信息，能为运营维护阶段的资产管理、设备维修、空间管理、消防管理、设备监控管理、技术资料查询等管理业务提供资源，也为物业管理系统、通号智慧运维系统、供电智慧运维系统、智慧车站系统、机电智慧运维系统、工务智慧运维系统等提供结构化数据。

3. 运维模型

建设期模型数据交付到运营阶段，需依据运营管理标准进行重组，使其能够与运营管理体系匹配。数字化交付管理是模型应用于运营的第一步。建设管理和运维管理专业划分存在差异，需按照运维管理的划分方式重新分类管理，从而形成运维模型。

（二）数据交付

工程数字化交付成果以满足运维管理、档案管理和投资管理为目标，以建设期形成的模型、数据、图纸和实体工程四者统一的工程基础数据库为数据基础，根据后续业务应用场景的需求，对工程基础数据库进行数据的定制化和定向化处理，为运维管理提供 BIM 数据底座和可视化服务场景，为档案管理提供可视化的、关系型的、结构化的电子档案数据，为后续新建项目投资管理提供工程造价指标数据，打通建设期与运维期管理、档案管理和投资管理的数据链，提高数字资产移交效率和应用价值。

1. 工程基础数据库

工程基础数据库是指与实体工程一致的竣工模型及其集成的工程数据、文档等构成的数据库，集成的数据包括可追溯的设计数据、进度数据、造价数据、质量数据、安全数据、工程量数据等建设阶段的各类信息。工程基础数据库包含的几何、非几何属性信息以及资料的索引路径，与实体工程同时交付。

2. 固定资产数据库

根据运维资产管理的需求，通过对工程基础数据库的定向化和标准化处理，各参建单位复核无误后，形成运维阶段需要的、可视化的固定资产数据库。固定资产数据库包括资产分类与编码、资产名称、规格型号、价值、工程数量等，能够解决传统资产移交时数据整理时间长、数据真实性和准确性无法考证等问题。

3. 设备维保数据库

根据运维管理的需求，通过对工程基础数据库的定向化和标准化处理，各参建单位复核无误后，形成运维阶段需要的可视化的、设备维修数据库，设备维修维保数据库包括：设备维保分类与编码、设备名称、物料清单（BOM）、技术参数、安装手册、使用手册等信息，能够解决传统设备移交时最小维修单元不明确、维保技术资料缺失等问题。

4. 竣工资料数据库

对建设过程中的文档资料进行实时收集、同步整理，形成符合归档验收要求的建设过程全部文档资料，同时建立模型与文档资料之间的关联关系，保证移交资料的完整性、规范性。形成规格型号清晰、专业分类规范、空间定位准确、文件查询便捷、管理组织明确的竣工资料数据库。

5. 工程造价指标库

建设过程中主要的造价数据，包括设计概算、招标控制价、合同价、竣工结算以及主要材料和设备价格等，按照工程造价指标数据规约进行标准化处理，形成工程经济指标数据、主要工程量指标数据、主要工料价格与消耗量指标数据等，为后续新建项目投资管理提供历史数据资源。

6. 智慧化系统数据库

根据智慧运维各类管理系统的数据需求，通过对工程基础数据库的定向化和标准化处理，各参建单位复核无误后，分别形成各类智慧运维管理系统需要的设备基础数据库，为智慧运维管理提供基础数据，包括分类与编码、设备名称、监控参数、报警条件等。

第五节 结论和展望

一、结论

工程数字化管理是一项庞大的系统工程，涉及工程项目管理的全过程、全方位和全要素。工程数字化管理的具体内容包括：标准体系建设、数字化管理平台建设、各类数据库建设以及实施组织管理，并涉及工程数字化的理论研究、价值挖掘与推广、数字技术开发、管理体系优化等。工程数字化管理虽然具有技术体系庞大、数据来源与格式复杂、管理协同难度大等特点，但也在建设项目管理过程发挥巨大的作用，具有极高的应用价值。

（1）工程数字化在提高设计质量、节约建设投资、提升工程质量、降低安全风险和缩短建设工期等方面体现以下特点：

1）规划阶段，通过 BIM 与 GIS 结合，提高方案设计比选和论证的效果，并利用造价指标的大数据，快速、准确地预测方案设计的经济性和合理性。

2）设计阶段，通过三维设计优化、设计方案模拟等，减少设计变更，节约工程投资；同时通过协同设计管理，实现跨专业、跨区域和跨单位的信息共享和数据交互，提高设计质量和工作效率。

3）施工阶段，通过施工方案模拟、可视化交底、装配式施工管理等，降低施工难度和协调难度，提高施工管理水平和工程实体质量；同时利用数字技术与进度、质量、安全、成本等管理相结合，保证数据的唯一性、共享性，避免信息孤岛，实现一体化与数据共享管理模式，提高项目管理效率。

4）竣工阶段，通过建造阶段的数据集成与应用管理，形成工程基础数据库，保证工程项目数据的准确性、协同性，节约数据收集、加工、整理的成本，提高竣工移交的效率，解决竣工交付数据混乱与再整理成本巨大的建筑业顽疾。

（2）工程数字化虽然在建设工程项目管理中发挥了一定的作用，取得了一些效果和价值，但也存在一系列的管理问题和技术瓶颈，因此在实施工程数字化需重点关注以下四个方面：

1）注重数据应用价值管理。以国家数字化转型要求为引导，构建一个以数字技术为手段、以标准为引线、以平台为依托的全方位管理体系架构，发挥数据在全生命周期管理的价值和优势，带动建设、设计、监理、施工、咨询等单位的转型发展，实现建设项目的工程数字化，进而推进整个行业的数字化转型。

2）尽快落实数字化应用资金。重点解决工程数字化应用资金来源的问题，推进工程数字化应用支出作为单独科目列入项目投资估算和概算中，并根据项目实际情况合理确定支出标准，专项资金专款专用、专项审计的闭环机制。

3）加强自主软件技术研发。以关键技术软件国产化为契机，制定支持政策，落实政府扶持资金，鼓励有能力的企业，以产学研相结合方式，研发自主可控的建模类软件、应用类软件和平台软件，培育生态体系，逐步各类软件国产化比例和水平。

4）鼓励人才队伍建设。加大数字化复合型人才支持和激励力度，完善数字化复合型人才的教育考核机制，以建设工程行业的出发点重新审视数字技术在行业转型升级中的角色定位，抓住行业转型升级和发展的契机与价值，促进校企合作，加快建立"产学研用"协同开放创新体系，培养数字化复合型人才。

二、展望

目前，工程数字化正在经历高速发展阶段，仍未达到成熟程度，需要持续探索和实践，发展的过程总是面临诸多挑战，同时伴随着巨大的发展机遇。

随着 BIM、AI、大数据、云计算等数字技术应用的不断深入，与传统工程项目管理的高度融合，工程数字化将迈入高质量发展阶段，必将在资金保障、技术研发、人才建设等方面加大投入，建设项目全生命周期降本增效和数据资源有效利用以及全要素生产率提高将更加明显，最终实现投资建设项目高质量发展。

结合"十四五"规划和国家数字经济战略客观需求，数字化转型是建筑业可持续发展、高质量发展的必经之路。建设单位走工程数字化之路，才能提高全生命周期项目管理水平；设计、施工等单位采用数字化技术，才能提高企业竞争力；工程咨询企业掌握工程数字化技术与服务模式，才能提升企业生存能力。可以预见，从事建筑业务的企事业单位，如果不跟上工程数字化这个潮流，将会被时代所抛弃。

工程数字化将带动建筑行业走向智能化、智慧化，有效推动传统管理模式和业务模式的转型升级，实现数字产业化和产业数字化。

第二章 面向数字建造的工程分解结构概论

第一节 绪 论

一、数字化和数字建造

(一) 数字化概念

数字化最基本的概念，是指以电子计算机为核心工具，将各类信息（声、光、力、热……被人感知和处理后即为图、音、文、数、量……）转变为一系列二进制代码，进行信息处理的过程。

但这一基本概念并不能直接解释为何"数字化"一词在当今全球的经济社会运行中被极高频地作为发展进步目标使用，毕竟数字电视、计算机、智能手机等数字设备早已普及，似乎数字化已经大范围实现。实际上，当前用于表达信息化发展愿景所说的"数字化"，是指持续拓宽对信息进行二进制数据转换的覆盖面，持续改进数据处理方式和效率，持续提高数据复用的便捷性，持续创造新的数据复用场景以改善生活、生产活动和社会治理体验，诸如此类持续深入的动态过程。广义来讲，数字化还包括了探索硅基物质体模仿碳基生命方式感知和改变世界的过程，即人工智能发展，但一般将此类过程单独表述为"智能化"。

(二) 数字建造概念和数字建造发展现状

数字建造从计算机绘制工程图起步，业界无人不知的计算机辅助设计（Computer Aided Design，CAD），迄今已经深入影响工程设计作业近40年。但总的来说，由于建设工程的特点——最终产品的单件性、组件繁多、原材料到成品需经过多道工序（如混凝土构件）、施工作业以人工操作为主等，工程建设行业数字化进程远远落后于制造业。

在全球全社会信息化高速发展、数字中国建设被确定为国家基本战略的大背景下，随着BIM技术应用的逐步推广，工程建设行业数字化转型升级即数字建造，被越来越多地提及，也逐步有了更多的实践案例。

工程建设是一类长周期、多阶段的复杂活动，评判一个建设项目的数字化水平，应当面向建设全过程甚至从建筑产品全生命周期的角度来开展。基于此，可将数字建造按建设过程分为几个阶段来讨论：

（1）项目设计阶段数字建造。主要是采用数字技术开展设计工作，对（拟）建成对象进行数字化表达。当前已广泛实现的工程设计数字化主要包括：

1）设计制图表达全面CAD应用。
2）规划、建筑环境艺术渲染表达全面计算机应用。
3）结构设计计算全面计算机作业。
4）电气配线全面计算机作业。

5）管道设计全面计算机作业。

6）基于 BIM 模型的建筑物理性能分析，包括环保、节能、绿色等专业分析。

可见工程设计数字化在"面"上已经表现为高覆盖。

但由于真正面向对象、数字仿真表达的 BIM 设计覆盖面尚不够广，工程设计数字化在"程度"上并不尽如人意。深究下来，CAD 只不过是取代了图板、铅笔和硫酸纸，其数字化成果仅只提供了多媒体展示二维图的方式，即便在前述的设计领域之间协同支持度也有限，更谈不上为工程建设的其他环节所便捷复用；BIM 长期停留在三维可视化、空间分析等局部应用层面，不能真正成为在建设全过程传递和演化的（拟）建成对象全息数字映射集。

（2）项目施工阶段数字建造。主要是两个层面：一个层面是施工作业本身的数字技术应用，另一个层面是施工管理的信息化。

1）施工作业数字化方面，值得关注的是装配式专业工程的数字建造有了可喜的发展。钢结构、幕墙、预制装配式混凝土、机电系统管道等专业工程，使用 BIM 设计、制造执行系统（MES）技术的覆盖率越来越高（据统计，截至 2021 年，全国混凝土预制构件生产企业有 1 200 余家，生产线 4 000 余条，其中三分之二左右的工厂已经配置了自动化生产线，实现了不同程度的智能化生产——摘自中国工程机械工业协会官网中国工程机械工业协会工程建材制品机械分会文章）。另外，现场施工作业方面，采用 BIM 施工深化设计，实现虚拟设计和施工（VDC）的工程项目也逐年增加，数字建造提升建设品质、确保设计成果可施工性的作用日益凸显。但这些好的势头仍是局部性或先锋性地探索，覆盖面有限。

2）施工管理信息化方面，施工管理信息化已经在业界探索实践多年，虽"遍地开花"，但总体仍呈点式零散应用状态，并未对施工管理带来革命性的变革。BIM 技术推广开后，又兴起一波基于 BIM 的全过程多参与方协同管理热潮。相比于设计和施工作业的数字化技术应用而言，施工管理信息化更加强调多参与方同步的理念更新和流程改造，而项目的单次性、参与方不断重组特点，决定了此项变革必然有难度。目前已有一些融合 BIM 技术、地基处理数字化施工、智慧工地多层面信息化应用的案例，但广泛的改变仍在路上。

（3）数字交付和数字运维。数字建造不仅是建造过程的数字化，还必须是建造成果的数字化。建设过程完整、规范应用了 BIM 技术的建设项目，竣工实体交付的同时交付"模实一致"的数字建筑模型自然水到渠成。此数字模型将成为建成设施数字维护、智慧运行的一个基础底座。首先，可在计算机中虚拟漫游建成设施，不仅身临其境体验现实空间，还可查看建造过程中被隐蔽的部件和设备，支持数字化的物业、设施管理和维护；在此基础上，数字模型还可以通过人工或物联网方式采集运行数据，远程操控设施设备，模拟正常或紧急状况下的人流组织（紧急疏散）方案等，支持建成设施智慧运行；再进一步，如果以地理信息系统（GIS）数据为底层、BIM 数据为载体，实时采集、处理、分析城市动态运行数据，则城市信息模型（CIM）可以建立，数字城市可以建成。国家大力鼓励和推动数字建造助力数字城市发展，各省市也或深或浅开展了相关应用，但如同建设过程的数字建造应用一样，要看到明显效果仍需时日。

（三）数字建造相关国家政策介绍

近年来，国家层面发布了若干关于数字建造的引导政策和技术标准，表 2-1 是对一些政策文件和技术标准的梳理。

表 2-1　数字建造相关政策和国家/行业标准

发布年份	发布机构	文件/标准名	文号/标准号	主要技术规范/政策引导内容
一、国家和行业政策文件				
2016 年	中共中央、国务院	《中共中央国务院关于深化投融资体制改革的意见》	中发〔2016〕18 号	在社会事业、基础设施等领域，推广应用建筑信息模型技术
2021 年	全国人民代表大会表决通过	《中华人民共和国国民经济和社会发展第十四个五年规划和 2035 年远景目标纲要》	—	提升城市智慧化水平，推行城市楼宇、公共空间、地下管网等"一张图"数字化管理和城市运行一网统管……发展智能建造……
2017 年	国务院办公厅	《关于促进建筑业持续健康发展的意见》	国办发〔2017〕19 号	加快推进建筑信息模型（BIM）技术在规划、勘察、设计、施工和运营维护全过程的集成应用，实现工程建设项目全生命周期数据共享和信息化管理，为项目方案优化和科学决策提供依据，促进建筑业提质增效
2017 年	交通运输部	《交通运输部办公厅关于推进公路水运工程 BIM 技术应用的指导意见》	交办公路〔2017〕205 号	推进 BIM 技术在公路水运工程建设管理中的应用，加强项目信息全过程整合，实现公路水运工程全生命期管理信息畅通传递，促进设计、施工、养护和运营管理协调发展，提升公路水运工程品质和投资效益
2019 年	国家发展改革委、住房和城乡建设部	《国家发展改革委住房城乡建设部关于推进全过程工程咨询服务发展的指导意见》	发改投资规〔2019〕515 号	大力开发和利用建筑信息模型（BIM）、大数据、物联网等现代信息技术和资源，努力提高信息化管理与应用水平，为开展全过程工程咨询业务提供保障
2019 年	国务院办公厅转发住房和城乡建设部文件	《关于完善质量保障体系提升建筑工程品质的指导意见》	国办函〔2019〕92 号	提升科技创新能力……推进建筑信息模型（BIM）、大数据、移动互联网、云计算、物联网、人工智能等技术在设计、施工、运营维护全过程的集成应用，推广工程建设数字化成果交付与应用，提升建筑业信息化水平

发布年份	发布机构	文件/标准名	文号/标准号	主要技术规范/政策引导内容
2020 年	住房和城乡建设部等十三部门	《住房和城乡建设部等部门关于推动智能建造与建筑工业化协同发展的指导意见》	建市〔2020〕60 号	以数字化、智能化升级为动力，创新突破相关核心技术，加大智能建造在工程建设各环节应用，形成涵盖科研、设计、生产加工、施工装配、运营等全产业链融合一体的智能建造产业体系，提升工程质量安全、效益和品质，有效拉动内需，培育国民经济新的增长点，实现建筑业转型升级和持续健康发展
2020 年	住房和城乡建设部、工业和信息化部、中央网信办	《住房和城乡建设部工业和信息化部中央网信办关于开展城市信息模型（CIM）基础平台建设的指导意见》	建科〔2020〕59 号	建设基础性、关键性的 CIM 基础平台，构建城市三维空间数据底板，推进 CIM 基础平台在城市规划建设管理和其他行业领域的广泛应用，构建丰富多元的"CIM +"应用体系，带动相关产业。 基础能力提升，推进信息化与城镇化在更广范围、更深程度、更高水平融合
2022 年	中国民用航空局	《智慧民航建设路线图》	民航发〔2022〕1 号	2025 年，推广 BIM 等智能建造与建筑工业化技术在机场建设工程中的应用，相关投资占比达到 50%。 突破机场设施数字一体化设计建造与维养、飞行区设施智能运行与维护、机场系统全生命周期绿色化等关键技术，构建基于 BIM 的机场智能建造技术体系
二、国家和行业标准				
2016 年	住房和城乡建设部、质量监督检验检疫总局	《建筑信息模型应用统一标准》	GB/T 51212—2016	推进工程建设信息化实施，统一建筑信息模型应用基本要求，提高信息应用效率和效益。适用于建设工程全生命期内建筑信息模型的创建、使用和管理

发布年份	发布机构	文件/标准名	文号/标准号	主要技术规范/政策引导内容
2017 年	住房和城乡建设部、质量监督检验检疫总局	《建筑信息模型施工应用标准》	GB/T 51235—2017	规范和引导施工阶段建筑信息模型应用，提升施工信息化水平，提高信息应用效率和效益。适用于施工阶段建筑信息模型的创建、使用和管理
2017 年		《建筑信息模型分类和编码标准》	GB/T 51269—2017	规范建筑信息模型中信息的分类和编码，实现建筑工程全生命期信息的交换和共享，推动建筑信息模型的应用发展。适用于民用建筑及通用工业厂房建筑信息模型中信息的分类和编码
2018 年	住房和城乡建设部、市场监管总局	《建筑信息模型设计交付标准》	GB/T 51301—2018	规范建筑信息模型设计交付，提高建筑信息模型的应用水平。适用于建筑工程设计中应用建筑信息模型监理和交付设计信息，以及各参与方之间和参与方内部信息传递的过程
2018 年		《石油化工工程数字化交付标准》	GB/T 51296—2018	为石油化工数字化工厂和智能工厂建设提供基础，规范工程建设数字化交付工作。适用于石油化工工程项目设计、采购、施工直至工程中间交接阶段的数字化交付
2019 年		《制造工业工程设计信息模型应用标准》	GB/T 51362—2019	统一制造工业工程设计信息模型应用的技术要求，统筹管理工程规划、设计、施工与运维信息，建设数字化工厂，提升制造业工厂的技术水平。适用于制造工业新建、改建、扩建、技术改造和拆除工程项目中的设计信息模型应用
2021 年		《建筑信息模型存储标准》	GB/T 51447—2021	规范建筑信息模型数据在建筑全生命期各阶段的存储，保证建筑信息模型应用效率。适用于建筑工程全生命期各阶段的建筑信息模型数据的存储，并适用于建筑信息模型应用软件输入和输出数据通用格式及一致性的验证

发布年份	发布机构	文件/标准名	文号/标准号	主要技术规范/政策引导内容
2018 年	住房和城乡建设部	《建筑工程设计信息模型制图标准》	JGJ/T 448—2018	规范建筑工程设计的信息模型制图表达，提高工程各参与方识别设计信息和沟通协调的效率，适应工程建设的需要。适用于新建、扩建和改建的民用建筑及一般工业建筑设计的信息模型制图
2021 年		《历史建筑数字化技术标准》	JGJ/T 489—2021	为满足历史建筑保护和利用要求，规范历史建筑数字化内容和成果。适用于历史建筑基础信息和测绘信息的采集、处理、质量检查、验收和入库管理
2022 年		《城市信息模型基础平台技术标准》	CJJ/T 315—2022	规范城市信息模型基础平台建设，推动城市建设、管理数字化转型和高质量发展，提升城市治理体系和治理能力现代化水平。适用于城市信息模型基础平台的建设、管理和运行维护
2021 年	交通运输部	《公路工程信息模型应用统一标准》	JTG/T 2420—2021	规范信息模型在公路工程全生命期应用的技术要求。适用于新建和改扩建公路工程
2021 年		《公路工程设计信息模型应用标准》	JTG/T 2421—2021	规范信息模型在公路工程设计阶段应用的技术要求。适用于新建和改扩建公路工程设计
2021 年		《公路工程施工信息模型应用标准》	JTG/T 2422—2021	规范信息模型在公路工程施工阶段应用的技术要求。适用于各等级新建和改扩建公路工程施工
2020 年	中国民用航空局	《民用运输机场建筑信息模型应用统一标准》	MH/T 5042—2020	为保障民用运输机场工程建设质量，提升工程建设和管理、资产运营和维护的信息化水平，规范和引导建筑信息模型的应用。适用于新建、改建和扩建的民用运输机场（含军民合用运输机场的民用部分）

续表

发布年份	发布机构	文件/标准名	文号/标准号	主要技术规范/政策引导内容
2010 年	质量监督检验检疫总局、标准化管理委员会	《工业基础类平台规范》	GB/T 25507—2010	给出了 IFC 信息模型体系结构、资源层模式、核心层模式和协同层模式，适用于建筑工程应用软件开发（等同采用 ISO16739：2005，而该 ISO 标准已改版了多次，现为 2018 版）
2019 年	人力资源社会保障部、市场监管总局、统计局	《人工智能工程技术人员等职业信息》	人社厅发〔2019〕48 号	确定"建筑信息模型技术员 L"新职业信息

二、数字建造对工程结构解析的要求

（一）传统的工程分解应用

建筑设施体量庞大、组成单元众多，在建设过程中，通常采取单元分解的方式进行设计、施工作业和管理。传统工程管理中，可以观察到以下的工程分解应用。

（1）群体性项目合约策划。对于一些规模巨大、单体较多的建设项目，往往需要分解为若干区域进行子项管理或设计、施工发包。如钢铁厂一类的大型工业项目，需要分焦化、烧结和球团、炼铁、炼钢和连铸、轧钢、综合原料、生产辅助等若干子项目来进行管理；组团式的居住小区建设，分各组团标段进行设计、施工发包；城市污水处理工程，分污水处理厂、管网（分片区）若干施工标段等。

（2）分专业设计。工程设计一般是分专业协同开展设计的，建筑、结构、给排水、电气、暖通空调等不同的建筑组成系统，由不同专业的设计师（团队）承担设计任务。

（3）施工质量验收。把施工成果及形成成果的施工活动逐级分解成一个一个的验收单元，从对最末级单元的验收开始，逐级检查评定，直至工程整体验收合格。

（4）工程计价。与施工质量验收相似，把计价对象（施工成果）逐级分解成计价单元，对分项工程计价后逐级逐项加总。

（5）工作分解结构（WBS）。把（建设单位）建设管理活动或者（施工单位）施工任务进行分解，针对分解的单元分析需投入的资源、耗用的时间，有序开展建设项目管理策划和施工组织设计。

（6）预制装配式施工。把预制装配式分部/子分部工程分解为一个个预制构件，在加工场（厂）预制生产完成，再运输到现场进行安装。

（二） 数字建造模式需要工程结构解析方法的创新改进

数字建造的不断发展，对工程结构的解析提出了不同于传统方法的新需求。

（1）一般认为数字化转型的核心包括：对象数字化、过程数字化和规则数字化（摘自《华为数据之道》），对象数字化是基础，只有把业务处理的物理对象准确地映射表达到数字世界中去，才能支撑后续的过程和规则数字化。对于工程建设而言，核心业务是要建成一个建筑设施（一个建成对象集合），基于"对象数字化"的要求，开展数字建造就需要首先把（拟）建成对象数字化表达出来。传统的各类工程分解应用，没有一种是在数字化理念下建立起来的，并不能支持"对象数字化"的过程。因此，需要按照数字化的要求建立一套针对建成对象的分解结构体系。

（2）数字建造的基础工具——BIM，其核心是对拟建工程实施的数字建模表达。BIM 技术本身强调了 BIM 模型单元与工程对象的对应关系和 BIM 模型架构与工程分解结构的对应关系。缺乏对工程结构进行有序拆解（反向说成有序组装也可）的科学方法，则不可能将 BIM 技术有效应用于工程建设活动中以支持数字建造的实现。当然，从技术保障的角度而言，传统方式不可能实现的精细到每一个构件的工程结构分解，也只有借助 BIM 技术才可能真正实现。

本书将在对国际国内既有工程分解结构体系进行全面讨论的基础上，分析数字建造对工程结构解析的要求，针对性提出一套适用于数字建造的建成对象分解结构体系建立方法。

第二节　国际国内工程分解结构相关方法和体系

一、建设工程工作分解结构

（一） 项目管理与工程分解结构

项目管理是现代管理学的一门重要分支，在造价工程师的学历教育和职业学习经历中，已多有涉猎，本书不再展开介绍。本小节主要讨论项目管理中的一个重要工具：工作分解结构（Work Breakdown Structure，WBS）。

1960 年代中期，美国国防部率先在导弹项目上应用工作分解结构 WBS 方法，从此 WBS 成为项目管理的核心工具和知识。国际标准化组织标准 ISO 10006：2017 ［E］ *Quality management—Guidelines of quality management in project*（国家标准《质量管理　项目质量管理指南》GB/T 19016—2021 等同采用）第 7.3.4 条：应将项目系统地分解为可管理的结构化活动，以满足顾客对产品/服务和过程的要求。（注：术语"分解结构"通常用于描述将项目按层级划分为用于大纲制定、费用策划和控制目的的独立单元的方式。同样，术语"活动""任务"和"工作包"用作该结构的要素，其结果通常称为"工作分解结构［WBS］"）[1]

从定义可知，WBS 原义中分解的对象是项目本身，也即一系列活动或任务或工作的集合。针对不同类型的项目，可以采用多种方式进行 WBS 分解，包括：

---

[1]　此注释为标准原文中的注释。

（1）按产品的物理结构分解，如建设工程项目，按楼栋、功能系统、构件类别分解。

（2）按产品或项目的功能分解，如导弹研制项目，以导弹的气动外形、爆炸威力、防烧蚀等各种功能为分解主线。

（3）按照实施过程分解，如新品研发项目，分解为论证阶段、方案阶段、工程研制阶段（再细分下级阶段）、定型阶段、批产阶段。

（4）按照项目的各目标分解，如抗震救灾项目，以救人、安置灾民、防疫、房屋安全鉴定、重建规划等各分项目标为分解主线。

（5）按实施部门分解。

（6）其他分解方式。

（二）　建设工程项目 WBS

在以交付单件产品为目标的项目中，往往采用产品分解结构（PBS）作为 WBS 分解的主线。建设工程项目就是 PBS 类 WBS 的典型应用。如图 2-1 和图 2-2 所示，绝大多数的任务（施工作业活动）都是基于施工作业的对象也就是建筑物逐级分解的具体组成单元来进行表述。

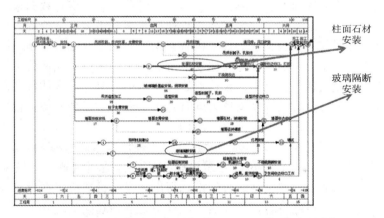

图 2-1　到分项工程层级的 WBS 工程进度计划

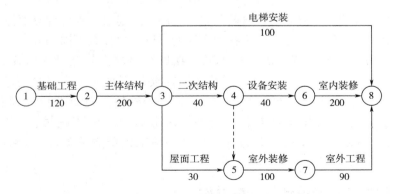

图 2-2　到分部工程层级的 WBS 工程进度计划

需要注意的是，尽管建设工程项目 WBS 是以 PBS 为分解主线，但其分解单元仍然是建造作业活动或工作包，并不是真正意义上的以建造对象/交付设施实体为分解对象。

二、工程造价分解结构

（一）工程分解计价综述

（1）建设工程需要分解计价。一般商品的计价，因其批量性、同质性等特点，交易中往往较为简单地按物理计量单位（质量单位、体积单位……）或者按照个体数量（件、个、辆……）计价。而建设工程因其复杂性、单件性（非标、非批量）、较高造价额度及较长实施周期，只有采取分解计价的方式，才能测算出与其建造成本相适应的价格。

在长期的工程建设管理实践中，各地区形成了为业界所普遍接受、为各方认可的特殊的计价模式。起初是实现了在国家范围内的计价模式统一，随着国际工程承包的发展，又发展为某种计价模式在一定国际区域内统一。

（2）建设工程需要多次计价。由于建设工程投资额度大，需要预先估算造价以决定投资与否或实现投资计划和控制。而支持造价估算工作的信息数据在前期阶段却很少，要随着建设项目的实施进展才会逐渐增多，越往后，才能获得越充分的信息数据来支持更精确的估价。为了适应工程建设的这一特点，全世界工程业界普遍采用多次估价的方法来计划和控制工程投资，以及作为工程发承包交易的计价流程。对建设工程的多次估价不是孤立进行的，而要求前后联系、连续受控。后期工作受前期估价的限制，通过后期估价来评估和调整建设投资计划，保持投资受控状态。这样，在造价管理技术手段上，多次估价之间的联系就需要一个相对固定的建设工程分解结构来支撑；同时，由于需要对多个相似工程项目进行造价对比分析，此工程分解结构应为一个标准化的结构。

（3）建设工程计价的分解主线。国际上通行的几种计价模式各有独立的计量计价规则，但有一个共同的特点：对（拟）交付的建筑设施实体进行适当分解，以最末级分解对象的数量和价格为基础计算造价，向上逐级分组汇总得出建设项目造价。在世界经济全球化的大背景下，这些通行的体系虽然各自传承发展，但却呈现逐渐趋同的趋势。

相较于"一、数字化和数字建造"中所述 WBS 以"工作"或"活动"为分解主线，建设工程计价更加鲜明地体现出以对象物理结构为分解主线的特点，但由于存在不直接针对特定分解单元的施工管理和作业活动，以及独立的费用项，建设工程计价分解体系中掺杂了非物理实体分解单元。此外，对建筑设施物理实体的分解，也存在不同的方法。

（4）建设工程计价分解体系的末级单元。在后续对国内外几种主流建设工程计价体系的介绍中我们将会认识到，虽然在计量作业时需要计算每一个末级分解单元的工程量，但由于不需要针对每一个末级分解单元（往往是一个构件）进行造价控制和支付，因此计价成果文件的表达方式往往是汇总同类型末级分解单元的工程量，形成一个计价项（在我国的工程量清单计价模式下即为一个分部分项工程量清单项目），并不考察到每一个构件。

（二）我国的工程造价计价分解结构

为突出本课程主题，本部分仅就施工发承包环节的工程造价进行讨论，将"工程造价"限定为"建筑安装工程费"，同时仅讨论工程量清单计价模式。

1. 工程量清单计价分解结构

根据《建设工程工程量清单计价规范》GB 50500—2013（以下简称《工程计价规范》），建设工程的计价分解结构如图2-3所示。

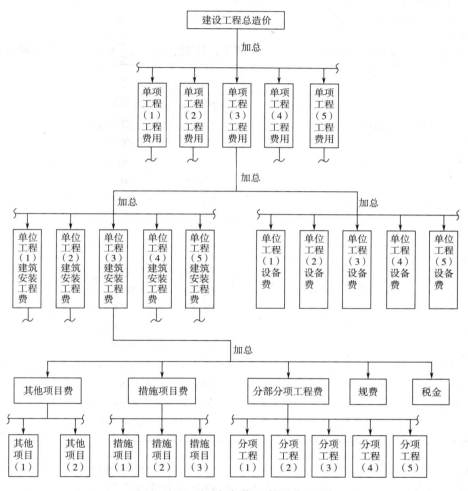

图2-3　工程量清单计价分解结构

图2-3中，由于工程量清单一般用于发承包交易计价，因此"建设工程"指一个施工标段。分部分项工程费对应的计价内容主要为（拟）交付建筑设施实体，措施项目费、其他项目费、规费、税金等对应的计价内容为非交付类的工程内容和一些独立的费用项。分部分项工程项目清单项（图中简写为"分项工程"）是末级分解计价单元。

2. 分部分项工程费的组成结构分析

《工程计价规范》及与其配套的专业工程工程量计算规范系列（GB 50854~GB 50862）中未对分部分项工程费的下级组成结构进行明确规定，但我们可以对工程量计算规范隐含的分解思路进行一个大致分析。

第一分解层级，即"单项工程→单位工程"分解层级。按照《房屋建筑与装饰装修工程工程量计算规范》GB 50854—2013第3.0.6条的规定，房屋建筑类单项工程，将分部分项工程对象区分为"房屋建筑与装饰装修工程""（室内）电气、给排水、消防等安装工程""室外地（路）面、室外给排水等工程（总图和室外管网工程）"等若干单位工程。

第二分解层级，以"房屋建筑与装饰装修"类单位工程为例，可将单位工程内的分部分项工程按照表2-2进行分组：

表2-2 《房屋建筑与装饰工程工程量清单计算规范》GB 50854—2013附录分组

分类	附录
场地准备和地基处理组	附录A 土石方工程 附录B 地基处理与边坡支护工程 附录C 桩基工程
基础、上部结构和建筑构造组	附录D 砌筑工程 附录E 混凝土和钢筋混凝土工程 附录F 金属结构工程 附录G 木结构工程
门窗、屋面构造、保温隔热构造组	附录H 门窗工程 附录J 屋面及防水工程 附录K 保温、隔热、防腐工程
装饰装修工程	附录L 楼地面装饰工程 附录M 墙、柱面装饰与隔断、幕墙工程 附录N 天棚工程 附录P 油漆、涂料、裱糊工程 附录Q 其他装饰工程

经以上分析可以看出，我国工程量清单计价分解体系的思路是以末级计价单元的材质、施工方式为分类归并的主线。实际上在本章之后的内容中可以看到，国际上主流的以发承包交易计价为目的的造价分解体系，均采取了相似的分解结构和分类体系。

（三）国外主流工程造价计价体系的分解结构

1. 发承包交易计价为目的的计价体系

（1）北美MasterFormat体系。MasterFormat体系由美国CSI（建设标准研究院）/加拿大CSC（建设标准组织）制订和维护，通行于北美地区。向业界提供统一的AEC（工程建设）需求、产品、活动信息项名称（title）和编码（number）规则，适用于建设项目参与各方组织管理设计、招标和合同、施工文档、成本等信息数据，并支持其相互之间的数据交换。具体来说，主要被用于发承包交易计价和施工承包商成本管理。

MasterFormat当前版本为2020版，共36章（但章号编到第48章），适用于所有领域的建设工程计价。其分章情况如表2-3所示：

表 2-3　MasterFormat（2016 版）分章内容

采购和施工发包要求	00	采购和施工发包要求		
总体要求	01	总体要求		
房屋建筑工程	场地准备			
	02	场地准备		
	主体土建和装饰装修工程			
	03	混凝土工程	04	砌体工程
	05	金属结构工程	06	木材、塑料和复合材料工程
	07	保温、防水工程	08	门窗工程
	09	装饰工程	10	建筑配件
	11	设备工程	12	家具和陈设
	13	特殊构造	14	传送装置
	机电安装工程			
	21	消防工程	22	管道工程
	23	暖通空调工程		
	25	自动化工程	26	电气工程
	27	通信工程	28	电子安防工程
	土石方和地基基础工程			
	31	土石方和地基基础工程		
	室外工程			
	32	室外工程		
市政公用设施工程	33	市政公用设施工程		
交通运输工程	34	交通运输工程		
港航工程	35	港航工程		
工业工程	40	工艺系统	41	材料加工、搬运设备
	42	加热、冷却、干燥设备	43	气液处理、净化和贮存设备
	44	污物处理设备	45	专用设备
	46	污水处理设备		
	48	发电设备		

　　MasterFormat 采用 4 级/3 级分类体系，编码形式为×× ×× ××（.××）（括号内的层级不是必须的）。例如，08 51 23.23 Cold-Rolled Steel Windows，编码中 08 代表建筑物洞口（08 00 00 Openings），08 51 代表金属窗（08 50 00 Windows，08 51 00 Metal Windows），08 51 23 代表钢窗，08 51 23.23 代表冷轧钢窗。

　　MasterFormat 实质上是一个直接针对构件、无对应交付实体施工活动和施工组织活动的一个分类体系，对构件以材质兼顾所属系统功能为分类依据，对活动则以工作成果类型为分类依据。对具体建设项目的工作成果进行分项描述时，其分解思路基本上是建设项目直接到构件和活动层级，对构件和活动项按照一定规则进行分类整理。

可以注意到，我国的工程量清单计价体系与 MasterFormat 大致相似，从施行时间来看，可推测前者受到了后者的影响。

（2）英国 NRM2 体系。英国 RICS（皇家特许测量师学会）制定和维护建设工程估价和计价体系 NRM（new rules of measurement），在其会员和关联企业中推荐使用，并成为英国某些政府采购项目的规定格式和规则。NRM 体系共有 3 个子体系，NRM1、NRM2 和 NRM3，其中 NRM2 用于建设工程发承包交易计价。

NRM2 允许采用三种清单分解结构（Breakdown structures for BQ），但要求这三种结构均以 NRM2 所列出的项目/子目（Item/Sub-item）、构件/零部件（Component/Sub-component）作为基本计价单元，项目/子目用于现场经费（Preliminaries for main contract /Work package contract）列项，构件/零部件用于工程费用（Building works）列项。元素法（Elemental）清单结构按 NRM1 的规定进行工程结构分解并分列清单；分部工程法（Work section）清单结构按 NRM2 的规定进行工作成果分类并分类清单；分包工程法（Work package）清单结构由使用者自定义，但 NRM2 给出了示例。

表 2-4 是 NRM2 分部工程法工程量清单结构。可以看出，其工程量清单列项思路与 MasterFormat 类似，只是最高级分章的分类方法有别。

表 2-4　NRM2 分部工程法工程量清单结构

Work section breakdown structure 分部工程分解结构			
Bill No. 1	Preliminaries 准备工作	Bill No. 10	Crib walls, gabions and reinforced earth 框格墙、石笼和加筋土
Bill No. 2	Off – site manufactured materials, components or buildings 工厂/场预制材料、构配件和建筑物	Bill No. 11	In-situ concrete works 现浇混凝土
Bill No. 3	Demolitions 拆除	Bill No. 12	Precast/composite concrete 预制/复合混凝土
Bill No. 4	Alterations, repairs and Conservation 更换、维修和保护	Bill No. 13	Precast concrete 预制混凝土
Bill No. 5	Excavating and filling 土石方	Bill No. 14	Masonry 砌体
Bill No. 6	Ground remediation and soil stabilisation 地基处理	Bill No. 15	Structural metalwork 金属结构
Bill No. 7	Piling 桩	Bill No. 16	Carpentry 木结构
Bill No. 8	Underpinning 土钉	Bill No. 17	Sheet roof coverings 屋顶结构
Bill No. 9	Diaphragm walls and embedded retaining walls 地下连续墙、嵌入式挡土墙	Bill No. 18	Tile and slate roof and wall coverings 瓷砖和石板屋面/墙面

Work section breakdown structure 分部工程分解结构			
Bill No. 19	Waterproofing 防水	Bill No. 33	Drainage above ground 地下排水
Bill No. 20	Proprietary walls, linings and partitions 预制墙板和隔断	Bill No. 34	Drainage below ground 地上排水
Bill No. 21	Cladding and covering 饰面	Bill No. 35	Site works 室外工程
Bill No. 22	General joinery 通用细木工	Bill No. 36	Fencing 围墙
Bill No. 23	Windows, screens and lights 窗、屏和采光窗	Bill No. 37	Soft landscaping 绿化
Bill No. 24	Doors, shutters and hatches 门、百叶窗和天窗	Bill No. 38	Mechanical services 机电系统
Bill No. 25	Stairs, walkways and balustrades 楼梯、走道和栏杆	Bill No. 39	Electrical services 电气系统
Bill No. 26	Metalwork 金属构造物	Bill No. 40	Transportation systems 传送系统
Bill No. 27	Glazing 玻璃安装	Bill No. 41	Builder's work in connection with mechanical, electrical and transportation installations 机电安装
Bill No. 28	Floor, wall, ceiling and roof finishings 楼地面、墙面和屋面	Bill No. 42	Risks 风险费
Bill No. 29	Decoration 软装饰	Bill No. 43	Provisional sums 暂估价
Bill No. 30	Suspended ceilings 吊顶	Bill No. 44	Credits 担保
Bill No. 31	Insulation, fire stopping and fire protection 绝热、防火和消防	Bill No. 45	Daywork (provisional) 计日工
Bill No. 32	Furniture, fittings and equipment 家具装置		

2. 前期估价和造价分析为目的的估价体系

（1）北美 UniFormat Ⅱ 体系。*Standard Classification for Building Elements and Related Sitework—UniFormat* Ⅱ 体系由国际标准组织 ASTM（美国材料和试验协会）制定和维护，通行于北美地区，当前有效版本是 2009 年版的 2020 年修正版。虽然 UniFormat Ⅱ 体系也可用于

建设工程发承包计价，但北美业界还是更多采用前述 MasterFormat 体系计价，而采用 Uni-Format Ⅱ 体系进行前期的估算和不同项目之间的造价对比分析。

UniFormat Ⅱ 体系的核心是"元素估价法"（Elemental Cost Planning），这一方法强调不涉及材料和施工作业要求的"元素"（element）概念，通过多层级分解（拟）交付工程实体，搭建一个分解结构，将造价分解与工程分解严格关联。利用这一分解结构，可以生成造价分析数据，可以利用历史造价数据估测新建设项目造价。元素估价法分解结构见表2-5。

表2-5是标准原文（2015年修正版）中的FIG. 2"UNIFORMAT Ⅱ 8. Classification of Building Elements with Alpha-Numeric Designations"。由表可知，UniFormat Ⅱ 元素估价法分解结构是："建筑物"（Building）→ "元素大组"（Major Group Elements）→ "元素组"（Group Elements）→ "个体元素"（Individual Elements）→ "子元素"（Sub-Elements）共4级分解形成5个分解层级，以部位和功能为层级内组成单元分类的主要依据。建筑物的大组、组、个体3个层级的单元类型均在表中进行穷举，子元素层级未在表中列出，而是在标准附录中给出了 A、B 两个大组的子元素示例（包括计量单位）。

表2-5　UniFormat Ⅱ 建筑分解结构

Level 1 元素大组 Major Group Elements	Level 2 元素组 Group Elements	Level 3 个体元素 Individual Elements
A SUBSTRUCTURE 地下结构	A10 Foundations 基础	A1010 Standard Foundations 标准基础 A1020 Special Foundations 特殊基础 A1030 Slab on Grade 板式基础
	A20 Basement Construction 地下室	A2010 Basement Excavation 地下室土石方 A2020 Basement Walls 地下室墙
B SHELL 围护结构	B10 Superstructure 主体结构	B1010 Floor Construction 楼板 B1020 Roof Construction 屋顶结构
	B20 Exterior Closure 外围护	B2010 Exterior Walls 外墙 B2020 Exterior Windows 外窗 Exterior Doors 外门
	B30 Roofing 屋顶	B3010 Roof Coverings 屋面构造 B3020 Roof Openings 屋面开口构造
C INTERIORS 室内构造	C10 Interior Construction 空间分割构造	C1010 Partitions 隔墙 C1020 Interior Doors 内门 C1030 Fittings 连接构造
	C20 Stairs 楼梯	C2010 Stair Construction 楼梯结构 C2020 Stair Finishes 楼梯面做法
	C30 Interior Finishes 室内装修	C3010 Wall Finishes 墙面做法 C3020 Floor Finishes 地面做法 C3030 Ceiling Finishes 天棚面做法

Level 1 元素大组 Major Group Elements	Level 2 元素组 Group Elements	Level 3 个体元素 Individual Elements
D SERVICES 建筑设备系统	D10 Conveying 传送系统	D1010 Elevators & Lifts 电梯 D1020 Escalators & Moving Walks 电扶梯和步道 D1030 Other Conveying Systems 其他传送装置
	D20 Plumbing 管道	D2010 Plumbing Fixtures 卫浴设施 D2020 Domestic Water Distribution 给水系统 D2030 Sanitary Waste 污水系统 D2040 Rain Water Drainage 雨水系统 D2050 Other Plumbing Systems 其他给水排水系统
	D30 HVAC 暖通空调	D3010 Energy Supply 动力 D3020 Heat Generating Systems 热源系统 D2030 Cooling Generating systems 冷源系统 D3040 Distribution Systems 冷/热媒输送系统 D3050 Terminal & Package Units 末端单元 D3060 Controls & Instrumentation 仪表和控制系统 D3070 Systems Testing & Balancing 系统调试 D3080 Other HVAC Systems & Equipment 其他暖通空调系统和装置
	040 Fire Protection 消防	D4010 Sprinklers 喷水灭火系统 D4020 Stand Pipes 消防给水立管 D4030 Fire Protection Specialties 消防器材 D4040 Other Fire Protection systems 其他消防系统
	D50 Electrical 建筑电气	D5010 Electrical Service & Distribution 供配电系统 D5020 Lighting & Branch Wiring 照明系统 D5030 Communication & Security Systems 通信和安防系统 D5040 Other Electrical Systems 其他电气系统
E EQUIFMENT & FURNISHINGS 装置和家具	E10 Equipment 工艺装置	E1010 Commercial Equipment 商业装置 E1020 Institutional Equipment 科研装置 E1030 Vehicular Equipment 运输装置 E1040 Other Equipment 其他装置
	E20 Furnishings 家具陈设	E2010 Fixed Furnishings 固定家具 E2020 Movable Furnishings 活动家具
F SPECIAL CONSTRUCTION & DEMOLITION 特殊构造和拆除	F10 Special Construction 特殊构造	F1010 Special Structures 特殊结构 F1020 Integrated Construction 组合构造 F1030 Special Construction Systems 特殊构造 F1040 Special Facilities 特殊功能设施 F1050 Special Controls & Instrumentation 特殊仪表和控制系统
	F20 Selective Building Demolition 拆除	F2010 Building Elements Demolition 建筑部件拆除 F2020 Hazardous Components Abatement 有害物处置

（2）英国 NRM1 体系。NRM 体系推荐 3 种工程量清单分解结构，对前期估价仅推荐元素法工程造价分解结构，也即 NRM1 子体系。从其方法名称的核心词 "elemental" 即可猜测，NRM1 与 UniFormat Ⅱ 大同小异。此处翻译一段 NRM2 中的原文：元素法分解结构是一种从逻辑和构造组成层面开展房屋建筑计量工作的技术路径。此外，此分解结构让工料测量师/成本管理师能够更加方便地评判投标人报价，以及收集实时成本数据以为将来（造价分析工作）所用。

实际上，"element" 这一概念，也被国际通行的工程分类体系用于表达建设工程实体对象的层级架构及各层级上的分解单元，本章第三节将有相关介绍。

（四）国内外建设工程发承包交易计价体系的共性特点

通过分析我国和国外共三种主流计价体系可以看出，用于发承包交易计价的造价体系，在分解计价方面具有以下共性特点：

（1）将工作成果分解为若干计价单元，以对交付实体的分解为主，也包含不形成交付实体的施工活动、施工组织活动和单纯费用类的类目。

（2）分解层级较简单，甚至可理解为 "建设项目（建筑单体）→分项工程" 的直接分解就是其基本分解结构。即便标准放宽一些来看，也仅是对建设项目进行了土建、机电、主体、室外这样的简单分解。

（3）规则体系中的多层级分类类目设置主要是用于定义 "分项工程" 的类别，分类依据是分项工程的主材材质、机电工程分项工程成果的系统属性，以及施工作业和施工组织活动的成果类型、费用项用途。

（4）因前（2）、（3）项，发承包交易计价体系不太容易对交付实体进行按构造组成关系和系统功能、多层级的分解描述，也就难以用于前期造价（估、概算）的编制的造价指标分析，同样也就不能作为面向数字建造的工程分解结构体系建立的参考。

（5）成熟的造价分解体系均配套建立编码体系。

三、质量验评分解体系

本部分介绍我国房屋建筑和市政工程领域的质量验评分解体系。

（一）国家标准相关规定

《建筑与市政工程施工质量控制通用规范》GB 55032—2022 规定：

4.1.1 施工质量验收应包括单位工程、分部工程、分项工程和检验批施工质量验收，并应符合下列规定：

1　检验批应根据施工组织、质量控制和专业验收需要，按工程量、楼层、施工段划分，检验批抽样数量应符合有关专业验收标准的规定。

2　分项工程应根据工种、材料、施工工艺、设备类别划分，建筑工程分项工程划分应符合本规范附录 A、附录 B 的规定，市政工程分项工程划分应符合本规范附录 C 的规定。

3　分部工程应根据专业性质、工程部位划分，建筑工程分部工程划分应符合本规范附录 A、附录 B 的规定，市政工程分部工程划分应符合本规范附录 C 的规定。

　　4　单位工程应为具备独立使用功能的建筑物或构筑物；对市政道路、桥梁、管道、轨道交通、综合管廊等，应根据合同段，并结合使用功能划分单位工程。

4.1.2　施工前，应由施工单位制定单位工程、分部工程、分项工程和检验批的划分方案，并应由监理单位审核通过后实施。施工现场情况与附录不同时，应按实际情况进行分部工程、分项工程和检验批划分，由建设单位组织监理单位、施工单位共同确定。

（二）质量验评分解结构分析

　　质量控制通用规范适用于建成部件和建成整体的验收，其验收组织逻辑是：

　　（1）对房屋建筑或市政工程项目，设置"单位工程"层级总体质量情况判定单元（最高级单元）。

　　（2）将每个单位工程（或子单位工程）按照规定的类目分解为分部/子分部工程，所有的分部/子分部工程类目均为建成实体部件。

　　（3）再将每个分部/子分部工程按照规定的类目分解为分项工程，分项工程既有施工工序［如混凝土结构分部的模板（架设）、钢筋（制安）、混凝土（浇筑）分项］，也有建成实体部件［如砌体结构分部的各类（以主材分类）砌体分项］。即便为施工工序，一般也隐含经多项工序建成特定实体部件这一逻辑。

　　（4）分项工程按照相关标准规定的抽样原则设置检验批。

　　（5）验收采用"检验批→分项工程→分部工程→单位/子单位工程"的顺序，以低级层级合格（率）支撑高级层级的合格。

　　（6）质量验评分解结构的末级分解单元不是某单个构件的施工作业工序，而是一类构件工序的集合；其他分解层级上的分解单元，可为同类个体集合，也可为单个个体。

　　图2-4是质量验评分解结构图解。

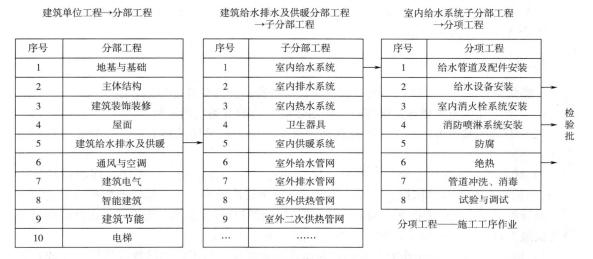

图2-4　质量验评分解结构图解

第三节　工程分类体系

一、分解与分类

分解与分类均是自然和社会科学研究、生产和管理应用不可或缺的基础方法。二者密切相关，但绝不可混为一谈。

（一）分解

分解是指将完整个体拆解为若干部分的方法，既有毫无章法的"大卸八块"，也有极致精细的"解剖麻雀"。后者是我们要讨论的方法。

（1）分解经常需要多层级进行。以典型分解研究——人体解剖学为例：完整人体→生理系统→器官→器官解剖结构→组织→细胞，是一个多层级逐渐精细的解析过程。

（2）分解层级中的分解单元需要进行分类描述。同样以人体解剖学为例：人体具有九大系统，分别为运动系统、消化系统、呼吸系统、泌尿系统、生殖系统、内分泌系统、免疫系统、神经系统和循环系统（需注意，人体系统分解层级中的每类系统只有一个实例）。其中的运动系统由骨、骨连结和骨骼肌三类器官组成，这里要注意，这种表述是经过分类归并的。

（3）无论是只有一个实例的分解单元类型，还是有若干实例的分解单元类型，均需要对其每一个实例进行辨识和定义，前者，要区分开同一层级中不同类型的分解单元（因为一个类型只有一个实例，实际上也就区分开了不同实例）；后者，既要区分分解单元的类型，又要区分同类分解单元的不同实例。如前述运动系统的器官，只有将器官实例明确命名为：股骨、胫骨、肱二头肌、肱三头肌等，才能清晰表达具体是哪一个器官（实际上还要加上"左""右"限定）。区分分解单元的过程就是一个分类应用过程，如此，分解和分类就紧密地联系起来。

（4）分解所形成的上下级分解单元关系，称为"组成关系"，英文为"part-of relation"。图 2-5 是一个分解应用示例。

（二）分类

分类是指将若干个个体归并到不同的类群中进行研究或管理应用的方法。

（1）分类往往也需要多层级进行。如图 2-6 所示的分类应用示例。

（2）分类的基本方法。在经济或管理领域的分类主要采用两种方法：线分类法和面分类法。

1）线分类法是按照总结出的研究对象之共有属性和特征项，以不同的属性或特征项（或它们的组合）为分类依据，按先后顺序建立一个层次分明、下一层级严格唯一对应上一层级的分类体系，把研究的所有对象个体按照属性和特征逐层找出归类途径，最终归到最低分类层级类目。图 2-6 所示生物分类树（局部）即为线分类法。

2）面分类法也是总结研究对象的共有属性和特征项，以不同的属性或特征项（或它们的组合）分别建立平行的分类类目（分类表），不分先后顺序，依靠不同分类表的组配来确

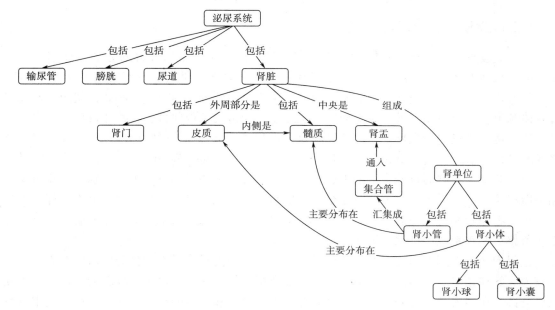

图 2-5　分解应用示例

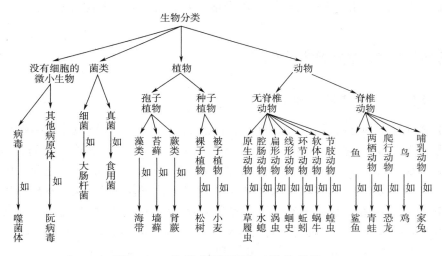

图 2-6　分类应用示例（线分类法）

定研究对象个体的类目。我国公民身份号码赋码实质上采用了面分类法：前六位是数字地址码，表达的属性是公民出生户口登记时所在地行政区划；往后八位是出生日期码，表达的属性是公民出生日期；再往后三位是顺序码，同时也表达公民性别属性。最后一位是校验码，无分类意义。当然，规范的面分类法往往需要用类目号（分类表代号）来识别各个面，才能真正做到"不分先后顺序"，此处仅是为精简篇幅所作的一个非典型举例。

（3）分类作业后会形成"总集合→子集合→次级子集合→……→个体"的层级关系。在确定的分类标准下，一个线分类实例，一定会形成一棵层次明确、各层次的子集合或个体清晰的分类树。而面分类法则会因多种组配方式，形成多种集合、子集合和个体的从属关系。

（4）分类所形成的上下级从属关系，称为"归类关系"，英文为"type-of relation"。

（三）建设工程分解与分类

工程建设行业中，分析和管理一个特定项目，往往需要用到分解的方法，如第二章所述。但正如在上述"（一）、分解"中所分析的，有序的分解活动，一定要用到分类的方法。

从行业管理、行业经济分析的宏观角度，也广泛用到分类的方法，例如，我国行业归口管理体制下，对建设项目进行以下分类：房屋建筑和市政工程项目、公路建设项目、水运建设项目、运输机场建设项目、电力建设项目、水利建设项目等。国际标准化组织 ISO 对其众多标准进行了多级分类即 ICS 分类（International Classification for Standards），其第一级是行业门类，其中与我国通行概念上的工程建设行业直接相关的门类有 2 个，分别是：建筑材料和房屋建筑、土木工程，另外还有 5 个关联的门类：能源、热力转换工程、电力工程、采矿和矿产、石油和相关工业技术、军事工程；其中土木工程之下的二级分类包括：桥梁、隧道、道路、输水系统、排水系统等。

正因为从宏观到微观均需要用到分类方法，国际国内对建设工程分类的研究较多并形成了较为成熟和相对统一的体系，下一部分将要介绍。但专注于建设工程分解的工作却显得缺乏统一性，在国内尤显薄弱。更有一种倾向，由于分解和分类的相互关联，一些应当用分解思路来组织的应用场景，却被错误套用了分类体系，造成混乱和实际操作困难。

本书第四节提出一种工程组成结构解析思路，力争能够适用于我国建设工程管理的数字化转型。

二、国际国内工程分类体系介绍

（一）ISO 12006-2 体系框架

（1）总体介绍。国际标准化组织（ISO）标准 ISO 12006-2《房屋建筑—建设工程信息的组织管理　第 2 部分：分类框架》（*Building construction—Organization of information about construction works—Part 2: Framework for classification*）是一部十分重要的建设工程信息分类国际标准，被包括我国在内的多个国家和地区在建设工程信息分类相关标准中引用或参照。

ISO 12006-2 旨在统一国际上对建设工程全生命周期所有信息的分类方法，它将建设工程全生命周期信息区分为 4 个大组：建设资源（construction resource）、建设过程（construction process）、建设成果（construction result）和对象属性（construction property），共给出 12 张推荐分类表：

1）建设资源组 CLASSES RELATED TO RESOURCE。

a. 建设信息 Construction information；

b. 建设材料 Construction product；

c. 建设参与方 Construction agent；

d. 施工机械设备和工器具 Construction aid。

2）建设过程组 CLASSES RELATED TO PROCESS。

a. 项目管理 Management；

b. 设计施工过程 Construction process。

3）建设成果组 CLASSES RELATED TO RESULT。

　　a. 综合体 Construction complex；

　　b. 单体 Construction entity；

　　c. 建成空间 Built space；

　　d. 元素 Construction element；

　　e. 工作成果 Work result。

　　4）对象属性组 CLASSES RELATED TO PROPERTY。

　　对象属性 Construction property。ISO 12006-2：2015（当前最新版本）还针对每一个分类给出了下级分类（部分是多级分类）示例，同时声明：该标准并未给出完整可操作的建设工程分类体系，也未给定其所推荐 12 张分类表的具体（子分类）内容，标准制定者的意图是由执行该标准的组织按照当地的需求各自形成分类体系。标准制定者认为，遵循了该标准分类框架的这些分类体系之间可以实现协调一致。

　　（2）其中的建成对象分解体系。ISO 12006-2：2015 指出：（本）分类体系中，除了"类→子类"关系外，还有被称为"组成结构"的组成关系。其中与本文密切相关的一个组成结构关系，就是建设成果（construction result）组成结构关系，如图 2-7 所示。

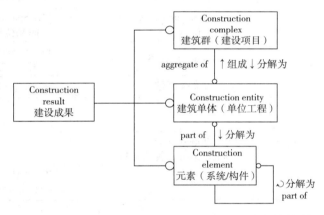

图 2-7　建设成果（construction result）组成结构关系

　　从图 2-7 以及该标准关于"construction element"的定义可知，ISO 12006-2 对建设工程建成对象设定了"建筑群→建筑单体→系统→子系统→……→构件"这样一个分解结构体系。

（二）体系（Uniclass）

　　Unified Construction Classification（Uniclass）由英国皇家建筑师协会国家建筑规范组（NBS）制定和维护，遵循 ISO 12006-2 分类框架，其分类总目（分类表）与 ISO 12006-2 的对照见表 2-6。

表 2-6　Uniclass 与 ISO 12006-2 分类表对照

ISO 12006-2：2015	Uniclass 2015	Uniclass 2022（当前版本）
A.2 Construction information 建设信息	F1：Form of information 信息的形式	F1：Form of information 信息的形式

续表

ISO 12006-2：2015	Uniclass 2015	Uniclass 2022（当前版本）
A. 3 Construction products 建设产品	Pr：Products 产品	Pr：Products 产品
A. 4 Construction agents 建设参与方		Ro：Roles 角色
A. 5 Construction aids 建设机具	CA：Construction Aids 施工机具	TE：Tools and Equipment 施工机具
A. 6 Management 管理	PM：Project Management 项目管理	PM：Project Management 项目管理
A. 7 Construction process 建设过程		
A. 8 Construction complexes 建筑群	Co：Complexes 建筑群	Co：Complexes 建筑群
A. 9 Construction entities 建/构筑单体	En：Entities 单体	En：Entities 单体
—	Ac：Activities（用户）活动	Ac：Activities（用户）活动
A10 Built spaces 建成空间	SL：Spaces and Locations 空间和位置	SL：Spaces/locations 空间和位置
A. 11 Construction elements 建/构筑物元素	Ee：Elements 元素	Ee：Elements/functions 元素/功能
—	Ss：Systems 系统	Ss：Systems 系统
A. 12 Work results 工作成果		
A. 13 Construction properties 建设属性	PC：Properties and Characteristics 属性和特征	
—		Zz：CAD and modelling content CAD（计算机辅助设计）和建模

　　Uniclass 在 ISO 12006-2 框架（略有改动）之下，给出了各分类表之下的详细类目，各表内采用线分类法，最高细分到 4 层。

　　Uniclass 的使用说明中有这么一句话：（活动、建筑群、单体、空间和位置、元素和功能、系统、产品）7 张表密切相关，形成一个层级体系，从建成环境的大尺度组成部分及其支持的生产生活活动，到建构筑物内系统、构配件的细节（均可以进行表达）。

　　与 ISO 12006-2 框架比较，Uniclass 的层级体系把不考虑材料和施工方法的"element"类与依据主材和施工方法进行细分类的"system"类分列为两张表；而 ISO 12006-2 框架则无"system"分类表。

　　有意思的是，虽然同为英国组织，但 RICS 在制定和维护 NRM 体系（见本章第二节）时，完全没有理会 Uniclass 体系，而是融入了另一个专为工程造价（最新版加入了工程碳排放量）表达而制定的国际标准体系 ICMS（International Cost Management Standard）。不过 IC-MS 声称其体系结构中的一个层级（sub-groups）与 ISO 12006-2 的 elements 层级大体兼容（be generally compatible）。

（三）Omniclass 体系

The OmniClass™ Construction Classification System（Omniclass or OCCS）是由美国 CSI（建设标准研究院，前述 MasterFormat 体系的制定维护机构之一）组织制定和维护，同样遵循 ISO 12006-2 分类框架，其分类总目（分类表）与 ISO 12006-2 的对照见表 2-7。需要说明的是，表 2-7 依据 CSI 官网 OmniClass 介绍页面整理，但该介绍久未更新，所引用的 ISO 12006-2 并非当前版本，但表 2-7 是作者整理时对照当前版本进行改编。

表 2-7　Omniclass 与 ISO 12006-2 分类表对照

ISO 12006-2：2015	Omniclass 2022 版本
A. 2 Construction information 建设信息	Table 36：Information 信息
A. 3 Construction products 建设产品	Table 23：Products 产品
A. 4 Construction agents 建设参与方	Table 33：Disciplines 专业 Table 34：Organizational Roles 机构角色
A. 5 Construction aids 建设机具	Table 35：Tools 施工机具
A. 6 Management 管理	Table 31：Phases 阶段 Table 32：Services 服务
A. 7 Construction process 建设过程	
A. 8 Construction complexes 建筑群	Table 11：Construction Entities by Function 功能分单体 Table 12：Construction Entities by Form 形式分单体
A. 9 Construction entities 建/构筑单体	
A10 Built spaces 建成空间	Table 13：Spaces by Function 功能分空间 Table 14：Spaces by Form 形式分空间
A. 11 Construction elements 建/构筑物元素	Table 21：Elements 元素
A. 12 Work results 工作成果	Table 22：Work Results 工作成果
A. 13 Construction properties 建设属性	Table 41：Materials 材料 Table 49：Properties 属性

由于同为 CSI 成果，Omniclass 直接将 MasterFormat 完整纳入，作为其 Table 22：Work Results 的下级分类体系；将 UniFormat（与 UniFormat Ⅱ 并非同一个体系）完整纳入，作为其 Table 21：Elements 的下级分类体系。因此，Omniclass 对于基于建筑物组成构造的分解（由 UniFormat 定义），和基于材料和施工方法的分解（由 MasterFormat 定义），体系更为完备和详尽。

（四）我国的工程分类体系

1.《建设工程分类标准》GB/T 50841—2013

主要内容包括：

（1）将建设工程按照自然属性分为建筑工程、土木工程、机电工程 3 个大类，按使用功能分列 30 类行业建设工程。需要注意，该标准将所有工程设施中的机电类工程内容归并到"机电工程"大类中，即土木工程和建筑工程分类定义中无机电工程类类目，机电工程分类定义中无土木工程和建筑工程类类目。

（2）给出了"建设工程""单项工程""单位工程""分部工程""分项工程"术语定义。

（3）第 3 章"建筑工程"，对"民用建筑""工业建筑""构筑物"分别进行了按用途、建筑层数/高度、规模等不同口径的类目枚举。规定建筑工程的构造组成是"地基与基础""主体结构""建筑屋面""建筑装饰与装修"和"室外建筑" 5 个分部工程。

（4）"土木工程"，对"道路工程""轨道交通工程""桥涵工程""隧道工程""水工工程""矿山工程""架线与管沟工程"分别进行了次级（部分是多级）类目枚举，并分别规定了各类土木工程的组成结构（分部工程）。

（5）"机电工程"，对 12 类机电工程分别进行次级（部分是多级）类目枚举。对部分复杂类目进行了组成结构划分（分部工程）。

（6）配套第 3、4、5 章分别给出 3 张分类表（GB/T 50841 中附录 A、附录 B、附录 C）。列出了各类型建筑工程、土木工程和机电工程的多级分类类目和对应的分类编码，列出部分类目下的分部工程及编码，对部分分部工程定义到分项工程层级。

2.《建筑信息模型分类和编码标准》GB/T 51269—2017

该标准采纳了 ISO 12006-2（2001 年版本）框架，对民用建筑和通用工业厂房建筑信息模型中表达的信息进行了分类定义，给出了编码规则和具体类目的编码。标准将建筑信息分为"建设成果""建设进程""建设资源"和"建设属性" 4 组，共设置 15 张分类表，见表 2-8。

表 2-8　《建筑信息模型分类和编码标准》GB/T 51269—2017 分类表

信息分组	信息分类	分类表代码
建设成果	按[注]功能分建筑物	10
	按形态分建筑物	11
	按功能分建筑空间	12
	按形态分建筑空间	13
	元素	14
	工作成果	15
建设进程	工程建设项目阶段	20
	行为	21
	专业领域	22
建设资源	建筑产品	30
	组织角色	31
	工具	32
	信息	33

信息分组	信息分类	分类表代码
建设属性	材质	40
	属性	41

注：标准原文无"按"字，结合后文估计为校对错误，予以补上。

每张表内采用线分类法。编码规则为××-××.××.××（.××）.，××为阿拉伯数字，开头两位为表代码，分类对象编码为大类、中类、小类、细类 4 级，可只编到小类，则编码为 3 级。

该标准对建成对象的表达，采用"建设成果"分组中的 6 张表，针对不同分解层级的对象，或采用不同的视角，分别给出描述建成对象的类目和编码。

与其他执行 ISO 12006-2 框架的分类体系一样，《建筑信息模型分类和编码标准》GB/T 51269—2017 的各分类表形成一个面分类体系，可以通过各种组配方式来进行一些复杂对象的编码表达，如 10-14.10.00 + 14-30.30.03.03 表示综合医院使用的室外空调机组。

该标准只给出分类定义和具体类目的类别码，并未给出表达对象实例的识别码的规则，也就是说，用此标准仅能表达对象的分类，而不能表达是哪一个具体对象，如前所述，通过编码并不能表达具体哪一家综合医院哪一个楼栋的哪一台空调机组。

第四节　面向数字建造的建成对象分解结构体系设计

一、目标、原则和基本定义

（一）建立建成对象分解结构体系拟解决的问题

如本章第二节所述，工程分解是工程建设必不可少的管理技术工具。在逐步推行的数字建造新方式中，尤为需要对（拟）建成设施进行清晰的分解表达，实现对每一个构件/零部件的唯一身份识别，并明晰从构件/零部件个体逐渐"拼装"为建成设施总体的组合层次关系。

（1）我国当前的建设工程分解体系受传统工程咨询模式多专业"各自为政"的影响，缺乏协同机制，如工程量清单计价体系仅针对施工发承包交易列项计价，质量验收体系仅针对质量验收流程，相互之间缺乏关联，甚至有重要术语同词不同义的情形；并且所建立体系的出发点局限在操作层面，缺少系统性的深入探索，国外已明显相互影响借鉴的主流分解体系（如前文所介绍的 UniFormat Ⅱ 和 NRM1）的"元素法"理念未能引入，对工程分解结构的通用性描述方法欠缺。这并不符合当前国家倡导和业界共同关注的"全过程工程咨询"发展方向。故建立一个基础的，可被各专业咨询领域共同接受，且建设各阶段可通用或可衔接的建成对象分解结构体系十分有必要。

（2）传统的工程分解应用只到构件类而不进行单个构件的明细表达，在日益强调精细化的现代建设工程管理中，对一些应用场景已经不能适应。智能建造和建筑工业化是当前国家、行业大力鼓励推广的产业转型升级方向，其基本要求就是对（拟建成）单个构件编码化以清晰识别每一个非现场制作但在现场组装的构件（零部件），乃至支持建筑机器人的操作。对这一方面感兴趣的读者可以拓展了解一些与建筑业高度相似的船舶制造行业相关知识，该行业基于分解结构的装配式建造已经较为成熟。

（3）作为数字建造基础工具的 BIM 技术，其"模型架构"即是建成对象分解结构的完全映射，没有严谨、清晰的建成对象分解结构表达，BIM 模型架构也就不严谨、不清晰，难以支撑数字建造和数字运行维护。基于此，建成对象分解结构体系的建立就是要给定一种通行的方法，支撑对（拟）建成设施的数字化表达；同时，由于建成对象分解结构是其他类型工程分解结构的共同基础，此体系也可供相关工程分解结构体系进行有利于数字化表达的改进和完善。

（二）　建立建成对象分解结构体系的原则和体系主要特点

（1）体系建立所遵循的原则如下：

1）为避免多维度信息梳理造成工作烦琐，新体系仅关注工程项目（拟）建成交付物理对象的分类定义、个体存在和基于功能的组合存在关系，而不关注对象的其他属性，包括几何属性、空间属性、材质属性等（分类定义需要用到这些属性的，仅在分类定义中描述）。一旦分解结构确立，按照相关的规则对分解单元进行唯一性赋码（本节三、论述），通过该唯一码，分解单元的任何属性均可利用信息化手段被便捷关联。

2）为全面数字化表达建成对象，建成对象分解结构应针对被解析对象的物理整体，不允许有任何层级的任何分解单元缺失，也不允许有任何重复。但需要说明，在用 BIM 模型数字化映射表达建成对象时，由于一般均有不建模建成对象内容，如配筋、线缆、装饰构造等，BIM 模型并不是对应建成对象的完全映射，需要采取非几何模型手段（如分解结构列表）进行补充表达。在实际创建分解结构实例时，也可以根据管理需要仅表达建成对象的特定部分。

3）新体系的架构支持拓展以适应多方面的应用，如支持增加不形成实体的施工工作项（如土石方工程、措施项目），形成施工 WBS 体系；支持增加单纯的费用项（如规费、税金等），形成造价分解结构体系；支持在构件项下继续分解施工工序，形成质量验评分解体系等。

4）为建立分解结构，必须从构造解析视角对每一分解层级内可能有的单元进行分类定义，如包含多栋房屋建筑单体的建设项目，会有独立土石方、房屋建筑、总图及室外管网三种类型的单位工程；房屋建筑单位工程，会有土建、装饰装修、给水排水、暖通空调、建筑电气、信息化、消防、人防等类型的专业工程；给水排水专业工程，会有给水、污水、雨水、中水等类型的系统；而各类给水排水系统，会有设备、管道、管件、管道附件、保温层、管井、软管、喷头等类型的构件。分层级分类定义是建立分解结构体系的一项核心工作，不同类型的工程项目，需要不同的分层级分类定义。但不同类型项目中的同层级、同类型单元，其分类定义最好实现统一，如所有类型建设项目中的房屋建筑单位工程，（在构造层面上）可以视为同一种类型，则其专业工程、系统/子系统和构件层级的分类定义也可实现通用。

5）在建立建成对象分解结构体系时，对于国际上特别是已在国内已经广泛使用的工程分解结构，其中涉及建成对象分解的成熟或已形成行业惯例的应用，应当被尽可能地继承，便于新建的体系易于为从业者接受。如质量验评层级体系、工程量清单计价体系等。

（2）作为一种新创设的体系，其必然与当前已有的类似体系均有区别，新体系主要特点是：

1）传统建造方式下的工程实体分解结构，一般将末级对象同类归并处理，如检验批、工程量清单项、交付资产清单项，不强调单个构件的表达；而数字建造方式下，要求关注每一个构件个体。因此，新体系处理的最低级对象是（拟）建成设施的每一个构件（或零部件），而不是一类构件的集合。

2）由于国内当前用于描述建成对象各分解层级的术语并不统一，新体系的架构设计需在对分解层级术语进行重新审视定义的基础上开展。

（3）建设工程有很多分支领域，各领域之间建成设施的形态和功能差异可能非常大，本文仅针对房屋建筑类建设工程进行讨论，但方法可以为任何类型的工程建设项目所用。

（三）　建成对象分解结构体系相关术语讨论

1. 建成对象

在我国传统的建设工程项目管理理论、方法和应用实践领域，极少有"建成对象"术语或习惯用语或相似表达。"建设工程"一词被广泛使用，可有多种解释（参见本书对"建设项目"术语的讨论）。而国外的几个主要建设工程分解、分类体系，几乎都有与本文所定义"建成对象"一词含义相同或接近的术语，例如："built environment"和"construction result"。ISO 12006-2 对"built environment"的定义是：建设工程的物理成果，可实现一项功能或支持使用者的一项活动①，可视为建成空间系统和构造系统的组合。ISO 12006-2 对"construction result"的术语定义与分类体系关系总图的表示略有差异，在此采用分类体系关系总图（局部见图2-7）中的定义：是指建成对象系统，包括从建筑群到各栋单体到各级元素（到构件/零件）的整体或局部。

BIM 相关国家标准与国际接轨的因素更浓重，于是有了"工程对象"——构成建筑工程的建筑物、系统、设施、设备、零件等物理实体的集合（《建筑信息模型设计交付标准》GB/T 51301—2018）；"元素"——建筑主体中独立或与其他部分结合，满足建筑主体主要功能的部分（《建筑信息模型分类和编码标准》GB/T 51269—2017）这样的术语。

本文的"建成对象"术语直接采用前述国标的"工程对象"术语定义，但出于以下考虑改为"建成对象"：工程对象字面本身将此概念的时间特性限定在建设期间，但对建成对象的组成结构分析和应用，从设计开始就应考虑建成交付后的使用，建造不是为了建而建，而是为了用而建，此为其一。其二，"工程"一词既有物理对象之意，又有施工作业活动之意，用之不能突出"物理实体"内涵。在一定要强调是在建或拟建阶段的语境下，可表达为（拟）建成对象。

2. 建设项目

（1）通行的概念。建设项目术语在我国工程建设行业应用相当广泛，可以从多个角度进行定义。

1）一个建设项目是按照基本建设程序一次立项/核准/备案（以下统称立项）的全部建设内容。在建设项目立项文件中，有明确的项目名称、项目主要建设内容及规模、项目估算投资等信息。此为建设项目的"准生证"定义。

2）按照《工程造价术语标准》GB/T 50875—2013 的定义，（一个）建设项目是指按一个总体规划或设计进行建设的，由一个或若干个互有内在联系的单项工程组成的工程总和。该定义强调建设项目的功能完整性和组成结构，并且通过该标准中建设项目下级组成单元（单项工程、单位工程、分部工程、分项工程等）的术语解释，可以推论出定义的核心内涵

---

① 原文直译，或可译为一系列功能和一系列活动。

是建设工程物理实体且强调分解组成关系，但未明确排除建造活动。该定义的一个建设项目并不局限于一次立项程序及其对应的建设过程，在此定义下，分期多次的每一次立项建设，建成使用过程中的改建、扩建、修缮，可能不被视为一个完整的建设项目。

3）按照项目管理学科的共识，项目是一个特殊的将被完成的有限任务，它是在一定时间内，满足一系列特定目标的多项相关工作的总称。遵循此定义，建设项目是一项有工期要求，有明确成果目标的工程建设任务。《建设工程项目管理规范》GB/T 50326—2017 定义，建设工程项目是指为完成依法立项的新建、扩建、改建工程而进行的、有起止日期的、达到规定要求的一组相互关联的受控活动，包括策划、勘察、设计、采购、施工、试运行、竣工验收和考核评价等阶段。

（2）建成对象分解结构体系中的建设项目定义。在建成对象分解结构体系中，沿袭前述第 2）项定义，但对其进行进一步的明确：

1）一个建设项目是指按一个总体规划或设计进行建设的，经济上实行统一核算，运营管理上具有独立的组织形式，各分解部分相互关联并共同实现一个（或一组）总体功能的一组特定工程设施集合。

2）在建成对象组成结构解析中，建设项目指一次解析活动所考察的建成对象总集合。一般而言，解析活动需要针对完整的建筑设施进行，特别是在解析成果需要被应用于建成设施运营管理阶段时。因此，一次性建成的新建建设项目，立项的建设内容［本节（1）1）定义］和组成结构解析的（拟）建成对象是对应的；但改扩建、修缮类建设活动的建设项目往往需要把既有建筑设施包含进去，分期建设的建设项目需要为后期拟建部分预留拓展位。

3）建设项目集合内的所有层级中的所有分解单元，均为有形的且最终需向建设业主方交付的物理实体。建成对象不包括任何为建造交付实体所发生的活动；而建造中所采取的物理实体措施可能会被包含在建成对象中，但应以规定的方式与交付实体做严格区分。

4）建设项目（包括其下级各层级术语）均不考虑形成的空间，尽管会在有些情形下用占位位置来定义某个对象。

（3）在 ISO 12006-2 框架中的对应分解层次。建设项目对应 ISO 12006-2 框架中的"construction complex"。

3. 单项工程

（1）通行的概念。国家标准《建设工程分类标准》GB/T 50841—2013、《工程造价术语标准》GB/T 50875—2013 对"单项工程"术语的定义大致相同（以下非原文）：单项工程是建设项目的下级分解层级，具有独立的设计文件，建成后能够独立发挥生产能力或使用功能。

（2）建成对象分解结构体系中的单项工程定义。沿用前述国家标准定义，略做改述为：单项工程是建设项目的下级元素/子集，具有独立的设计文件，建成后能够独立发挥生产能力或使用功能。

（3）单项工程可以理解并表达为子项目，在特别复杂的建设项目中，还可分设子项目和单项工程两级附加层级。

（4）建成对象分解结构体系不将单项工程列为必要层级。这是因为：

1）简单的建设项目，往往单项工程就是建设项目。

2）减少必要层级，可以减少编码位，简化代码。

3）项目管理中需要时，建成对象分解结构体系仍然支持表达包括单项工程在内的非必要层级。

4. 单位工程

（1）通行的概念。单位工程在我国现行国家标准中至少有两个不同的定义：《建设工程分类标准》GB/T 50841—2013 第 2.0.6 条：（单位工程是）具备独立施工条件并能形成独立使用功能的建筑物及构筑物，是单项工程的组成部分，可分为多个分部工程。《建筑与市政工程施工质量控制通用规范》GB 55032—2022 的规定与此接近。《工程造价术语标准》GB/T 50875—2013 第 2.1.8 条：（单位工程是）具有独立的设计文件，能够独立组织施工，但不能独立发挥生产能力或使用功能的工程项目。这种上位技术准则之间的矛盾，造成了实际工作中的一些混乱。

（2）建成对象分解结构体系中的单位工程定义。采纳《建设工程分类标准》GB/T 50841—2013 的定义，略作改述为：单位工程是建设项目的直接下级元素/子集；一个单位工程内的所有建成对象相互关联，共同形成一个占位上和形体上相对独立的建筑设施实体，该实体能独立运行，承载一项或一系列完整的使用功能。

（3）本文的单位工程定义，强调了形体和占位上独立这一形式特征，突出单位工程的"单体"特性。

（4）在 ISO 12006-2 框架中的对应分解层次。单位工程对应 ISO 12006-2 框架中的"construction entity"。

（5）一个单位工程就可能是一个较简单建设项目的唯一元素/子集，当然，复杂的建设项目一般由多个单位工程组成。

（6）单位工程界面确定的一些说明。

1）一幢房屋建筑就是一个单位工程，如果其附属的室外地上、地下设施界限清晰，规模相对较小，那么室外附属设施可以并入该单位工程，但如果多幢房屋建筑共用这些室外设施，或虽然单幢附属但规模较大，则宜将室外附属设施单设为一个单位工程。

2）大底座（地下室、地下室+裙楼）多塔楼的房屋建筑，宜将底座和各塔楼独立划分为单位工程。

3）线性的工程如道路、管道工程，往往需要分段划分单位工程。

5. 专业工程

（1）通行的概念。"专业"或"专业工程"在国内工程建设中常被用于设计工作组织中的专业划分，如房建工程的建筑、结构、给排水、电气、暖通等。施工质量控制规范中设置有"分部工程"层级，与设计专业工程含义相近，且相关条文规定的分部工程划分依据就包括"专业性质"。

（2）建成对象分解结构体系中的专业工程定义。专业工程是单位工程的直接下级元素/子集；一个单位工程内一般按专业工程分设设计和（或）施工任务包。如土建专业工程、给排水专业工程、建筑电气专业工程等，与《建筑与市政工程施工质量控制通用规范》GB 55032—2022 中的分部工程大致对应。

（3）相对其他分解层级而言，专业工程层级的"构造关联性"特征要弱一些，而更强调"专业相近"和"任务关联"特征。设置此层级的目的主要是便于分专业组织开展设计和施工作业管理。

（4）在 ISO 12006-2 框架中的对应分解层次。可认为专业工程在 ISO 12006-2 框架中无对应层次。

6. 系统/子系统

（1）通行的概念。在国内房屋建筑工程领域，"系统"一词一般用于表达机电类专业工程的工作系统，较少在土建类专业工程中使用此概念。

（2）建成对象分解结构体系中的系统定义。系统是专业工程的直接下级元素/子集，一个系统内所有工程对象相互关联，共同形成一个具有功能完整性的独立系统。对于需要继续进行支路/回路分解的系统，可依次继续分解为多级子系统。系统与《建筑与市政工程施工质量控制通用规范》GB 55032—2022 中土建类的分部工程、机电类的子分部工程大致对应。

（3）系统的完整性、独立性是相对的，如一栋住宅楼的电气系统被局限在入楼节点以后，但这个系统实际是住宅小区供电系统的一个子系统，往上还是城市电网直至国家电网中的一个子系统。

（4）一些复杂的系统往往需要多级分解，如给水的多层级管道系统、建筑电气的多层级线路，这种情形，系统之下依次划分为"一级子系统""二级子系统"……以此类推。

（5）在 ISO 12006-2 框架中的对应分解层次。系统/子系统以及构件、零件，共同对应 ISO 12006-2 框架中的"construction element"。

7. 构件

（1）通行的概念。在查询到的国内技术标准中，对"构件"的术语定义不一，或将其视为无须专门定义的"公认"概念（《民用建筑设计术语标准》GB/T 50504—2009、建筑信息模型系列标准等），或语焉不详（《工程结构设计基本术语标准》GB/T 50083—2014 结构构件定义：结构在物理上可以区分出的部分）。《建筑模数协调标准》GB/T 50002—2013 的"分部件"术语大致也可以理解为构件：作为一个独立单位的建筑制品，是部件的组成单元，在长、宽、高三个方向上有规定尺寸。

（2）建成对象分解结构体系中的构件定义。将构件定义为：工程设计文件予以独立描述的最末级建成对象；有些类型的构件由若干零部件组成，但设计对零部件的描述并非独立的，实质是在描述它们被组装后的总体对象——组件式构件。

（3）构件的划分有些情形需要灵活处理，例如：

1）土建类（包括金属结构类）的一些组件式构件或构筑物，一般应被视为一个系统/子系统。如桁架、组合式桥柱、供电铁塔等，才能为其下级组件留出表达位。

2）设计通长表达的框架柱，往往因为施工管理的需要，需按楼层划分为若干构件。

3）施工完成后无缝融合的不同构件如现浇钢筋混凝土结构体系的梁、板、柱、墙，应严格按照设计（有时还要考虑造价计量）划清界面。

4）在以表达构造组成关系为目的的施工图阶段，构件划分不一定细致考虑原材料因素，但以直接指导施工为目的的施工深化设计，构件划分则必须予以考虑，如给水钢管，施工深化设计就应当考虑原料钢管的定尺，一个管段构件长度就不应超过定尺长度。

8. 零部件

（1）通行的概念。部件、零件的规范定义情形同构件类似，国内技术标准多不做术语定义，偶有的定义也相互不对应。本文不再细列。

（2）建成对象分解结构体系中的零部件定义。将零部件定义为：组件式构件的组成单元。一般可将在该组合体系中具有除连接、紧固之外的某项或某几项功能的组件视为部件；

仅起连接、紧固作用的组件视为零件。

（3）零部件层级也是建成对象分解结构的非必要层级。

（四）与 ISO 12006-2 construction result 的对应关系

建成对象分解结构与 ISO 12006-2 construction result 分解结构的对应关系如图 2-8 所示。

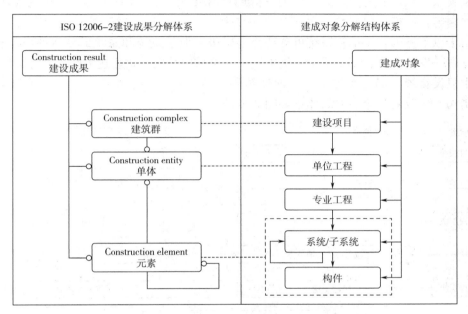

图 2-8　建成对象分解结构与 construction result 分解结构的对应关系

二、建成对象分解结构体系架构

建成对象分解结构体系由分解层级、层级单元分类定义、编码体系三个部分构成。本部分讨论分解层级和层级单元分类定义，编码体系在本节"三、编码"中讨论。

（一）分解层级

1. 基本层级

（1）建成对象基本层级结构如图 2-9 所示为：建设项目→单位工程→专业工程→系统/子系统→构件，共 5 级。每一个基本层级均为必要层级，必要层级是指对于下一级而言，该层级必须设置；反之则不必然，因为有些应用场景不要求表达较低级的层级。

（2）通过在编码中表达基本层级信息并进行单元个体唯一性标记，建成对象每一个分解单元均可被识别出其在整个建成对象组成结构中的节点信息，也即可知：①分解单元属于哪一个层级；②属于哪一种类型的分解单元；③其从属的上级单元是哪一个；④其控制的下级单元有哪些。例如，某个分解单元的编码是：××综合体_ 房建-2#楼_ BP. 01_ JS. 01.01-ZLS_ 管道-00001，根据编码规则，可以读出这样的信息：该分解单元是"××综合体建设项目中名为 2#楼的房建类单位工程中 01 号给排水专业工程中编号为 JS. 01.01-ZLS 的（给水系统中的）生活给水子系统中的一个编号为 00001 的管道类构件"。

（3）基本层级结构中，"系统/子系统"层级有一定的特殊性，以下是关于此层级的一些说明：

建筑机电系统多是多级运行的，尤其给水系统、电气系统，可能多至 4 级、5 级甚至更多。机电系统的设计、施工、运行管理均需要清楚、系统说明管道路由、设备的上下层级从属和控制关系。《建筑信息模型设计交付标准》GB/T 51301—2018 规定："建筑信息模型应包括下列内容：…模型单元的（系统）关联关系…"。所以，系统/子系统本应设置为多层级。但由于以下原因：①尽管系统可分解为多层级，但子系统和系统的基本性质是相同的，并不因分解而发生变化；②子系统层级不定；③可采用其他方式表达关联关系三个原因，体系设计中只设置统一的一个层级。可通过编码表达"系统→子系统→……→末级子系统"多层级结构。建成对象分解层级体系如图 2-9 所示。

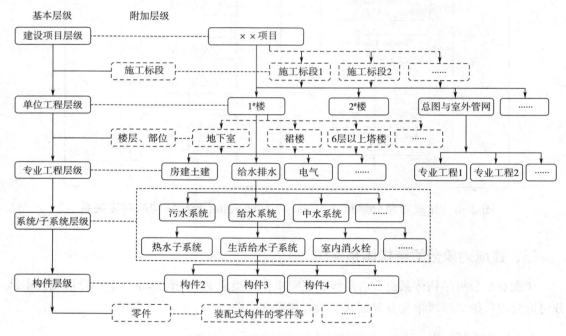

图 2-9　建成对象分解层级体系

2. 附加层级

附加层级是在基本层级之外增加设置的层级（见图 2-8）。

（1）需要设置附加层级的情形举例：

1）施工发包合约策划应用，需要明确每一个施工标段的合同范围，则在建设项目之下设置"施工标段"附加层级，包含若干个标段单元，把建设项目全体建成对象拆解分配到各个标段单元。可参考图 2-9 中"施工标段"层级示例。

2）大体量单位工程拆解为子单位工程管理，则在单位工程实例之下设置"子单位工程"附加层级，包含若干个子单位工程单元，把单位工程实例所含全体建成对象拆解分配到各个子单位工程单元。可参考图 2-9 中"楼层、部位"层级实例。

3）采用装配式建造方式的建成对象，需要精细识别到每一个构件，某些构件实例是组件式的，则需要识别到每一个零部件，则在组件式构件实例之下设置"零部件"附加层级，包含若干个零部件单元。

4）复杂的建设项目，建设过程和建成后的运营均可能需要分区域管理，则可在建设项目之下设置"子项目"或"单项工程"层级。例如：多群落的大型住宅小区，往往需要将整个小区分解为"A区""B区""C区"等若干子项目单元分别建设和运营管理。

（2）设置附加层级的方法。

1）应尽量在基本层级确定之后再进行附加层级设置操作。即使在操作时还不具备完全建立基本层级关系的条件，也要尽可能先把较高层级的基本层级解析工作完成。如此才能确保所设置的附加层级包含的建成对象可识别。

2）根据附加层级的特性，可按照体系规则中关于拓展临时性实体对象、施工作业活动、费用项的规定，拓展表达相关的工程/费用内容。

3）可以同时在多个基本层级间设置附加层级，如在建设项目与单位工程层级之间设置施工标段，同时在单位工程和专业工程之间设置专业施工分包标段。

4）因不同的应用需要进行不同的附加层级设置，一般互不影响，但却可以基于所含建成对象分解单元的身份唯一性，相互之间形成映射关系。

5）设置附加层级，可按规则在编码中增加附加层级的编码位，但增加附加层级编码位不得对基本层级编码有任何改变。

（二）层级单元分类定义

1. 综述

（1）层级单元分类定义是指对建成对象分解结构中的每一个层级分别进行研究，逐层级确定可能包括的分解单元，并对这些单元进行分类概括。各层级分类完成后，还需要进行上下层级分类的关联整理。图 2-10 是单位工程和专业工程层级的单元分类定义示例。

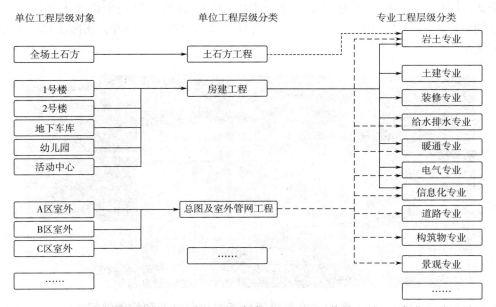

图 2-10　层级单元分类定义示例（某住宅小区项目/单位工程→专业工程层级）

（2）层级单元分类定义一般指 5 个基本层级单元的分类定义，附加层级的分类定义不做统一规定，可在执行基本层级分类定义规定的基础上，根据不同的应用需求拓展定义。

（3）国内已有国家标准《建设工程分类标准》GB/T 50841—2013、《建筑信息模型分类和编码标准》GB/T 51269—2017 可作为层级单元分类定义的基本依据。但对每一个具体的建设项目而言，仍需要在该项目建成对象组成结构解析工作开展之初，编制项目分类定义具体方案。

2. 基本层级单元分类定义

（1）建设项目分类定义。在具体工程项目的建设管理工作中，不存在建设项目分类定义，因为建设项目层级只有一个实例。在大型建设企业、政府管理部门，则可以建立建设项目分类目录以供在企业范围内或行业/行政区域范围内的建设项目分类定义统一。

（2）单位工程分类定义。单位工程分类定义需要确定单位工程分解单元的类型，在此基础上针对每一个单位工程类型，穷举其可能包括的下级分解单元（专业工程）类型，形成单位工程"标准类"，规范和便利具体解析工作。

（3）同理，开展专业工程、系统直至构件分类定义。

三、编码

对信息不但要进行科学的分类，同时还要进行科学的编码，使之代码化，这是人们对信息进行有效管理的基本方法，工程建设中也同样如此。

（一）楔子

北宋东京（现开封）州桥遗址是 2022 年国家文物局"考古中国"重大项目发布会发布的一项重大考古成果。体现该遗址"重大"的一处亮点，是在古汴河靠近古州桥的两岸，出土了长度分别超 21m/23m、纹饰通高约 3.3m 的巨型石雕岸壁壁画。复原的壁画精美生动，最让考古人员特别是古建筑方向的专家称奇的，是其营造过程采用了编码技术。

图 2-11 中右侧三幅小图分别是三个石砌块构件的特写，每一个砌块上均隐约刻有文字，分别是：水二十九、山廿八、洪廿二，而且不只图示这三个构件，实际上每一个砌块均有类似文字。

图 2-11　北宋东京州桥遗址石雕岸壁局部和构件特写

　　经分析，这是一个编码体系，数字之外的文字共 36 个（反复使用），与数字搭配，实现了对每一个石雕砌块的编码，既对砌块进行身份唯一性标记，同时又表达了砌块之间的组合关系。我们可以推测，当时营造石岸壁的工匠们通过编码实现：①绘制完整的岸壁图纸，在图上进行单元分割设计并分单元编码；②加工场按单元分割图雕刻制作砌块，在砌块上刻画编码；③雕刻制作好的砌块运到施工现场后，依编码确定所应砌放的位置，确保形成精美石雕图案。

　　由此事例可见，即便在千年前纯粹的"土木工程"时代，编码技术就已经被成功地应用于营造工程实践之中。

（二）现代工程管理中的编码应用

　　前述案例，仅仅处理了 1 000 数量级的独立构件。而现代工程建设，其建设对象庞大的体量对应的构件数动辄十万级别，千万也有可能。传统的（现代）工程建设管理，即便有计算机辅助，也难以实现构件级的编码管理。

　　因此可以看到，在本章第二节、第三节介绍的国内外工程分解、分类体系中，尽管大多建立了编码体系，但其编码体系均未给出对具体分解单元进行身份唯一识别编码的方法，其编码均是用于表达一个类，而不是表达一个具体的分解单元。例如，我国的工程量清单计价体系，分部分项工程项目 12 位编码结构，虽然后 3 位可由使用者自定义编码以区分同类清单的不同项目，但具体清单项目仍然只是"类"条目，而不能表达具体的构件。尽管造价工程师在计算清单工程量时是逐构件分析算量来做的，但形成工作成果时，却表达的是一个清单类目的汇总结果。

　　当然，这样的形式已经可以满足工程造价管理的需要，无可厚非。但同时也要看到，缺乏专门技术手段支撑的情形下，要实现构件级的编码管理实际上几乎是不可能的。

　　而要实现数字建造转型，配合建成对象分解结构体系的编码体系必须得到建立，这是因为：

　　（1）共性方面，编码是信息化的一项重要基础工作。对信息的组织是信息资源管理的核心环节，而信息分类与编码是信息组织中最常被采用的方法。通过分类和编码达成标准化，确保正确识别、规范存储和高效利用信息资源，有利于实现信息的共享和不同软件系统之间的互操作，减少重复浪费，降低信息获取、管理和应用成本；有利于改善信息数据的准确性和相容性，降低冗余度；有利于提高信息处理的效率。

　　（2）专业特性方面，以下因素也决定了工程建设编码工作的必要性。

　　1）上文已提到，工程建设（拟）建成对象复杂的组成结构、巨量的组成单元和繁杂的单元类型，不编码无法进行构件级的清晰描述。

　　2）虽然工程建设是单次、单件性活动，但仍然大量存在不同项目之间进行对标或共享资源的应用场景：建造作业和建设项目管理活动的标准化、建设资源的通用化、建筑性能的对比分析、造价计量计价体系的统一等，同样需要标准化的分类和编码以支持此类工作。

　　3）数字建造的基础工具——BIM 技术本身要求对模型单元进行编码、对模型单元之间的系统关联关系（模型架构）进行表达，这就需要与实体世界对应的 BIM 模型单元分类和编码体系来实现。否则，也正因为有了 BIM 这一数字化工具，传统不可能实现的精细到构件级的建成对象单元识别编码，才能真正实现。

（三） 建成对象分解结构体系配套的编码体系设计

1. 类别码和识别码介绍

建成对象分解结构体系框架中的编码体系，同时采用了类别码和识别码，组合表达建成对象单元实例的层级、类别和唯一身份。其中：

（1）类别码用于标识建成对象单元类别。如"FJ"为房屋建筑类单位工程类别码，"DQ"为道路桥梁类单位工程类别码；"BE"为建筑电气专业类别码，"GP"为室外给排水专业类别码；"JS"为给水系统类别码，"HNT"为钢筋混凝土结构系统类别码；"GD"为管道类构件类别码，"Z"为柱类构件类别码等。由于 Unicode 统一码体系和计算机性能的发展，类别码可采用数字、字母、文字任意一种或几种符号混合编制，一般全流程机编机读的，多用数字编码；而字母、文字的编码方式更易于被人工赋码和识读。

（2）识别码的作用是标定建成对象单元实例的唯一身份。建成对象实例中每一分解层级均可能有若干同类型的分解单元实例，例如，某建设项目包含 10 栋房屋建筑、某房屋建筑采用污废分离管道设计则有两套排水系统、某电气系统中有若干配电箱等。数字建造方式下，需要对每一层级的每一个分解单元实例赋予独立的身份，这就要用到识别码。识别码一般采用纯数字顺序赋值，既可以全局排序，也可以仅在同类别中排序。上例采用同类别排序的编码结果是：FJ. 01～10，WS. 01、WS. 02，PDX. 01～66 等。

2. 建成对象分解结构编码体系

图 2-12 是建成对象分解结构编码体系的一种设计方案。设计原理如下：

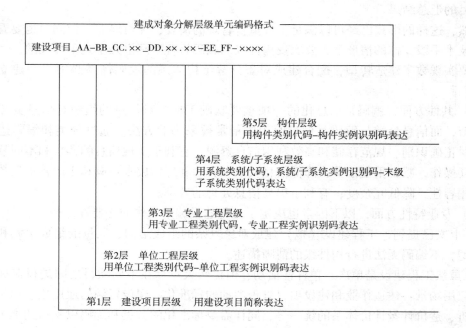

图 2-12 建成对象分解结构编码体系示例

（1）编码为多级结构，建设项目、单位工程、专业工程、系统/子系统、构件每一级安排一个代码组，层级代码组之间用英文下短线"_"分隔。

（2）编码必须按"建设项目_ 单位工程_ 专业工程_ 系统/子系统_ 构件"的层级顺序由高层级向低层级排列，到某一层级即结束的，表示所代指的建成对象实例为该层级的分解单元。例如，编码"建设项目_ AA-BB_ CC.××_ DD.××.××-EE"所代指的是系统/子系统层级的一个分解单元。

（3）各层级代码组的编码方式如下：

1）建设项目层级。仅识别码，以自定义字符串赋码，一般采用建设项目简称。

2）单位工程层级。单位工程类别代码+短横线"-"+单位工程实例识别码。单位工程类别代码按照单位工程层级单元分类定义赋值；单位工程实例识别码以自定义字符串赋值，一般采用单位工程简称。

3）专业工程层级。专业工程类别代码+下角点"."+专业工程实例识别码。专业工程类别代码按照专业工程层级单元分类定义赋值；专业工程实例识别码格式为从"01"开始的两位阿拉伯数字，以1为步距，顺序赋值。

4）系统/子系统层级。系统类别代码+下角点"."+系统实例识别码（+下角点"."+一级子系统实例识别码+下角点"."+二级子系统实例识别码+……+末级子系统类别代码），括号中的编码段适用于进行子系统分解的情形。系统类别代码、末级子系统类别代码按照系统层级单元分类定义赋值；系统实例识别码、子系统实例识别码采用层级顺序码，格式为不定层级数的××.××.××.××，"××"为从"01"开始的两位阿拉伯数字或"00"，赋码规则如下，编码示例如图2-13所示：

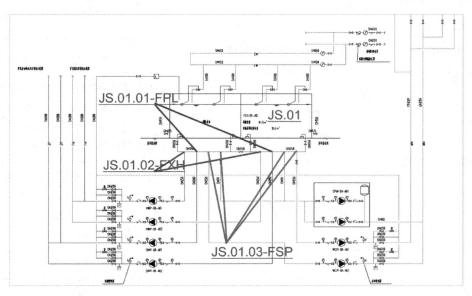

图2-13　系统/子系统多级编码示例

a. 表达单级系统时，层级数为1级，表达二级系统层级时，层级数为2级，以此类推。

b. 如有两个及以上独立的系统/子系统，则各独立系统/子系统顺序码分别编为"01""02"……以1为步距，顺序赋值。

5）构件层级。构件类别代码+下角点"."+构件实例识别码。构件类别代码按照构件层级单元分类定义赋值；构件实例识别码格式为从"0001"开始的四位阿拉伯数字，以1

为步距，顺序赋值。

（4）附加层级的编码。建成对象分解结构根据需要拓展附加层级时，可根据需要在编码中加入附加层级编码段，也可不加附加层级编码段而直接采用基本层级编码表达。加入附加层级编码段的，应进行特殊标记，以便机读和人读识别。例如，可以将附加编码段用方括号"［ ］"括起来。需注意，加入附加层级后，读取建成对象分解单元编码以辨识其基本分解层级和身份时，不读取附加编码段，这样就能实现在各种应用场景下（增加附加层级的各种情形下），相同的建成对象分解单元具有相同的基本层级编码，也即具有全局识别唯一性。

表 2-9 是建成对象分解单元实例编码示例。

表 2-9　建成对象分解单元实例编码示例

建成对象分解层级	建成对象分解单元实例编码	编码含义解释
单位工程	建设项目_ 房建-2 号楼	建设项目中名为 2 号楼的房建单位工程
加入了"施工标段"附加层级的单位工程	建设项目_ ［A 区施工标段］_ 房建-2 号楼	建设项目中名为 2 号楼的房建单位工程（被划分至"A 区施工标段"），加方括号"［ ］"以标示附加层级
"子单位工程"附加层级	建设项目_ 房建-2 号楼_ ［地下室］	建设项目中名为 2 号楼的房建单位工程的地下室部位（子单位工程），加方括号"［ ］"以标示附加层级
专业工程	建设项目_ 房建-2 号楼_ BM.01	建设项目中名为 2 号楼的房建单位工程中编号为 01 的暖通空调专业工程
系统（无子系统）	建设项目_ 房建-2 号楼_ BC_ JC	建设项目中名为 2 号楼的房建单位工程中的土建专业工程中的桩基础与基础工程（系统）（专业工程实例识别码".01"和系统实例识别码".01"均缺省）
系统（无子系统）	建设项目_ 房建-2 号楼_ BP_ ZS	建设项目中名为 2 号楼的房建单位工程中给排水专业工程中的中水系统（专业工程实例识别码".01"和系统实例识别码".01"均缺省）
子系统	建设项目_ 房建-2 号楼_ BM.01_ KT.01.01-KTS	建设项目中名为 2 号楼的房建单位工程中 01 号暖通空调专业工程中编号为 KT.01 的空调系统中编号为 KT.01.01-KTS 的空调水子系统
子系统	建设项目_ 房建-2 号楼_ BE_ DQ.01.01.02.01.03-ZM	建设项目中名为 2 号楼的房建单位工程中电气专业工程中编号为 DQ.01.01.02.01.03-ZM 的（供配电系统中的）照明子系统（专业工程实例识别码".01"缺省）

续表

建成对象分解层级	建成对象分解单元实例编码	编码含义解释
构件	建设项目_ 房建-2 号楼_ BC_ JC_ 独立基础-0001	建设项目中名为 2 号楼的房建单位工程中的土建专业工程中的桩基础与基础工程（系统）中的一个编号为 0001 的独立基础类构件
	建设项目_ 房建-2 号楼_ BM.01_ KT.01.01-KTS_ 设备-0001	建设项目中名为 2 号楼的房建单位工程中 01 号暖通空调专业工程中编号为 KT.01.01-KTS 的（空调系统中的）空调水子系统中的一个编号为 0001 的设备类构件
	建设项目_ 房建-2 号楼_ BP.01_ JS.01.01-ZLS_ 管道-0001	建设项目中名为 2 号楼的房建单位工程中 01 号给排水专业工程中编号为 JS.01.01-ZLS 的（给水系统中的）生活给水子系统中的一个编号为 0001 的管道类构件
零件（附加层级）	建设项目_ 房建-S2_ BE_ DQ.15-FZM_ 设备-0001_ ［零件.001］	建设项目中名为 2 号楼的房建单位工程中电气专业工程中编号为 DQ.15-FZM 的（供配电系统中的）消防应急照明和疏散指示回路组中一个编号为 0001 的设备类构件（机柜）内的一个编号为 001 的零件（UPS 电池）

四、建成对象分解结构体系与 BIM

BIM 是数字建造的基础技术，BIM 技术的核心——BIM 模型即为建成对象的数字映射，因此建成对象分解结构体系与 BIM 密切相关。

（一）BIM 模型单元和模型架构

《建筑信息模型设计交付标准》GB/T 51301—2018 中，将 BIM 模型单元定义为：建筑信息模型中承载建筑信息的实体及其相关属性的集合，是工程对象的数字化表述（该标准中"工程对象"定义等同于本节的"建成对象"定义）；将"模型架构"定义为：组成建筑信息模型的各级模型单元之间组合和拆分等构成关系。由这两个术语定义可知，BIM 模型单元即为建成对象分解单元的数字映射，BIM 模型架构即为建成对象分解结构的数字映射。实际上，也正是因为 BIM 技术的出现和发展，才具备了以本节讨论的方式建立建成对象分解结构体系的技术条件。

（二）BIM 表达与传统设计表达的区别

BIM 是对建成对象的三维表达，而传统平立剖三视图方式是对建成对象的二维表达，这只是一个表面的理解。

更深层次的理解是：BIM 是一种面向对象的表达方式。这是 BIM 与传统设计表达的核心区别。"面向对象"（object-oriented）方法源于计算机编程语言领域，在此就不再赘述。简单形容如下：从未受过工程制图和建筑学科专业训练的人，只要学会 BIM 软件，凭着对建筑物的直观认识，可以大致表达出一个建筑物，包括内部构造。而这个人学会 CAD，大概率除了可以大致绘出建筑外立面，但其他什么也做不了。这是因为在 CAD 思维下的工作，绘图者头脑里随时需要运行一组"正视+侧视+俯视"的画法几何算法，读图者也同样如此，点、线、面组装为构件几何体的过程是由人脑来完成的；而 BIM 思维下，软件本身已经把"点、线、面组成构件几何体"的算法封装好，绘图者和读图者直接调用就好。

CAD 的成果本身仅仅只是视觉上的点、线、面，CAD 软件根本不"知道"这些点、线、面共同组成了一个个构件，也就是说，无法对 CAD 表达的成果赋予"构件"（或其他建成对象）概念，自然也就无从把构件相关的信息加载到 CAD 图纸中，以实现多维信息集成和复用。即便三维 CAD 也同样如此。而 BIM 则不同，由于算法的封装，BIM 构件就是现实中构件的映射，关键是 BIM 软件"知道"这一点，于是使用者就可以往构件的映射体上添加各种各样的信息：材质、观感、空间、静态参数、运行参数等，并且信息添加后与构件的几何信息融为了一体，支持多场景、不限软件的复用。

如何使用 BIM 软件进行工作，例如柱、梁、墙……使用各种构件对象进行组合来建模，通过处理构件对象之间的关系来创造、运行和维护数字建成环境。所以说，CAD 是制图，BIM 是建造。

（三）利用 BIM 技术实现建成对象组成结构解析

要实现单个构件级的建成对象组成结构解析，最终需要 BIM 技术的支撑。下面介绍建成对象组成结构解析过程。

（1）方案设计阶段应当确定单位工程级分解结构。方案设计本身对建成对象的组成构造设计精细度较低，因此，方案设计阶段的建成对象组成结构解析只需要到单位工程级，出于对功能实现技术路径进行比选论述的需要，可列出主要的设计专业。

（2）初步设计阶段应当开展层级单元分类定义，并确定系统级分解结构。初步设计是工程项目建造技术路线确定的核心阶段，初步设计成果基本已经完成建成对象的全貌描述。因此，应当并且有条件在初步设计阶段完成建成对象组成结构解析的基础性工作，包括：项目建成对象层级单元分类定义；建设项目→单位工程→专业工程→系统层级组成结构解析和编码。当然，由于初步设计阶段尚有很多细节设计暂未敲定或开展，此阶段并无必要进行精细到构件的组成结构解析和编码工作。即便采取 BIM 方式进行初步设计制图表达，为了减少 BIM 工作量，可以不对模型单元进行规范的命名和编码。

初步设计阶段的建成对象组成结构解析可用"BIM 模型层次架构表"开展，表样示例见表 2-10、表 2-11。

表 2-10　建筑项目 BIM 模型层次架构表（示例）

层次序号	建设项目模型单元	设计标段模型单元 （附加层级）	单位工程模型单元	专业工程模型单元
1	建筑项目-BIM			
1.（1）		建筑项目-BIM_ ［设计 A 标］		
1.（1）.1			建设项目-BIM_ 房建-1 号楼	
1.（1）.2			建设项目-BIM_ 房建-2 号楼	
1.（1）.2.1				建设项目-BIM_ 房建-2 号楼_ BC
1.（1）.2.2				建设项目-BIM_ 房建-2 号楼_ BP
1.（1）.2.3				建设项目-BIM_ 房建-2 号楼_ BM
1.（1）.2.4				……
1.（1）.3			建设项目-BIM_ 房建-3 号数	
1.（1）.4			……	
1.（2）		建筑项目-BIM_ ［设计 B 标］		
1.3		……		

注：局部　建设项目→［设计标段］→单位工程→专业工程。

表 2-11　建筑项目 BIM 层次架构表（示例）

层次序号	专业工程模型单元	系统工程模型单元	末级子系统工程模型单元
1.（1）.2.1	建筑项目-BIM_ 房建-2 号楼_ BC		
1.（1）.2.1.1		建设项目-BIM_ 房建-2 号楼_ BC_ JC	
1.（1）.2.1.2		建设项目-BIM_ 房建-2 号楼_ BC_ GG	
1.（1）.2.1.3		……	
1.（1）.2.2	建筑项目-BIM_ 房建-2 号楼_ BP		

续表

层次序号	专业工程模型单元	系统工程模型单元	末级子系统工程模型单元
1.（1）.2.2.1		建设项目-BIM_ 房建-2号楼_ BP_ JC	
1.（1）.2.2.1.1			建设项目_ BIM_ 房建-2号楼_ BP_ JS.01.01-ZLS
1.（1）.2.2.1.2			建设项目-BIM_ 房建-2号数_ BP_ JS.01.02-RS
1.（1）.2.2.1.3			……
1.（1）.2.2.2		建筑项目-BIM_ 房建-2号楼_ BP_ PW	
1.（1）.2.2.3		……	
1.（1）.2.3	建设项目_ BIM_ 房建-2号楼_ BM		
1.（1）.2.4	……		

注：局部　专业工程→系统→末级子系统。

（3）施工图设计阶段应完成精细到构件的建成对象组成结构解析。要完成精细到构件的建成对象组成结构分析，需要在施工图 BIM 模型创建过程中实现。一般是通过对每一个构件级模型单元赋予"分解结构"属性值实现，属性值采用规范的层级单元编码格式，则可实现：

1）在 BIM 模型中筛选显示某（几）个层级单元实例所属全部构件（见图 2-14）。

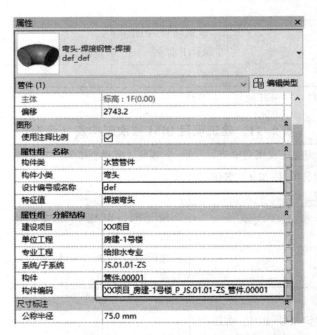

图 2-14　BIM 构件级模型单元"分解结构"信息示例

2）即便在非 BIM 环境下，其他计算机软件也可通过读取构件级模型单元"分解结构"属性值逆向"拼装"出子系统、系统……直至整个建设项目。

3）装配式建造场景下，计算机、人工或智能设备通过读取构件实体的编码信息，实现预制构件的运输、现场拼装等作业。

4）支持运维阶段模型查找和现场读码管理单个构件（设施设备）操作。

第五节　建成对象分解结构数字建造应用

一、建成对象分解结构造价应用

从本章第二节可知，工程分解结构的一大应用方向就是造价应用，国际国内较为成熟的工程分解结构就包括了 MaserFormat、UniFormat Ⅱ、NRM、工程量清单等造价分解结构体系。本节就建成对象分解结构在工程造价中的应用做进一步的分析说明。

（一）BIM 造价应用

自 BIM 技术开始应用于工程实践以来，工程建设行业就一直关注将该项技术应用于造价业务中，甚至有一种乐观（或对造价领域而言是悲观）的看法，即 BIM 将大部分地取代传统的造价工作，特别是实现"模成量清"——BIM 模型建成，工程量自然生成之后，专门的工程量计算作业将再无市场。但至少到目前为止，这种情况并未发生，很多造价人员从一开始的好奇，到现在彻底失去了对 BIM 的兴趣。本部分就 BIM 造价应用进行讨论。

1. 建模算量与 BIM

国内造价行业从 21 世纪初——也就是 BIM 从技术研究开始转入工程实践应用尝试之后不久——即开始了建模算量，算量软件一直发展良好，经过不断地技术迭代，现在已成为至少在房屋建筑和市政工程领域具有垄断地位的算量工具软件。而不可否认，建模算量实质上就是一种初级的 BIM 应用，而且触及了 BIM 技术的核心：对象化表达。建模算量软件已经实现了本章第四节所指出的：将点、线、面组成几何体的算法进行封装，因而也就做到了"模成量清"。

但建模算量并不是真正意义上的 BIM，算量所建模型基本上只能为算量所用，难以做到一模多用，自然也就不能称为数字建造。这其中的核心问题主要是——"避重就轻"。建模算量的核心目标是提高算量工作效率，其软件开发的出发点并不是准确完整的建成对象数字化映射。因此在实际算量作业中，建模计算效率高时，采用建模方法；效率不高的，则采用手算补充。由于算量模型完成算量即再无它用，没人会去改变这种工作方式，自然，算量模型就永远只是一个算量模型。可以通过规范的设计建模来改变这一现象，但由于 BIM 设计一直未能成为主流的设计方式，改变仍有待时日。

2. BIM 尚不能全面支持造价作业

图 2-15 是完整的工程量清单编制业务流程。分析整个流程可以知道，即便已有规范的建成对象 BIM 模型，使用基于 BIM 的算量软件，也仅能够实现对模型中已表达的单个构件的算量，而检索、汇总同类（同属于某个清单项）构件工程量形成清单项工程量的操作，在 BIM 模型单元属性表达的完整性和规范性不满足工程量清单项特征自动描述要求的情形

下，仍然只能依靠人工完成。例如，要识别一个属于《房屋建筑与装饰工程工程量计算规范》GB 50854—2013 中附录 E 混凝土及钢筋混凝土工程类的构件属于哪一个清单项目，需要以下信息：①该构件是哪一种类型（大类/小类，如现浇混凝土梁/非基础梁/矩形梁）；②该构件的混凝土种类；③该构件的混凝土强度等级。之后才能通过检索附录 E 给这个构件赋予一个分部分项工程量清单项目编码。如果 BIM 计量软件要实现自动编制这个构件的清单，则需将工程量计算规范的所有信息集成到软件中，并且编写判别项目类型、项目特征项及特征值的算法，这其中并未考虑综合单价分析中很可能需要用到的梁截面尺寸等其他参数。目前行业中暂未出现比较成熟的此类软件。

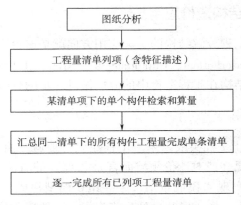

图 2-15　工程量清单编制流程

　　而在计价方面，BIM 也面临难题，主要是 BIM 模型并不能实现对所有计价项的建模表达。不能表达的内容包括：①无对应建成对象的纯工作项如挖土方；②不建模表达的建成对象如配筋、线缆、装饰细部做法等；③无对应建成对象的纯费用项如安全文明施工费等。这样的话 BIM 模型表达工程造价就不完整，在很多应用场景中满足不了造价管理需要。

3. BIM 在造价业务中的优势应用

　　虽然暂时难以支持全面的 BIM 造价应用，但是 BIM 技术已经逐渐在一些点上体现出了其优于传统手段的应用优势，主要包括：

　　（1）已有规范的 BIM 模型，可以利用模型输出已建模建成对象的工程量。虽然一般需要手工进行构件所属工程量清单项的匹配操作，但在已有 BIM 模型的前提下，可以不再进行算量建模。本项应用实现有一些限制条件：①BIM 模型创建较为规范；②最好使用一些基于 BIM 建模软件进行二次开发的计量软件（插件），确保满足工程量计算规范规定的扣减算法；③已经定稿并有可靠的"实模一致"施工保证措施的施工深化设计模型或经过"实模一致"复核的竣工模型，可较为真实地反映结算工程量。而且需要注意，在实践中用 BIM 算量插件计算出的工程量与专门的建模算量软件计算出的工程量结果可能会有差异。

　　（2）利用地形模型、地质模型计算土石方挖填工程量，进行土石方挖填平衡分析和调配，分析土石类别占比等。相较于传统的方格网法、三角网法、断面法等计算方式，BIM 地形、地质类软件一般均有强大的曲面数据处理能力，在数据支持的前提下，其计算过程更加便捷、计算结果更加准确。特别对于原始地势和（或）设计地势起伏较大且场地面积较大的建设项目而言，BIM 土石方计量和分析提升工作效率和保证成果精确性的作用较为明显。

（3）异型构造物的算量。对于异型构造物，如曲面屋顶、幕墙等，计算获取表面积等数据有较大的难度。而采用 BIM 参数化建模方法，模成量清，毫无困难。实际上，除了工程量计算，异型构造物的 BIM 模型还可以支持曲面板材的铺装方案设计，支持精准的加工制造级精细设计和现场拼装作业指导，真正体现数字建造不可替代的优势。

（二）造价指标体系

造价指标是近几年来工程造价行业的一个技术热点。工程造价主管部门、行业协会、造价咨询企业和工程建设行业其他相关企事业单位和个人，都有不少关于造价指标的研究和应用实践。本部分讨论造价指标与建成对象分解结构的关系。

造价指标主要应用于项目前期的造价估测，包括不同建设方案之间的投资比较。项目前期并不具备按照施工方式、原材料特征明细列项计算构件工程量来进行造价估测的条件，造价专业人员希望通过利用既有造价数据来分析估测拟建项目造价。造价指标库的建立就是响应此类需求的一项重要工作。

造价指标库的建立依赖于一套科学的造价指标体系设计。而盘点国内外通行的造价指标体系，可以总结出体系建立的要点。

（1）应建立通用可比较的造价分解体系，造价分解体系基本等同于计价对象（建成对象）分解层级体系。例如第二章介绍的 UniFormat Ⅱ、NRM1 体系。这个造价分解体系应当在较大的范围内形成共识，以便能够实现比较多的造价案例数据入库，形成统计意义。造价指标体系的建立不应孤立进行，而应尽可能地与设计、合同、施工等管理工作协同开展，理想的方式是以统一的建成对象分解结构体系为共同基础。一个值得注意的相关事件是：2020年 12 月，CSI（UniFormat Ⅱ 的制定维护机构）与 ASTM（UniFormat 的制定维护机构）共同决定将两套体系通过一个名为 CROSSWALK 的在线服务融合，以"使工程建设行业（从业各方）及建成设施业主（AECO）更加便利地相互沟通，最大化确保建设（过程的）准确、安全和经济效益"。

（2）应对每一个分解层级进行造价影响关键特征项设定。没有技术特征分析的造价水平分析是无意义的。造价指标体系采集入库的造价案例必须规范地进行造价影响关键特征项和造价指标对应录入，如表 2-12 所示。

表 2-12　建设工程造价指标采集表（示例）

编码	名称	核心技术特征	建筑平方米造价	分解单元造价占比
1	-工程总造价	a. 建筑物功能类型 b. 建筑物形式类型		
1.1	-分部分项	……		
1.1.1	-建筑装饰工程	a. 基础类型 b. 上部结构类型 c. 外墙装饰类型 d. 内装修档次		

续表

编码	名称	核心技术特征	建筑平方米造价	分解单元造价占比
1.1.1.1	+基础工程	a. 基础类型		
1.1.1.3	-地上建筑工程	a. 上部结构类型 b. 外墙装饰类型 c. 内装修档次		
1.1.1.3.1	-结构工程	a. 上部结构类型		
1.1.1.3.1.1	+钢筋工程	……		
1.1.1.3.1.2	+混凝土工程	……		
1.1.1.3.1.5	+砌筑工程	……		
1.1.1.3.1.7	+金属构件工程	……		
1.1.1.3.2	+建筑工程	……		
1.1.1.3.3	+室内装饰工程	a. 内装修档次		
1.1.1.3.4	+外立面装饰工程	a. 外墙装饰类型		
1.1.1.3.6	+屋面工程	a. 屋盖结构类型 b. 屋面板类型		
1.1.2	-安装工程	a. 空调系统类型		
1.1.2.1	+给排水工程	……		
1.1.2.3	+电气工程	……		
1.1.2.4	+暖通空调工程	a. 空调系统类型		
1.1.2.6	+弱电工程	……		
1.2	-措施项目	……		
1.2.1	+脚手架工程	……		
1.2.2	+混凝土模板及支架	……		
1.2.3	+垂直运输	……		
1.2.4	+超高施工增加	……		
……	……	……		

二、基于 BIM 的施工进度管理和施工质量验收

BIM 模型建立后，可在 BIM 模型上加载多维度信息，从而支持多项项目管理活动的开展，本部分主要讨论基于 BIM 模型的施工进度管理和施工质量验收。

（一）BIM 模型多维信息加载

最基础的 BIM 模型，映射的是建成对象设计信息，也就是构件几何信息（空间占位和空间定位信息）、构件材质信息、构件之间的系统组成关系信息，虽然已经超过 3 个维度，但一般习惯称为 3D 模型。

　　基于 BIM 模型的对象化特性，还可以在 BIM 模型上逐构件加载其他维度的信息，如单价信息（与根据构件几何信息衍生出的构件几何量信息一起即可形成构件造价信息）、施工进度信息、施工追溯信息（原材料、施工作业班组和作业流程）等。

　　BIM 模型加载多维信息的方式，长期以来工业基础类（IFC）理念占了主流。但是，IFC 过于理想化，实际上并未能真正实现广泛的应用。其复杂庞大的数据记录格式以及对信息加载操作的高要求，反而阻碍了 BIM 基于多维信息加载的多业务领域拓展。目前 BIM 多业务领域应用的趋势是 BIM 模型+BIM 协同平台的方式。也即，BIM 模型以表达 3D 信息为主，项目管理其他维度信息在 BIM 协同平台中另行加载，可以多模块甚至多平台加载，通过建成对象单元（BIM 模型单元）全局唯一性编码，实现 BIM 模型与其他维度信息的关联。

（二）BIM 施工进度模型

　　BIM 施工进度模型的核心是逐构件加载施工进度信息数据。施工进度信息包括 4 个值：计划开始时间、计划结束时间、实际开始时间和实际结束时间。通过这 4 个值，即可展示施工项目的虚拟形象进度，既有计划建造进度，也有实际建造进度，还能同框比较实际进度与计划进度的符合或偏差情况，见图 2-16。

图 2-16　BIM 施工进度模型示例

　　计划进度数据比较容易加载，但实际进度信息数据的加载则是一个实时动态的过程，只有真实的数据，才能反映真实的进度，而真实数据的加载是一个需要严密组织的多方协同过程。

　　需要说明的是，由于部分分项工程的施工进度管理必须分解到工序，例如现浇钢筋混凝土工程，（支撑+）模板、钢筋安装、混凝土浇筑分别为 3 个耗时显著且需要分别进行质量验收的分项工程工序，一般精度的 BIM 模型并不能做到分工序表达，而假如统一在现浇结构分项验收完成后再来表现"结束"状态，则稍显管理过粗。这是一个需要斟酌考虑管理精细度和管理成本的问题。

（三） BIM 施工质量验收

前文已述，施工质量验收是从检验批逐级汇总到单位工程的一个工作成果"组装"过程。无论是国家标准还是工程建设实践，目前对施工质量验收仍然采取传统的方式，线下流程所形成的各类验收表格是必经的程序。但基于 BIM 将施工质量验收从线下转移到线上，同时实现施工进度的真实记录，是非常值得尝试的一项工程项目管理信息化（数字化）升级措施，主要设想如下：

（1）提前建立 BIM 模型。将（拟）建成对象完全进行数字化表达，形成线上质量验收流程的数字"载体"。

（2）建立 BIM 协同管理平台，嵌入各层级质量控制基础资料上传及与构件关联、各层级质量验收记录表格线上填报及数字签名、质量验收层级结构关系等功能，完成质量验收线上流程梳理和功能部署。

（3）对质量验收流程关联各方，包括施工承包人、监理人、第三方检测机构、勘察设计单位、建设单位进行施工质量验收 BIM 线上协同培训，明确线上协同责任。

（4）向工程质量监督机构报告线上质量验收的方案，取得其支持，并力争其同意采取线上线下同步监督的方式开展项目工程质量监督业务。

（5）按既定方案完成线下线上结合质量验收，要点包括：

1）制订单位工程、分部工程、分项工程和检验批的划分方案，并在 BIM 模型中映射该方案。

2）检验批和分项工程验收。线下现场检查；线上（BIM 协同平台质量验收相关模块，下同）上报和审核资料，记录验收结论；在 BIM 进度模型中对完成验收的分项工程赋"实际结束时间"值。

3）分部工程验收。线下现场检查；线上核对所属检验批和分项工程验收结果，审核资料，记录验收结论。

4）单位/子单位工程（预）验收。线下现场检查；线上核对所属分部工程验收结果，审核资料，批准竣工验收报告，记录验收结论。

5）BIM 协同平台质量验收相关模块应具备符合归档要求的工程资料电子化查阅、电子文件输出、纸质输出的功能。

三、建设工程固定资产数字化交付

竣工工程资产交付是基本建设财务会计一项非常重要的工作。传统的建设管理模式下，此项工作十分烦琐且极易存在错误和不清晰之处。采用基于建成对象分解结构和 BIM 技术的数字资产交付，可为竣工工程转固工作带来极大的便利，并可支持交付资产的数字化运行管理和维护。

（一） 交付使用资产明细表的传统填列方式

各类组织一般都有固定资产管理的相关规定，往往要求"有物必登、登记到人、一物一卡、不重不漏"[财政部《关于加强行政事业单位固定资产管理的通知》（财资〔2020〕97号）]。建设工程竣工是建成对象由在建工程转为固定资产的开始，如果竣工交付使用资产登记不清，则会对后续的设施运行和资产管理带来很多困难。从精细管理的角度来说，除了房屋建筑工程中的土建、管道、线缆等建成内容因难以分割而适用合并列项整体交付方式，其他大量的设施应当单件、定值、定位、定人、建卡进行交付。但在实践中，竣工工程转固定资产交付往往存在下述问题：

1）除电梯等少量高价值大体量设施外，绝大部分非生产用需安装设施被并入建筑物作为一个大项笼统交付，"交付使用资产明细表"与"交付使用资产总表"承载信息颗粒度差别不大；即便有的项目进行了明细填列，也存在信息过于简单、账实对应不清晰等问题。

2）同类交付物合并列项，只有合计数量，缺乏单件定位信息。

3）固定资产卡片记录不详细，信息缺失导致后续资产和运行维护管理困难。

4）"交付使用资产明细表"漏记、错记现象难以完全避免，资产管理"先天带病"。

5）资产信息数据的组织方式原始，分类、编码不合理，后期查询不便。

表 2-13 和表 2-14 是一个竣工项目资产交付表的实例。从表 2-13 中（及未展示出的部分）可以看出，房屋建筑仅有很少几种设备（如空调机）被列入"需安装设备明细表"，大多数设备均被合并到房屋建筑中进行交付；即便空调机按单机列项，但每台设备信息一模一样，运行维护过程中难以实现用交付明细表来对应到具体设备。

表 2-13　传统方式的交付使用资产明细表（房屋建筑物）示例（局部）

编制单位：××建设指挥部				编制时间：2019 年 10 月 31 日		
栏次	房屋、建筑物名称	所在地	管理部门	使用部门	数量	建筑工程费
行次	1	2	3	4	5	6
四	行政区					
1	FOC 办公楼	行政区	综管部	××部	1	
2	综合宿舍楼 1 栋	行政区	综管部	××部	1	
3	综合宿舍楼 2 栋	行政区	综管部	××部	1	
4	综合宿舍楼 3 栋	行政区	综管部	××部	1	
5	综合行政大楼	行政区	综管部	××部	1	
五	综合辅助区					
1	行政辅助区综合楼	综合辅助区	综管部	××部	1	
2	值班室水泵房消防水池	综合辅助区	综管部	××部	1	
3	柴油发电机房	综合辅助区	综管部	××部	1	

表 2-14　传统方式的支付使用资产明细表（需安装设备）示例（局部）

编制单位：××建设指挥部

栏次	设备名称	规格型号	参数	供应单位/制造厂家	所在区域	存放位置	管理部门	使用部门	计量单位	数量
行次	1	2	3	4	5	6	7	8	9	10
169	分体柜式空调	KFR-120LW	$Q_1 = 12\text{kW}$，$Q_r = 13\text{kW}$，$N = 4.7\text{kW}$（220V）	××公司	服务中心	一层餐厅、二层餐厅包房	综合管理部	××部	台	1
170	分体柜式空调	KFR-120LW	$Q_1 = 12\text{kW}$，$Q_r = 13\text{kW}$，$N = 4.7\text{kW}$（220V）	××公司	服务中心	一层餐厅、二层餐厅包房	综合管理部	××部	台	1
171	分体柜式空调	KFR-120LW	$Q_1 = 12\text{kW}$，$Q_r = 13\text{kW}$，$N = 4.7\text{kW}$（220V）	××公司	服务中心	一层餐厅、二层餐厅包房	综合管理部	××部	台	1
172	分体柜式空调	KFR-120LW	$Q_1 = 12\text{kW}$，$Q_r = 13\text{kW}$，$N = 4.7\text{kW}$（220V）	××公司	服务中心	一层餐厅、二层餐厅包房	综合管理部	××部	台	1
173	分体柜式空调	KFR-120LW	$Q_1 = 12\text{kW}$，$Q_r = 13\text{kW}$，$N = 4.7\text{kW}$（220V）	××公司	服务中心	一层餐厅、二层餐厅包房	综合管理部	××部	台	1

（二）数字化改进后的交付使用资产明细表

数字化改进交付使用资产明细表是依托 BIM 技术，对交付资产明细中的需安装设备部分进行单件化、可视化表达，还可增加资产信息项，便于资产使用管理和设施运行维护管理。

（1）单件化表达。严格执行"一物一卡"的规定，所有交付资产项均单件表达，并有单件编码。可采取建成对象分解结构编码与固定资产编码相互映射的方式，既反映交付资产的功能系统从属关系，又符合资产管理的相关规则。

（2）可视化表达。对于建模资产对象，可通过分解结构编码、所在建筑空间、所属系统等多种方式，在模型中查找和可视化查看，包括其系统路由关系、所在空间状况、隐蔽遮挡情况、与其他设施的位置关系和系统关系情况等。

（3）增加资产信息项。通过建设过程和验收过程对资产信息的采集、存储，增加资产信息项，如设备参数、售后支持方式、使用说明书（电子文件）等。

图 2-17 和图 2-18 是资产数字化交付的示例。

（三）数字化运维支持

除了作为一项财务活动，竣工工程资产交付同时也是建成设施运行管理和维护的开端；数字化资产交付是交付设施数字化运行维护的基础条件。

（1）是交付时点的静态数字化。数字化映射建成对象实体的竣工 BIM 模型、加载在 BIM 模型中或通过编码与 BIM 模型实现关联的建成对象分解单元属性信息，能够支持运行管理和维护人员采用数字化手段全面掌握建成设施的情况。相较传统的实地踏勘、二维竣工图查阅、纸质或电子工程档案查阅，BIM 模型（关联多维度信息）查阅方式极为便捷，且对查阅者的专业背景要求相对较低。便捷性体现在：隐蔽设备和管道路由的查看，以及设备之间的系统关联关系查看等。

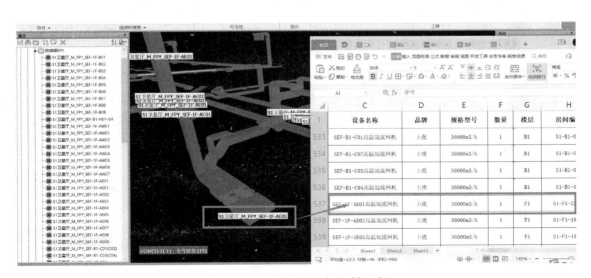

图 2-17　可视化资产交付示例

资产名称	规格及型号	供应单位	安装部位	单位	数量
空气处理机组	EKDM1417HE–KM19A28	XX机电销售公司	航管楼	台	1
空气处理机组	EKDM1214HE–KM19A28	XX机电销售公司	航管楼	台	7
空气处理机组	EKDM1013HE–KM19A28	XX机电销售公司	航管楼	台	6
空气处理机组	EKDM0606HE–KM19A28	XX机电销售公司	航管楼	台	1

资产名称	规格及型号	供应单位	安装部位	单位	数量
空气处理机组	EKDM1013HE–KM19A28	XX机电销售公司	航管楼203	台	1
空气处理机组	EKDM1013HE–KM19A28	XX机电销售公司	航管楼205	台	1
空气处理机组	EKDM1013HE–KM19A28	XX机电销售公司	航管楼208	台	1
空气处理机组	EKDM1013HE–KM19A28	XX机电销售公司	航管楼311	台	1
空气处理机组	EKDM1013HE–KM19A28	XX机电销售公司	航管楼312	台	1
空气处理机组	EKDM1013HE–KM19A28	XX机电销售公司	航管楼313	台	1

图 2-18　单件化资产交付示例

（2）运行管理和维护作业的动态数字化。借助数字运维软件，可以支持空间、设施巡检任务发布和完成报告，故障线上报修，设施修理或更换后的信息更新，用户信息管理和维护等数字化管理手段。如果再借助物联网系统和智慧运维软件，可以支持设施设备运行参数采集和分析，节能、消防、安全防护、房屋使用计划、人流/车流管理等智能建筑运行工作的开展。

第三章　基于 BIM 的工程造价数字化

第一节　工程建设数字化概况

一、工程数字化技术概况

工程建设数字化技术是将复杂多变的工程信息转变为可以度量的数据，再以这些数据建立起适当的数字化模型，把它们转变为一系列二进制代码，引入计算机内部，进行统一处理，以供工程建设各参与方快速按需检索信息，在短时间内实现信息共享。

二、BIM 与数字化

（1）BIM 的概念。BIM（Building Information Modeling，建筑信息模型）是利用数字模型对项目进行设计、施工和运营的过程。BIM 主要是利用 3D 建模技术建立起建筑工程项目的三维模型，并为之添加完整、实际的工程信息，使之成为包含设计意图、施工信息、材料信息、造价信息及运维数据等信息的三维实体，为设计师、建筑师、水电暖铺设工程师、开发商乃至物业维护等各环节人员提供"模拟和分析"的科学协作平台，帮助他们利用三维数字模型对项目进行模拟、协同、仿真、分析与管控，利用模型打破各参建方的数据隔阂。

（2）BIM 与数字化的关系。BIM 技术作为数字化载体，使得建筑业逐渐从传统的"物理世界"进入"数字世界"，是当今建筑业在建筑全生命周期内实现数字化的最快途径之一。通过 BIM 技术进行数字建模，实现真实建筑的"数字孪生"，贯穿于建筑全生命周期，从规划、设计、施工到建筑运营，打破时间和空间的限制进行建筑的设计、生产、模拟和优化，利用计算机进行高速的运算、分析和推演，直到达成最优方案后再进行现实实施，以实现最终高效、低成本的最优构思。BIM 作为连接实体建筑与数字建筑之间的技术桥梁，形成了建筑"数字世界"的相互促进、共同进化、共生发展，为建筑业的数字化转型提供土壤。

三、工程规划设计的数字化应用

工程建设数字化技术的融入使得传统建筑设计产生了改变，通过数字化技术可以提升设计者的主观感知，丰富设计者的理性认知，极大程度地提升了设计效率，对于建筑设计行业来讲无疑是一场革命。

数字化技术帮助建筑设计人员将传统创作思维进行创新重构，促进了设计方法的创新。数字化技术的应用，使建筑设计中空间不再是简单的画面，而变成了立体生动的动态结构，如虚拟现实技术（VR）可以使人身临其境感受建筑设计的效果，使建筑设计变得更加直观、丰富，让建筑设计更具有生命力和艺术性。

（1）计算机技术运用。数字化技术在规划设计中最直观的应用体现在将计算机技术与传统建筑设计相融合形成现代化建筑的设计模式。建筑设计师只需要在电脑上设计出草图，计算机软件便会按照设计师的需求进行调整，实现自动化分析并形成调整优化后的建筑工程设计方案，这不但缩短了建筑设计的周期，还能够通过对设计方案的参数化计算来进一步优化设计方案，节省人力及时间。

（2）设计指标分析。现代建筑设计对建筑产品整体性能提出了更高要求，传统建筑设计工作中由于受到设计技术、方法等因素的影响，使建筑设计师很难对建筑物的性能指标进行有效的控制，数字化技术的应用可以帮助设计师准确、高效地完成建筑指标分析。通过数字化技术先行在建筑落地实施前进行模拟和计算，进行如采光分析、声环境分析、照度分析、动态热模拟、能耗分析等模拟数据分析，提升设计方案的科学性和合理性。

（3）CAD技术。在传统设计中，建筑造型的设计构思是建筑师利用简单的示意草图来实现的，存在较大的约束性和局限性，通过数字化技术当中的CAD软件功能，建筑设计师在软件中绘制好三维空间、造型、质感以及色彩效果等构思，并将建筑真实环境和自己的构思进行有效的结合，可对建筑设计进行综合的研究考虑，同时建筑设计师还能够利用CAD软件进行设计量化，将概念设计较高效地转化为方案设计及施工图设计，实现设计意图可实施的目的。

（4）BIM技术。CAD建立在二维技术上，表现为二维图形，无法表示建筑某一特定的实体和其他元素。设计数据在CAD环境下得不到关联，当设计出现变更时，变更工作涉及范围较大，容易增加错误风险。BIM是通过数字技术进一步地模拟建筑物所有的真实信息，其信息内涵包括几何形状描述的视觉几何信息，同时还包括大量的非几何信息，如构件的价格以及材料的物理性能等。其不但包含了设计师的设计信息还涵盖了从设计到建成使用建筑全生命周期过程中的信息。BIM能及时、持续地提供上述信息的访问服务。提高了决策效率和其质量，最终达到提高建筑质量的目的，增加收益。

四、工程施工的数字化应用

工程施工数字化是用数字化手段的整体性去解决工程施工问题并最大限度地利用信息资源，使得在施工质量得到保障的同时可以达到高效的施工。它不仅仅指由计算机代替传统的手工制作报表，而且应用在多项事件及职能上，可以对施工进行全面性的控制。数字化施工运用数字化技术辅助工程建造，通过人与信息终端交互进行，主要体现在表达、分析、计算、模拟、监测、控制及其全过程的连续信息流的构建。其本质在于以数字化技术为基础，驱使工程组织形式和建造过程的演变，最终实现工程建造过程和产品的变革。

（1）虚拟建造。其核心与关键技术包括虚拟现实技术、仿真技术、建模技术和优化技术。在施工前对施工全过程进行仿真模拟，包括结构施工过程力学仿真、施工工艺模拟、虚拟建造系统建设等，在施工前通过大量计算机模拟和评估，充分暴露出施工过程可能出现的各种问题，并经过优化有针对性地加以解决，为施工方案的确定和调整提供依据，可以实现施工建造的综合效益最优。

（2）智能建造技术。智能建造技术是在工程建造过程中的各环节融入人工智能，通过模拟人类专家的智能劳动，取代或延伸建造过程中的部分脑力劳动或体力劳动。例如，在工程施工过程中，建筑机器人的应用可以通过与BIM技术集成，实现机器人预制加工指令的转译和输出，从而大幅缩短工期、降本增效。

（3）协同平台技术。施工是一个多学科领域的复杂过程，需要不同单位和部门的协同配合，包括工程需求的分析、设计方案的制订、施工单位的建造和项目的运行维护管理等。

在这个过程中，涉及资源整合、沟通理解、工作协调和工作标准等问题，这些问题往往影响着工程建造的效率和质量。协同平台技术通过数字化手段将资源、信息、流程等集中在平台上，方便各方查阅、使用和调度。这种技术可以协助解决上述问题，提高施工效率和质量。

五、工程管理的数字化应用

目前我国的工程项目在建设管理过程中，信息的流动主要采用手工统计数据、编制报表的方式，这种方式工作量大、效率低，难以保证信息的及时性和有效性。相比传统的人工信息管理，数字化管理具有网络化、智能化、信息数字化、可视化等优势。建筑工程施工中实施数字化管理可以将施工过程的所有数据录入信息化平台，运用现代电子设备，通过软件智能分析，对整个建筑工程开展监控、管理和预测。通过客观准确的数据分析，管理者不仅能全面且准确地掌控整个建筑工程的情况，还能及时了解到局部的运行情况，便于及时做出正确决策。

（1）进度管理。数字化模型可根据工程进度管理需求，添加各类工程事件的计划和实际发生事件、人员和设备数量及类别等信息，用于施工进度管理，辅助进行各级计划和重要节点控制计划等管理。同时，利用数字化技术可视化与模拟分析功能对工程项目的进度计划进行优化，动态模拟分部分项工程，同步查看关键节点形象进度。通过可视化的虚实对比，助力科学决策，实现项目工程进度的动态管理。

（2）质量管理。在工程建设过程中，可利用数字化技术，根据项目质量管理目标对质量管控要点进行精准管控。在设计过程中，可以利用数字化协同工具，确保设计各专业的设计信息准确、高效传递，避免各专业的错漏空缺，提高设计质量。在主体结构施工期间，可利用三维扫描技术对完工主体结构进行扫描，形成施工结构数据点云模型，与深化设计模型进行比对后，辅助结构工程验收；同时，可在移动端利用数字化模型，对机电管线管件安装、管路附件安装、现场施工质量问题等进行巡检，提升工程建造质量管理的精细化、智能化程度。

（3）安全管理。利用数字化技术，可对建设全生命周期人机料法环全生产要素进行事前模拟和实时监控，实现危险源的事前识别和动态管控。基于数字化模型对专项施工安全方案进行模拟、分析、优化，将各施工步骤、施工工序之间的逻辑关系直观地加以展示，用以现场施工人员安全方案汇报与可视化交底，提高施工安全可靠性。对现场大型机电设备的运行状态进行实时监测，构建实时连接、安全预警监测的管理体系，实现风险及时管控；同时可结合视频监控做到动态跟踪，远程监控；结合虚拟现实技术对现场作业人员进行安全培训，加强自我安全管理意识，以实现工程的科学化安全管理。

（4）成本管理。利用数字化技术，可以根据项目实际情况和成本控制需求，辅助开展动态投资、产值统计、工料统计、变更分析、计量支付，以及预算与决算等成本管理工作。利用数字化模型，依据清单规范和消耗量定额进行工程量统计，输出工程量统计结果，可作为工程成本管理的辅助依据。基于项目管理数字化平台，可结合实际情况分析投资动态趋势，对资源、资金计划进行动态跟踪与管控。

六、工程审批的数字化应用

数字化技术在建筑行业工程审批阶段应用，主要体现对参建单位在各阶段交付成果的合标性、合规性审核。如利用数字化平台进行方案审查，刚性管控分析，弹性指标调配，空间管控落实，辅助方案优选及规划决策等应用，提高规划审查的直观性、高效性和智能性。

（1）合标性审查。合标性审查是通过机器或平台对建设工程项目交付成果进行审查，判断是否满足相关交付标准要求的内容。如在概念设计、方案设计、初步设计、施工图设计阶段、施工深化阶段、施工阶段、竣工阶段中，利用 BIM 相关软件创建建筑信息模型时，应参照建筑信息模型交付标准、建筑信息模型技术标准、建筑信息模型存储标准等 BIM 数据标准体系要求，在各阶段的建筑信息模型，根据标准要求，创建对应的构件，添加对应的构件各阶段要求的属性，当参建单位交付建筑信息模型成果后，业主单位可通过机器审查是否满足相关标准中要求内容。在设计阶段、施工阶段、在施工管理阶段中，利用数字化平台实现交付工作时，应参照数字化移交规程/标准、建筑信息模型交付标准、建筑信息模型分类和编码标准等标准要求，在各阶段中，不仅按标准要求完成对应的建筑信息模型，还需要按照要求将各阶段的相关工程资料收集汇总，在数字化移交平台，将工程资料与建筑信息模型进行关联挂接。当参建单位交付成果后，业主单位可通过数字化平台审核是否满足相关标准中要求内容。通过合标性审查，数字化交付成果进一步保证了标准化。

（2）合规性审查。合规性审查是通过机器或人机结合对建设工程项目交付成果进行审查，判断是否满足国家、省级、市级等相关标准规范条文要求的内容。如设计单位在创建施工图设计阶段建筑信息模型时，根据相关的建筑信息模型交付标准、建筑信息模型存储标准、建筑信息模型技术标准等 BIM 数据标准体系，创建建筑墙体时，在模型中的墙体构件中需要增加耐火等级、耐火极限、墙厚等属性，根据建筑设计标准条文，对某些建筑或空间类型的墙体的耐火极限、耐火等级、墙厚都有具体要求，在创建模型时，设计单位应满足建筑信息模型标准体系要求同时需要按照建筑设计标准条文具体要求填写对应属性值，当设计单位交付成果时，业主可通过机器审查或人机结合审查手段审核出创建的建筑信息模型是否合规。通过合规性审查，数字化交付成果进一步保证了准确性。

七、工程运维的数字化应用

随着我国建筑业从高速发展阶段逐渐进入高质量发展阶段，运维作为实现建筑全生命周期高质量发展的重要途径之一，传统的手动、单点运维模式不论在工作效率还是实践成果都不能满足行业发展需求，传统运维模式已到达瓶颈阶段。数字化运维是通过 5G、云计算、区块链、物联网、建筑信息模型等技术手段，实现终端数字化、传输无线化、物联平台化、数据资产化、决策智慧化、管理可视化的运维管理方式，对建筑物的空间、设备资产、隐蔽工程、应急消防、节能减排等进行科学管理，对可能发生的灾害进行预防，降低运营维护成本。通常将物联网、云计算大数据等技术和 BIM 模型、运维系统与移动终端等结合起来使用，最终实现如设备运行管理、能源管理、安保系统、租户管理等场景应用。

在数字化运维中采用 5G 技术具有高速率、低时延和大连接特点的新一代宽带移动通信技术，是实现人、机、物互联的网络基础设施。采用云计算可以在很短的时间内（几秒钟）完成对数以万计的数据的处理，从而达到强大的网络服务。区块链是分布式数据存储、点对点传输、共识机制、加密算法等计算机技术的新型应用模式。采用物联网技术能实时采集任何需要监控、连接、互动的物体或过程等各种需要的信息，并通过网络将信息上传至云端进行分析处理。采用 BIM 技术，集成组织机构管理与楼层空间布置信息，实现在地图中动态查询各建筑地理位置，进而查询建筑楼层各区域划分，便于使用者快速定位查询相关单位，同时集成建筑、设备设施相关图片和相关说明信息，便于运维管理者直观真实了解建筑概况。

目前，国内行业中在数字化运维方面有先行经验的企业和单位，如中海物业从 2017 年开始正式上线推行 iFM 设备设施运维管理平台，并持续优化，将传统运维的线下业务流程进行信息化升级，打通运维过程中的各个环节，大幅提升人员工作效率和运维服务水平，达到了减员增效、提升建筑品质的目的。例如，中国华润大厦别名"春笋"，基于 BIM 运维平台，实现了空间与信息的结合，通过检索在模型视图中直观查看建筑的空间分布以及仿真效果图。在 3D 模型中更为清晰直观地反映每台机电设备、每条管路、每个阀门、每个智能化设备的情况；管理人员可以通过 BIM 模型直接查看系统所给出的提示，快速定位到需要进行事件处理的楼层及区域，获取对应的处理方案，实现事件快速有效的解决。万达慧云智能化管理系统将消防、安防、设备、运营和节能五大管理体系的子系统综合集成在一个操作平台上的建筑智能化系统，以提升运维效率，保证运行品质，降低运行能耗。慧云系统将应用及数据库统一集中于总部云端，实现基于所有开业万达广场的大数据采集和分析，和统一的软件升级维护。

工程运维正在向以数字化业务为中心的统一智能化运维管理转型，为管理方提供数据驱动的设备监测、维护管理、能源管理、环境管理、数字化决策等一系列服务，达到提升管理效率、优化业务流程、控制预见性风险、提高建筑管理水平的目的。

第二节　基于 BIM 的工程造价

一、基于 BIM 的工程造价应用场景

BIM 技术作为一种建筑及基础设施物理特性和功能特性的数字化表达，能够实现建筑工程项目在全生命期各阶段（包括决策、设计、施工、运维等）、多参与方（包括业主、设计方、施工方、分包方等）和多专业（包括建筑、结构、给排水、供暖通风、电气设备等）之间信息的交换和共享。当前 BIM 技术正在引领和促进建设领域一系列技术及管理方法的创新，推动着传统的行业行为模式和管理方式的深刻变革。

通过 BIM 应用，建筑项目的信息能够在各阶段实现无障碍共享、无损耗传递。BIM 模型能够为建筑项目全过程中的造价成本管控提供可靠的信息基础，从而降低项目成本，提高施工质量和效率。不同阶段 BIM 模型的应用场景介绍如下：

（1）决策阶段的应用场景。项目前期决策是项目建设全过程的初始阶段，对整个工程的影响率高达 70%～90%，前期决策与规划对项目的成功实施有着重要影响。BIM 技术能够将项目方案在可视化的三维场景下进行对比分析，实现项目方案的比选的直观和高效。

BIM 技术能够对不同设计方案进行三维模型构建，实现建筑主体结构、景观环境、光照情况、冷热舒适性等指标的分析计算和效果展示。通过对项目各项形体参数、主要造型材料参数、项目规模、功能等进行规划与分析；BIM 技术能够确定项目方案设计并根据拟建项目的建设方案确定各项工程建设内容及工程量；BIM 技术通过多维建模手段（三维模型、时间阶段、进度划分、施工模拟、成本聚类等）进行真实化虚拟建造，准确有效地实现各个

方案的预估算统计，将各种方案的实施进行生动、具体、清晰的可视化呈现。BIM 应用不仅在方案选择方面用数据选择最佳的工程质量与工程利益，更在成本预算及利益最大化的造价技术方面提高预算效率。

（2）设计阶段的应用场景。在设计阶段，利用 BIM 技术开展建筑工程造价管理工作，主要是通过构建信息模型对每个要点进行准确分析，为成本造价的合理控制提供可靠保障。设计阶段可以根据模型和相关信息，对项目的建筑、结构、设备以及场地等相关内容，对工程项目成本进行前期的预测控制，使工程项目的整体造价，在涉及的多个专业和工种中能够在同一水平上实施，防止在计算成本造价阶段产生冲突。

项目设计阶段，BIM 应用主要通过建立各专业 BIM 模型进行方案分析和筛选，可以对比和协调建筑外部环境和内部功能布局。BIM 的可视化功能能够对设计方案效果更具真实感受和沉浸式体验；在建立 BIM 模型的基础上，可以同时优化设计成果，进行特殊设计方案的专项论证和模拟，进一步提高项目设计方案质量。

由于建设项目功能和构成的复杂性，传统二维设计方法经常出现设计的错漏碰缺，造成后期的设计变更，进而引发的投资浪费和进度拖延等问题。BIM 技术的应用可有效提高设计方案质量，减少设计变更。在设计阶段，常常会出现资源分配不均匀的问题，可以通过 BIM 应用对项目中的构件、设备、管线等进行碰撞检查；利用模型对图纸内容进行审核对比，将建筑、结构、给水排水、供暖通风、电气设备等多专业的模型进行整合，并自动分析空间上的重叠部位，甚至可以根据施工要求，找出过于靠近、不便于施工的设备及管线，将施工问题在设计阶段就给予解决，减少返工事件，提高资源利用率，达到有效控制成本造价的目的。

在设计阶段，BIM 应用主要有两种模式，分别为"二维传统设计"和"三维正向设计"。"二维传统设计"模式下，设计人员采用传统的二维图纸设计方式，之后由 BIM 服务人员依据二维图纸在电脑中创建三维模型，再对模型进行设计效果验证并提出修改意见，设计人员根据意见对设计图纸进行修改，之后 BIM 人员再根据设计图纸对模型进行修改，直至设计完成，BIM 模型也随之完成。"三维正向设计"模式是设计人员直接在三维环境中对工程项目进行设计，其成果直接为三维 BIM 模型（完成设计的同时完成了 BIM 验证），通过模型自动生成二维图纸作为设计成果交付件。目前"二维传统设计"模式仍是 BIM 主要应用模式，但随着三维设计软件的完善以及设计交付标准的修订，相信"三维正向设计"终将成为设计人员主要的工作模式。

（3）招投标阶段的应用场景。在项目招投标过程中，BIM 技术的应用可以帮助建设工程各参与方得到更加客观准确的工程量数据，从而在后续项目成本计算和管控方面提供基础数据。建设单位可以将拟建项目的 BIM 模型作为招标文件的一部分，让投标单位可以利用设计模型快速获取正确的工程量信息，并与招标文件中的工程量清单进行比较，从而制定更好的投标策略。通过 BIM 的计量功能，工程量计算过程可以摆脱人为因素的影响，提高准确度和可靠性，避免清单漏项、错算等情况的发生。

在已有 BIM 工程量的基础上，结合市场信息价、定额等，可以计算出各分项的综合单价，并快速编制出准确的招标控制价，帮助业主留出足够的时间来制定招标文件的相关条款，减少因清单漏项、错算而给投标单位进行投机取巧的报价行为，从而实现利益最大化。

（4）施工阶段的应用场景。辅助项目施工是 BIM 技术应用的重点。施工阶段是工序最多、参与人员最多、工作量最大的阶段，施工阶段的工作直接关系到工程进度、质量、成本管控目标的实现。

BIM 技术在施工阶段应用，首先是在设计模型的基础上，结合施工现场实际情况，对设计模型进行细化、补充和完善，进行施工深化。其次，结合 VR 技术，对复杂施工方案、复杂节点施工顺序进行方案模拟，可帮助工人直观地理解施工过程中的关键环节，对在实际施工过程中有可能出现的问题采取切实可行的预防措施。再次，利用 BIM 可视化特点进行施工技术交底，可方便施工各参与方快速了解总体施工方案，加强对施工难点的实施细节掌握，以提高工程质量、工作效率和施工方案的安全性。最后，通过 BIM 模型的及时更新，为管理层提供实时动态、准确、完整的工程信息，实现高效协同与共享。

此外，在项目的施工阶段，基于 BIM 技术的 5D 管理平台可有效实现对项目施工过程中的质量、进度、安全、成本进行有效管控，提升生产效率、预防安全事故、提高施工质量、控制施工进度和建设成本。BIM 5D 是在 3D 建筑信息模型基础上，融入"时间进度信息"与"成本造价信息"，形成了由 3D 模型+1D 进度+1D 造价的五维建筑信息模型。它集成了工程进度信息、质量安全信息、工程造价信息等，精细化对接施工管理过程中发生的设计问题、进度问题、质量安全问题、成本等问题，通过平台的数据统计提供对资源、人员合理化协同化安排。同时还可帮助建设各方在线上协同评审图纸和模型，集成项目全过程各项文档资料信息（模型文件、图纸文件、会议文件等）。BIM 5D 平台的实施可最大化提升施工阶段的项目管理水平。

（5）竣工阶段的应用场景。竣工结算阶段工作的开展主要是对建筑工程项目整体造价进行结算，明确成本资金的实际使用情况，从而对造价管理水平及效益进行评价。该阶段通过 BIM 模型与现场实际建成的建筑进行比较，可以极大地提高竣工阶段的工作质量及效率。竣工验收人员可通过 BIM 模型，直观地掌握整个工程的建造情况，既有利于对使用功能、整体质量进行把关，又可以对局部进行细致的检查和验收。

在竣工过程中，涉及的造价管理资料是非常多的，造成关联的资料庞杂，工作量极大且编制困难，单据存在不完整等情况，容易使项目最终结果"失真"。因此，BIM 技术的运用能够使整个建设项目的资料收集变得更加高效完整。由于竣工 BIM 模型集成了设计方案、施工方案、施工进度、质量、成本、单据资料等全面项目信息，能够让结算人员直观、动态地掌握整个工程的情况，从而有效提高结算与决算质量，减轻工作强度，增强审核、审定透明度。此外，竣工 BIM 模型还可被后期的运维管理单位使用，为运维管理提供有力保障。

二、BIM 标准

国内外对于 BIM 的信息交换都制定了相关的规范和准则。国际 BIM 专业化组织 buildingSMART 最早提出了 BIM 领域的三个的标准：数据语义（Terminology）、数据存储（Storage）和数据处理（Process），此后该分类被 ISO 等国际标准化组织采纳，逐步形成了三个基础标准，分别对应为国际语义字典框架（IFD）、行业（工业）基础分类（IFC）和信息交付手册（IDM）并由此形成了 BIM 标准体系。国际上根据应用深度的不同将 BIM 标准体系分为核心层和应用层两个部分。核心层是围绕 IFD、IFC、IDM 等进行核心数据描述概念的定义和拓展；应用层是直接面向用户数据应用和数据的各项标准，包括工程量提取、冲突检测等数据应用的规范和标准。

　　住房和城乡建设部于 2012 年 1 月发布了《关于印发 2012 年工程建设标准规范制订修订计划的通知》（建标〔2012〕5 号），之后陆续发布了 6 项有关 BIM 的国家标准，分别为《建筑信息模型应用统一标准》GB/T 51212—2016、《制造工业工程设计信息模型应用标准》GB/T 51362—2019、《建筑工程信息模型存储标准》GB/T 51447—2021、《建筑信息模型设计交付标准》GB/T 51301—2018、《建筑信息模型分类和编码标准》GB/T 51269—2017 以及《建筑信息模型施工应用标准》GB/T 51235—2017。

　　《建筑信息模型应用统一标准》GB/T 51212—2016 是我国对于 BIM 应用的最高标准。该项标准对建筑工程建筑信息模型在工程项目全生命周期的各阶段进行统一规定，包括模型的数据要求、模型的交换及共享要求、模型的应用要求、项目或企业具体实施的其他要求等，其他标准应遵循统一标准的要求和原则。

　　《制造工业工程设计信息模型应用标准》GB/T 51362—2019 主要参照了国际 IDM 标准，面向制造业工厂、规定了在设计、施工运维等各阶段 BIM 具体的应用，对于该领域中的 BIM 设计标准、模型命名规则、数据交换、模型的拆分以及简化规则都进行了详细的规定和要求。

　　《建筑信息模型分类和编码标准》GB/T 51269—2017 是对于基础数据分类和标准制定的标准。由于建筑信息模型中涉及大量的非数值（如材料信息）信息，因此需要对分类和编码标准进行统一的规定，以满足建筑信息数据互用以及模型存储的要求。

　　《建筑工程信息模型存储标准》GB/T 51447—2021 规定了模型信息应该采用什么格式进行组织和存储。如建筑师在利用应用软件建立用于初步会签的建筑信息后，需要将这些信息保存为某种应用软件提供的格式，还是保存为某种标准化的中性格式，然后分发给结构工程师等其他参加者，对应于国际 BIM 数据模型标准中的 IFC 标准。

　　《建筑信息模型设计交付标准》GB/T 51301—2018 是建筑信息模型的交付执行标准，规定了在建筑工程规划、设计过程中，基于建筑信息模型的数据建立、传递和读取，特别是各专业之间的协同、协作，以及质量管理体系的管控、交付等过程；规定了总体模型在项目生命周期各阶段应用的信息精度和深度的要求；规定了各专业子模型的划分，包含的构件分类和内容，以及相应的造价、计划、性能等其他业务信息的要求。

　　《建筑信息模型施工应用标准》GB/T 51235—2017 是对建筑信息模型在施工应用中各阶段具体的应用标准，包括 BIM 应用基本任务、工作方式、软件要求、使用规范等，该标准对应于国际 BIM 模型 IDM 标准。

　　以上各类标准为工程造价数字化奠定了基础。

三、基于 BIM 的工程造价计算方法（方法、流程、工具）

1. 基于 BIM 的设计与模型建立

　　BIM 在工程造价中的应用首要前提是基于 BIM 模型的设计与建立。由于造价 BIM 应用是在 3D 模式下，所以它实现了设计成本的一体化，将成本数据整合到设计模型中，实现了后期的工程造价计算与管控。利用 BIM 进行设计主要分为 BIM 建模标准确定、BIM 模型建立与 BIM 模型审查三个重要步骤。

　　（1）BIM 建模标准确定。BIM 建模标准是影响设计 BIM 模型能否直接用于计算获得满足造价要求成本工程量的关键因素。需将后续成本算量应用要求进行系统梳理，包括模型的拆分、各类构件的命名原则、所需添加的构件属性等，添加到 BIM 建模标准中，使得建模人员在建模之前就熟悉相关要求，从而减少或避免不必要的模型返工和修改。

（2）BIM 模型建立。BIM 模型建立是 BIM 应用的重要基础工作，BIM 模型建立的质量和效率直接影响后续应用的成效。设计阶段 BIM 模型建立主要有两种方式：一种是根据传统二维设计图纸进行计量模型创建；另一种是三维正向设计，直接运用三维设计软件进行设计，设计成果即为 BIM 模型。

在进行 BIM 正向设计时，可利用 Revit 等软件直接进行设计阶段的模型创建，在二次构件等模型补充与调整时可利用基于 Revit 等二次研发软件等进行辅助，模型完成后进行 BIM 出图。对于二维传统设计的 BIM 三维建模，可利用建模软件对二维图进行翻模（模型创建）。模型创建可通过选择样板文件，对图纸进行识别建模，并进行手动构件补充，然后进行模型调整。BIM 模型创建流程见图 3-1：

图 3-1　BIM 模型创建流程

现阶段部分建模软件能够实现 BIM 建模，并以智能识别为主、手工建模为辅，能够快速生成携带算量信息的建筑、结构、装饰、电气、暖通、给水排水等专业的 BIM 模型，可对已有模型进行批量调整、快速标注辅助出图，能够大大提高建模效率。

此外，族作为 BIM 建模的基础单元，保证其设计上的有效性和可重用性是提高 BIM 建模效率的有效手段之一。一些建模软件还提供了云族库功能，可从云族库中获取全专业的族文件到客户端。族库资源的合理管理和有效利用，可大幅度减少手工模型创建时间，有效提升建模效率。云族库式样见图 3-2。

（3）BIM 模型审查。BIM 模型建立后，其是否准确、能否满足后续成本算量要求，需要对模型进行审查。由于 BIM 模型的构件数量都是以万或 10 万为单位，如果全部采用人工审查，工作量无疑是巨大的。BIM 模型的审查可利用 BIM 审模软件进行，可以大幅度提高审模质量和审模效率。BIM 模型审查主要包含图模一致性审查、模型质量审查以及国家要求的强制性条例和规则的符合性审查等。

1）图模一致性审查。图模一致性审查是确保二维图纸和三维模型一致进行的审查。因为目前设计交付标准还是二维图纸，因此三维 BIM 模型必须与二维图纸保持一致，否则"两层皮"的 BIM 模型是无法真正用于后续应用的。BIM 审模软件的基本思路为：导入图纸，提取图层信息，将图纸与模型进行对比，对比内容包括尺寸、位置等信息，保证模型与图纸一致以及模型中无缺漏项等。

2）模型质量审查。模型质量审查，包括对模型的图形审查与做法审查。其中：图形审查包括剪切审查，判断柱、梁、墙、板等构件与其支座之间的剪切关系；模型尺寸审查，针对构件的实际尺寸与模型参数是否一致；构件重叠审查，对重复构件、重叠构件的检查等。

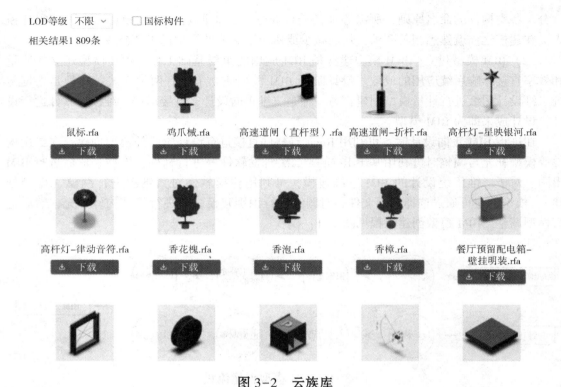

LOD等级　不限　∨　　□国标构件

相关结果1 809条

鼠标.rfa　　　　　　鸡爪槭.rfa　　　高速道闸（直杆型）.rfa　高速道闸-折杆.rfa　　高杆灯-星映银河.rfa

高杆灯-律动音符.rfa　　香花槐.rfa　　　　　香泡.rfa　　　　　　香樟.rfa　　　　餐厅预留配电箱-
　　　　　　　　　　　　　　　　　　　　　　　　　　　　　　　　　　　　　　　壁挂明装.rfa

图 3-2　云族库

做法审查是根据模型构件类型，对构件中的所有属性及做法数据进行审查，审查后可根据属性值进行颜色区分，以方便快速查看或指导后续施工。模型的图形审查与做法审查均可利用BIM 审模软件完成。

3）强条自动审查。不同专业有不同的"强制性条例"（简称"强条"），强条审查是根据国家强条规则对模型进行检查，并输出不符合强条规则的模型信息，保证模型符合相关规定。如建筑部分内容见表 3-1。

2. 基于 BIM 的工程量计算

利用 BIM 模型自动计算工程量，可以大幅度节省造价人员的人工和工期。在设计阶段，由于成本算量工期大幅缩短，使得限额设计真正成为可能。在招投标阶段，工程量计算完全通过 BIM 模型计算，可大幅度地减少人为因素影响，使工程量数据更加客观。另外招标方可将 BIM 模型提交给投标方进行工程量核对，将更多精力用于体现自身竞争实力的投标方案和投标报价上。

要实现通过 BIM 模型自动计算工程量，相关专业软件的支持必不可少。现阶段市场上已有基于 Revit 二次开发的算量软件实现基于 Revit 平台的土建、机电、钢筋全专业工程量计算。

（1）土建及机电工程量计算。基于 BIM 技术的工程量计算软件可直接利用 Revit 模型，根据国标清单规范和全国各地定额计算规则，完成对建筑、结构、装饰、机电等专业的计算汇总，并输出相应工程量，且计算结果可直接连接计价软件和 BIM 5D 软件，供计价和施工管理应用。基于 BIM 模型的算量主要分为工程设置、模型映射、套用做法与分析计算四个步骤（省去了工作量最大的建模工作）。BIM 算量流程见图 3-3。

表 3-1　国家强条规则示例

序号	任务编码	专业	顺序号	模型编号	标准原文	检查项
1	QT-SJ-02-JZ-001	建筑	1-1	1.1	【强条】1.1 设计总包单位必须编制《消防设计专篇》，图纸必须列表注明楼梯疏散宽度、疏散楼梯个数及首层疏散宽度。疏散宽度必须符合万达安全管控要求及国家规范，并提供疏散宽度计算表	【强条】楼梯个数及疏散宽度检查
2	ZX-SJ-01-JZ-001	建筑	1-1		地下人防门门框应按图施工，满足活动门槛安装要求；无人防项目直接通过（检查原则：随机抽查 5 处）	人防门门活动门槛安装要求
3	ZX-SJ-05-JZ-001	建筑	1-10		与道路垂直的机动车出入口与道路之间应按施工图预留缓冲空间，缓冲空间的长度不小于 6m（检查原则：随机抽查 3 处）	机动车出入口及动线
4	ZX-SJ-05-JZ-002	建筑	1-11		非机动车停车设施位置，规模与签批总图一致（检查原则：不少于 2 处）	非机动车设施
5	ZX-SJ-05-JZ-003	建筑	1-12		严寒地区堆积门按图施工检查：严寒地区地下车库汽车坡道应设置双道防寒快速堆积门，在第一道堆积门内侧设置热风幕。两道堆积门之间的距离应满足错时开启的要求。（检查原则：随机抽查 3 处）	严寒、堆积门、热风幕
6	ZX-SJ-05-JZ-004	建筑	1-13		汽车坡道入口应按施工图施工，若设置雨棚，其造型和材质应与施工图图一致（检查原则：随机抽查 3 处）	汽车坡道入口雨棚
7	ZX-SJ-05-JZ-005	建筑	1-14		室内步行街公共区域挡烟垂壁应按图施工，如设计要求设置挡烟垂壁，应设置为可升降式。（检查原则：随机抽查 5 处）	挡烟垂壁

续表

序号	任务编码	专业	顺序号	模型编号	标准原文	检查项
8	ZX-SJ-05-JZ-006	建筑	1-15		所有公共卫生间（餐饮包间卫生间除外）与公共部位衔接处及卫生间内严禁设有台阶、踏步。（检查原则：随机抽查 3 处）	公共卫生间禁设台阶
9	ZX-SJ-05-JZ-007	建筑	1-16		高层建筑的外窗不得采用任何形式的外平开窗。无高层时直接通过（检查原则：随机抽查 10 处）	高层外窗设置
10	ZX-SJ-05-JZ-008	建筑	1-17		步行街公共区、通往公共卫生间、垂直交通核，金街的通道通过其他顾客经常经过的区域，不应设置常闭防火门（检查原则：随机抽查 10 处）	常开防火门
11	ZX-SJ-05-JZ-009	建筑	1-18		以下防火门应按施工图设联网门禁：1）通向室外的防火门 2）通往疏散通道第一道常闭防火门 3）KTV、院线等封闭管理业态管理边界的防火门 4）上人屋面防火门（检查原则：随机抽查 10 处）	防火门
12	ZX-SJ-05-JZ-010	建筑	1-19		层面预留立面外墙清洗悬挂点数量、位置应与施工图一致（检查原则：随机抽查 5 处）	外墙清洗悬挂点
13	QT-SJ-02-JZ-002	建筑	1-2	1.3	【强条】1.3 主要出入口标高，必须满足 15 年一遇的防涝设计要求。同时高于相邻城市道路标高不小于 0.75m。入口前不应设台阶，通过缓坡与城市道路相连，坡度不大于 3%，多雨地区坡度不小于 1%	【强条】主要出入口标高
14	ZX-SJ-01-JZ-002	建设	1-2		地下超市降板区应按图施工，降板范围应与签批方案相符；无地下超市直接通过（检查原则：共 1 处）	超市降板区范围

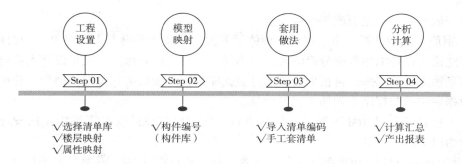

图 3-3 BIM 算量流程

1）工程设置。在工程量计算前，首先需要对项目的工程量计算依据进行设置，选择清单库，确定项目的清单工程量计算依据、计算规则、工程量输出等信息，然后将 BIM 模型中的楼层进行映射、将 BIM 模型属性与算量属性做映射，保证工程量输出的准确性。

2）模型映射。基于 BIM 模型的算量的第二步是进行模型映射，即根据 Revit 模型中的族、族类型名称与算量构件对应。设计建模时，由于设计要求不同，设计师对所建模型构件的族、族类型命名有所不同，如命名为"矩形-柱-500×500"或"KZ-500×500"等，计量时就要求将 BIM 模型中的族类型名称与算量构件名称做匹配映射，将设计所建的"矩形-柱-500×500"或"KZ-500×500"等族类型名称映射成算量软件中可根据规则计算工程量的"柱"或者"框架柱"等的算量模型。

3）套用做法。套用做法，就是对模型构件挂接"清单或定额"，通过对模型构件进行清单的套用，可实现 BIM 模型构件与清单条目之间的关联，由于清单的每条项目都有计算该条项目工程量的计算规则，套做法相当于给一个构件模型制订工程量计算规则和工程量归并条件。这样在工程量计算时，软件将按照模型构件关联的清单，依照工程量计算规则与工程量归并条件来计算构件工程量，并将工程量计算结果填写到清单的工程量计算式中，清单归并条件填写到清单项目特征中。

4）分析计算。对 BIM 模型进行模型的设置、映射与套用做法后，通过分析 BIM 模型中的构件，结合工程设置的清单定额计算规则以及工程量计算输出内容，即可计算出模型构件的工程量。在工程量计算前首先需要根据实际需求对工程量计算规则进行调整。工程量计算规则是模型构件在计算工程量时，处理构件之间的计算依据。在 BIM 模型中，各构件之间都是相互关联的，如板搭接在梁上、梁搭接在柱上、柱立在基础上、基础立在桩基上。各构件之间相互搭接、相互依赖才形成了一个建筑物整体。因此各构件之间会相互交错，在计算工程量时就会出现构件之间谁扣减谁增加的工程量计算方式，即工程量计算规则。根据设置的清单或定额的不同，工程量计算规则是不同的，工程量计算前应根据建设项目实际情况，如建设地点、工程专业、体量等对计算的建设项目进行工程量计算的计算规则制订，计算之后应对工程量输出的结果进行审核和调整，保证工程量输出内容与实际需要一致。

在对模型进行工程量计算规则与工程量输出设置后，即可对模型进行汇总计算并导出报表。对 BIM 模型中的构件，按照工程量计算规则以及工程量输出设置的要求，计算出构件对应的工程量，同时对这些工程量按工程量汇总的条件进行工程量合并，最终形成所需的实物量成果、清单成果、定额成果等报表。

（2）钢筋工程量计算。由于钢筋模型体量太大，因此几乎没有人会在 Revit 软件上进行真正钢筋建模，而是采用数模分离的方式对钢筋工程量进行处理。方式是设计人员将钢筋按照平法信息输入到数据库，再根据需要通过数据库数据生成局部三维钢筋模型，造价人员就可根据数据库中的数据用于钢筋工程量计算。

钢筋工程量可利用 BIM 钢筋算量软件进行，同时根据设计院是否采用正向设计，又进一步细分为以下两种方式：

1）基于正向设计的 BIM 钢筋工程量计算。对于正向设计 BIM 模型，由于其属性已自带钢筋信息，可利用此信息，结合钢筋平法规则，完成对钢筋工程量的计算汇总，输出报表。正向设计 Revit 模型钢筋工程量计算分为打开模型、钢筋转换与汇总计算三个步骤。

第一步：打开模型，确认打开的 Revit 模型中已包含有钢筋信息。流程见图 3-4。

图 3-4　正向设计 Revit 模型钢筋工程量计算步骤

模型中的钢筋信息见图 3-5。

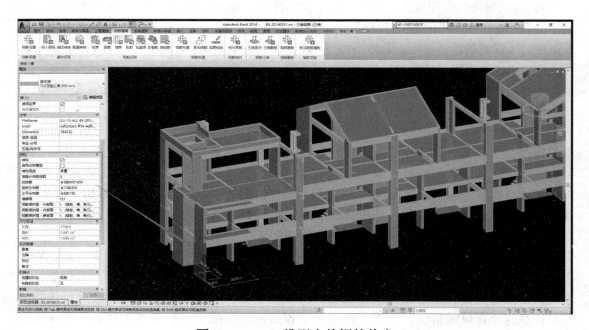

图 3-5　Revit 模型中的钢筋信息

第二步：钢筋转换，将 Revit 模型构件中的钢筋属性信息转换为模型构件的钢筋布置信息见图 3-6。

图 3-6 Revit 模型钢筋信息转换

第三步：计算汇总，对钢筋计算汇总，输出钢筋工程量，可查看报告或查看构件的钢筋三维效果，见图 3-7、图 3-8：

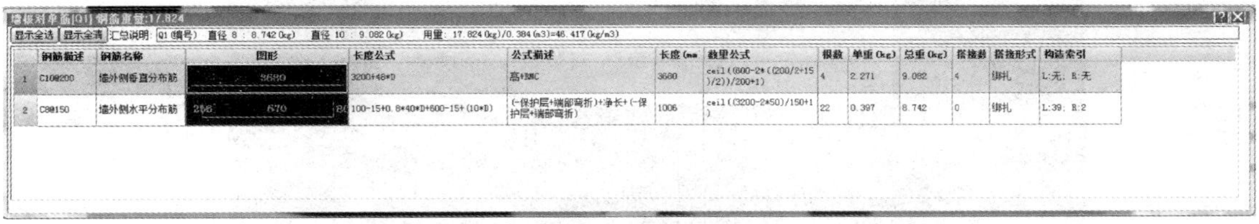

图 3-7 Revit 模型核对单筋工程量

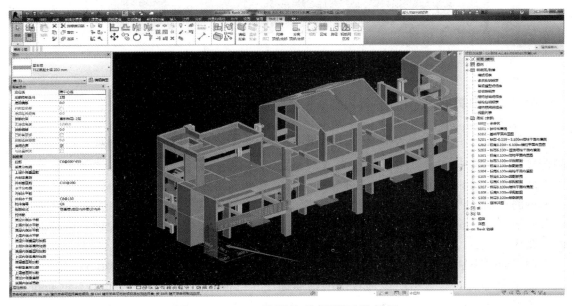

图 3-8 Revit 模型构件钢筋三维效果

2）基于二次建模的 BIM 钢筋工程量计算。对于设计验证 BIM 模型，则需利用 Revit 钢筋算量软件首先对 Revit 构件进行钢筋建模，此时，钢筋工程量计算需要分为导入图纸、钢筋建模与汇总计算三个步骤。钢筋工程量计算流程见图 3-9。

图 3-9　钢筋工程量计算流程

第一步：导入图纸，将包含钢筋信息的图纸导入 Revit 平台。导入图纸见图 3-10。

图 3-10　导入图纸

第二步：钢筋建模可采用钢筋识别或钢筋布置两种方式。

a. 钢筋识别。

描述转换：由于字体原因，需将图纸中不可识别的钢筋符号转换为算量软件可识别的钢筋符号。如图纸中的%%130 需转换为 A 级钢筋,%%131 需转换为 B 级钢筋,%%132 需转换为 C 级钢筋等。钢筋描述转换见图 3-11。

钢筋识别：将图纸上的钢筋信息写入模型构件的 RVT 属性中，同时生成钢筋标注和钢筋布置信息。目前柱、梁、墙、板等四大主体构件基本通过此种方式快速建模。钢筋识别界面见图 3-12。

钢筋通过识别（就是将图面标注转换为软件的计算信息），结果就成为图 3-13。

b. 钢筋布置。对于不能识别转换的钢筋标注，可根据图纸对构件进行手工钢筋布置。钢筋布置对话框见图 3-14。

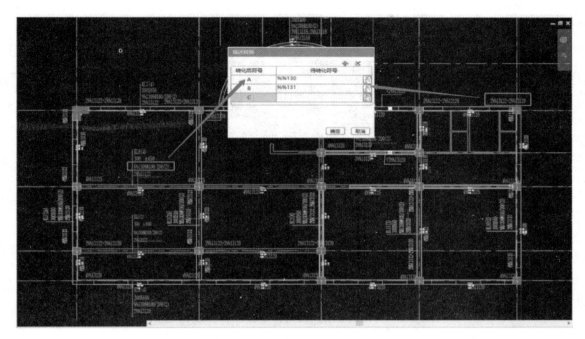

图 3-11　钢筋描述转换

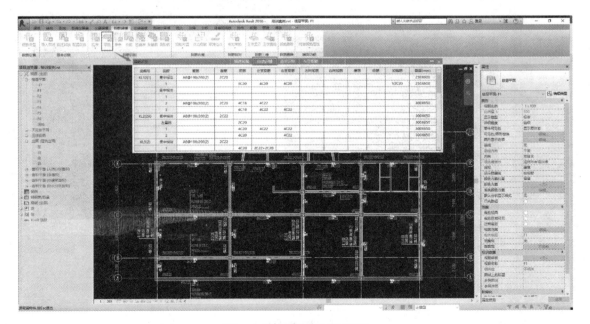

图 3-12　钢筋识别界面

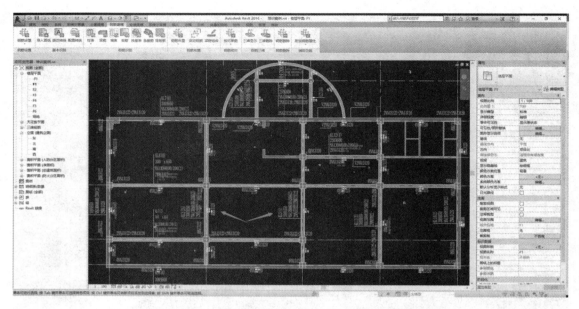

图 3-13　钢筋识别后构件（已含有标注信息）

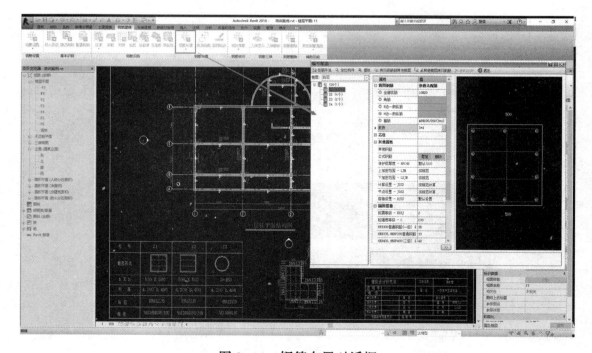

图 3-14　钢筋布置对话框

在完成钢筋建模后，即可实现对钢筋工程量的计算，可以查看构件的钢筋三维效果和输出钢筋工程量的汇总报表，见图 3-15~图 3-17。

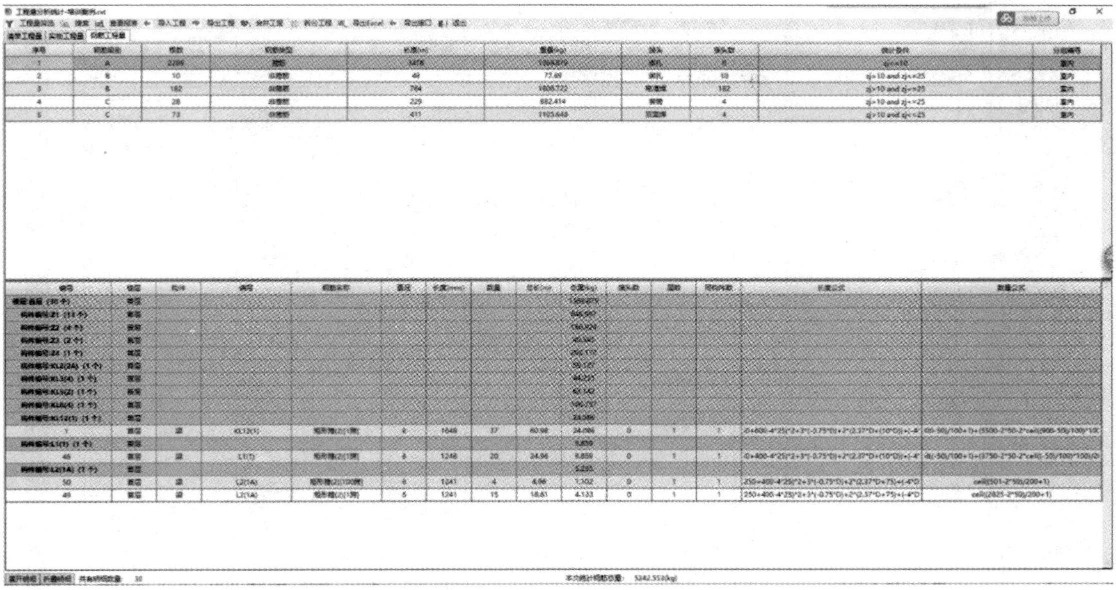

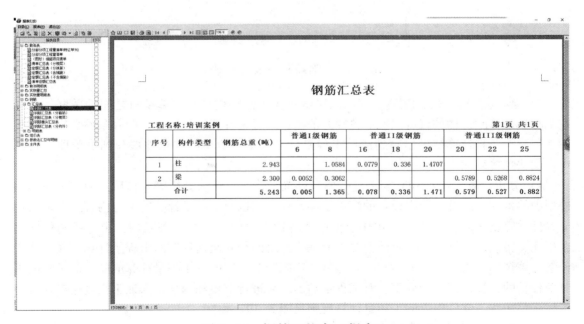

图 3-15　钢筋工程量预览界面

图 3-16　钢筋汇总表（报表）

钢筋汇总表

工程名称：培训案例　　　　　　　　　　　　　　　　　　　　　　第1页　共1页

序号	构件类型	钢筋总重（吨）	普通I级钢筋		普通II级钢筋			普通III级钢筋		
			6	8	16	18	20	20	22	25
1	柱	2.943		1.0584	0.0779	0.336	1.4707			
2	梁	2.300	0.0052	0.3062				0.5789	0.5268	0.8824
	合计	5.243	0.005	1.365	0.078	0.336	1.471	0.579	0.527	0.882

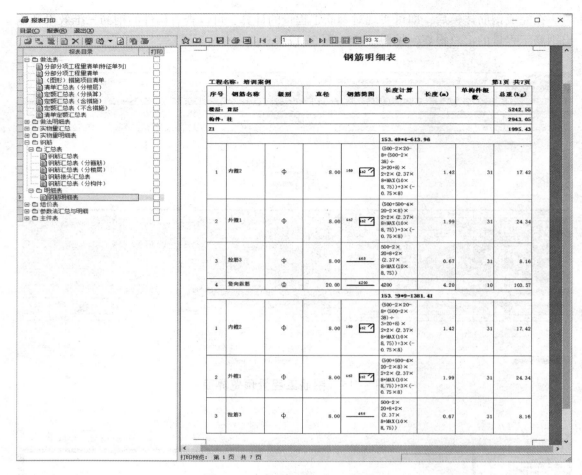

图 3-17　钢筋明细表（报表）

　　3）套用做法（做法挂接）。套用做法就是实现模型构件与清单条目之间的关联，这样在工程量计算时，构件就可以按照关联好的清单工程量计算式与工程量归并条件，来计算构件工程量，并将计算结果填写到清单工程量计算式中，清单归并条件填写到清单项目特征中。做法挂接界面见图 3-18。

　　4）分析计算。在对 BIM 模型进行模型设置、映射与做法套用等操作后，通过分析 BIM 模型中的构件，结合工程中设置的清单定额计算规则以及工程量计算输出等内容，即可对模型构件计算出所需工程量。在 BIM 模型中，各构件之间都是相互关联的，由于各构件之间会相互交错，在计算工程量时就会要求明确构件之间相互交错位置的工程量计算方式，即工程量计算规则。根据定额的不同，工程量计算规则是不同的，工程量计算前应根据实际需求对工程量的计算规则进行调整，对工程量输出结果进行审核和调整，保证工程量输出内容与实际需要一致。软件内置的工程量计算规则见图 3-19。

　　软件内置的工程量输出设置见图 3-20。

　　在软件中创建好模型并挂接好做法后，即可对模型进行工程量分析计算和汇总并导出报表。分析计算对话框见图 3-21。

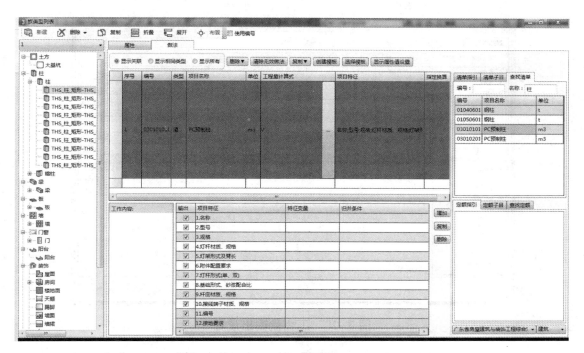

图 3-18　做法挂接界面

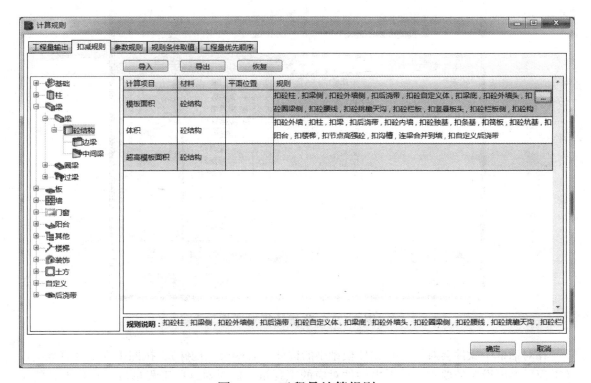

图 3-19　工程量计算规则

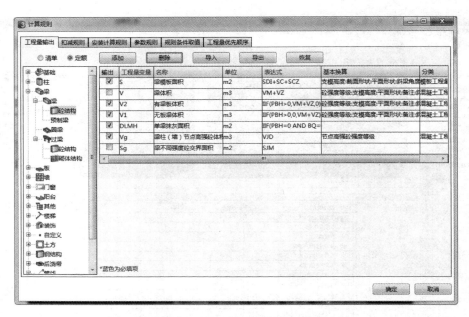

图 3-20 工程量输出设置

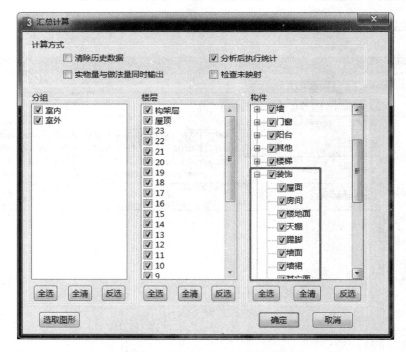

图 3-21 分析计算对话框

在对话框中软件会对勾选的 BIM 模型中的构件（含楼层、构件），按照工程量计算规则以及工程量输出设置的要求，计算出构件对应的工程量，同时对这些工程量按工程量汇总的条件进行工程量合并，最终形成所需的实物量成果表、清单成果表、定额成果表等报表，见图 3-22、图 3-23。

图 3-22　实物工程量报表

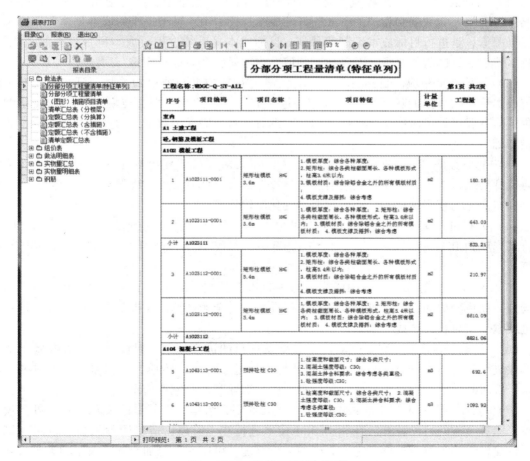

图 3-23　清单工程量报表

四、基于 BIM 的工程造价管控（方法、流程、工具）

BIM 模型集成了施工过程中多种参数、多维度业务信息，因此能够在项目施工的全过程中提供详实可靠的技术经济信息，能够动态、准确地进行各时点的成本管控。BIM 技术将工程造价从业人员从繁重的算量、对量、审核工作中解放出来，使工程管理人员能够抽出精力和时间对价格组成、成本管理等工作进行更加深入的研究，实现以最少的时间进行多维度统计、分析和决策，保证了多维度成本分析的高效性和精准性，以及成本控制的有效性和针对性，促进工程造价行业整体水平的提升。

基于 BIM 技术的成本管控主要体现在工程管理全过程的动态成本管控。基于 BIM 模型的动态成本是以 BIM 模型为信息载体，将进度计划、成本算量、计价数据等信息进行集成，监控实际成本与计划成本情况，管控进度款、变更签证、结算支付等。通过在施工过程中将项目的实际成本及时统计与归集，与目标成本进行对比分析，实时获得成本的超支情况，及时找出成本超支原因并采取针对性的成本控制措施，从而将成本控制在计划成本内。

基于 BIM 技术的动态成本管控主要有以下几个流程：

（1）目标成本制订。目标成本是在项目投标成本的基础上，结合建筑工程项目的实际情况，借助相关的数据和相关的资源制订的成本目标。BIM 模型提供的成本预算数据以及相关的资源信息是进行目标成本编制的基础。目标成本是后续过程对成本科目管控的基准线，是成本管控的具体阈值要求。对于超过阈值的成本科目及时进行预警。

（2）量价数据集成。目标成本制订后，通过 BIM 模型与清单的关联，可实现模型中构件与成本价格的数据关联，实现"模型—量—价"三者的数据交互与集成。对 BIM 模型集成相关信息后可通过对模型构件的结构化筛选看到对应的成本数据，为多维度查看成本数据提供基础。

（3）变更签证管理。在动态成本管控中，需要对项目的变更签证进行管理，将变更数据与模型集成，结合模型显示变更前后差异数据，自动计算变更工程量与变更金额，实现对项目成本变化的直观展示，以完成对成本变化采取管控。

（4）人材价差调整。清单综合单价可根据合同约定结合市场价格变化进行更新计算，并将其集成到 BIM 平台系统中，项目在进度款、结算款支付时可按当前市场价进行智能结算。

（5）工程计量支付。基于 BIM 模型与项目进度计划、清单、工程量的关联关系，结合市场价、项目变更的因素，可自动进行工程计量支付金额计算，依据某个时间段综合计算项目进度款、结算款，形成明细表。

（6）进度产值分析。进度产值计划是根据项目的进度计划，对设计、采办和施工的各项作业进行产值数据分析，依据 BIM 模型与项目进度计划、清单、工程量、完工量的关联关系，按时间维度进行实时计算项目计划产值、实际产值等成本信息。

（7）竣工结算。基于 BIM 模型与项目进度计划、清单、工程量的关联关系，可实现最终竣工结算金额的自动计算。在利用 BIM 技术进行竣工阶段，造价管理人员可以对建筑工程项目建设中的各类数据信息进行深度的分析整理，可以实现更加对项目成本预算与实际资金使用的科学对比，全面地发现项目实施过程中成本管控的各项问题。

第三节　基于 BIM 的工程造价案例

一、某建设单位的数字化成本管控系统

1. 项目情况介绍

该案例为政府采购项目，是为了满足政府机关及企事业单位对工程造价数据的积累和应用需求，采用人工智能和大数据技术实现工程造价数字化的管理和维护平台。项目的主要目的在于帮助政府部门实现标准数字化的成本管控，通过对数据采集、数据查询、指标体系、指标分析计算模板、材料设备分类与编码的数字化集成，实现对各建设项目标准的数字化管理和维护。该项案例通过对工程造价数据采集、清洗、整理、分析、入库及数据库的数字化维护，综合应用工程造价大数据技术，实现投资估算、造价审核、回标分析、造价数据查询对比分析等功能，优化企事业单位构建工程造价数据的采集分析，提升企事业单位工程造价编审效率和造价管理水平。

2. 案例介绍

本项目以大数据和人工智能技术为技术手段，以技术经济指标体系、材料设备分类标准等为业务规则，构建数据加工数学模型，并建立数字化的工程成本管理平台，实现工程造价数据采集、深度挖掘和应用业务场景需求；提供数据输入、输出标准接口，和其他相关业务系统实现数据互联互通。

3. 案例的数据系统介绍

本案例的功能是通过构造工程造价数据系统，实现对历史数据进行分析、整理和入库。具体数据系统包括案例库、指标库、材价库、典型清单库。

（1）案例库：包含工程造价原始文件，解析后的结构化数据。为指标分析计算和造价数据在编审业务中的复用提供数据支持。

（2）指标库：包括指标分析计算、技术经济指标的查询功能。为投资估算、造价审核和决策分析提供数据支持。

（3）材价库：基于人工智能的语义识别技术，对材料设备进行自分类管理，提取材料设备的规格、型号、品牌等信息，材价库包含材料设备的历史工程价、人工询价记录、信息价。为造价编制、造价审核、造价估算和投资决策提供数据支持。

（4）典型清单库：应用基于人工智能的语义识别技术，将清单项目特征标准化，从历史工程中提取典型清单子目及清单子目的组价定额、主材、综合单价等重要信息。为造价编制、造价审核和造价估算提供数据支持。

4. 应用情况

该案例中的数字化管理平台通过对项目的数字化记录、查询、管理和维护，实现了高效的投资估算、市场化计价、智能化造价审核以及回标分析等应用，具体情况介绍如下：

（1）投资估算：基于人工智能的算法，以历史工程技术经济指标、材价库为数据支持，根据拟建项目的工程特征、规模等信息，快速估算拟建项目工程造价。

（2）市场化计价：支持"去定额"市场化计价模式，以历史工程合同价、结算价为参考依据，应用基于人工智能的语义识别技术及综合单价的计算算法确定清单综合单价及工程

造价。

（3）智能化造价审核：以历史工程造价数据库为参考依据，应用指标审核法、重点审核法、对比审核法等方法辅助工程造价审核。

（4）回标分析：通过报价合理性分析、不平衡报价分析、投标人历史报价对比分析以及投标人之间的报价偏离度分析等方式，找出报价的不合理项，辅助判断围标、串标嫌疑，并自动输出回标分析报告。

5. 小结

本案例中政府管理部门采用了人工智能和大数据技术，通过系统数字化的转型和升级，分析整理了近 5 年完工项目的全过程造价数据，建立了案例库、指标库、工程材价库、典型清单综合单价库，为后续项目的造价编审、造价估算提供了数据基础。该数字化管理平台实现了造价数据的积累和工程造价编审业务一体化结合，在造价编审业务中可查询使用历史工程造价数据，造价成果数据可自动进入工程造价数据库，避免了造价数据积累、分析和造价编审业务"两张皮"的应用现状。系统提供了基于大数据和人工智能技术的造价估算和市场化计价功能，适应造价改革的发展需求。该案例中通过出现数据互联互通，有效避免了数据重复录入，保证了数据的一致性，同时为决策和业务审批提供了数据支撑。平台架构见图3-24。

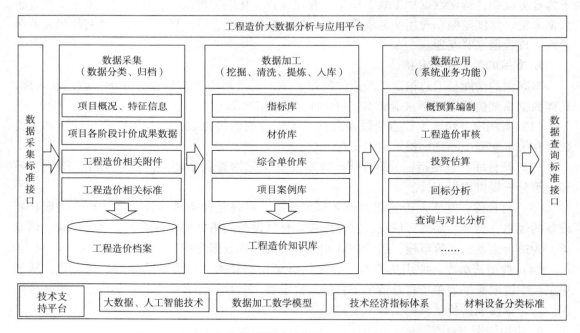

图 3-24　工程造价大数据分析与应用平台总体架构

二、某地产公司的智能清单系统

1. 项目情况介绍

该地产公司既有的工程成本管理工作建立在基于 Excel 格式的工程量清单招投标报价模板上。使用 Excel 作为招标清单编制、标前估算、投标报价和商务标清标的工具，解决了成本基于工程造价编制业务的基本需求。但由于 Excel 自身功能的限制，其工作效率、智能化程度已不能适应该地产公司现有信息化管理水平的需要。目前该单位的成本管控业务存在标准不完善、执行不规范；简单、重复工作量巨大；上下游数据穿透不够，管理难度大；缺少知识积累，不便业务持续改进；数据不能共享，不便于协同工作五大痛点。智能清单系统的建立，将实现以建设项目投资决策分析为目标，以建设项目工程目标成本的确定和管控为重点，应用 BIM 和大数据技术实现在项目立项后的投资分析和投资控制。

2. 案例功能介绍

该智能清单系统为企业提供标准数据化平台，支持建立和维护企业标准，将相关标准数据化，满足用户自维护和支持和业务信息化的要求，为企业一线人员提供成本业务执行平台，辅助管理层进行投资决策分析，实现成本知识库管理以及数据共享，为后续业务提供数字化的平台支持。该案例的智能清单平台主要具有以下功能：

（1）建立企业标准。通过建立企业清单标准库、清单编制作业模板、技术经济指标体系，建立企业招标清单编制、标前估算、商务标清标规则及输出格式标准。

（2）提升工作效率。应用企业标准库、历史项目造价成果数据库，定制研发系统功能，提升招标清单编制、标前估算、商务标清标、指标分析计算的工作效率和质量。

（3）改善过程管理。实现工程造价编、审过程管理和与 EAS 系统无缝对接，规范作业流程；系统提供计价成果数据在线浏览、综合查询功能，为决策分析提供技术平台和数据支持。

（4）积累专业知识。采集各阶段计价成果数据，实现结构化存储，为造价业务提供基础数据支持；提取技术经济指标等数据，实现数据共享。

3. 应用情况介绍

该案例中主要包括了五个系统：清单管理平台系统、在线计价客户端系统、投标报价客户端系统、工程清标子系统以及数据维护子系统。

（1）清单管理平台系统。主要具有项目信息管理、清单文件在线浏览、成本数据库等功能。项目信息管理主要对接集团主数据平台的项目信息，按业务组织、项目管理清单文件从招标清单到合同审批的各版本文件，按业务组织、用户权限（即用户在系统中对清单文件的编制、审批、查询）范围。参与内容主要有对项目信息、清单文件在线浏览、成本数据库等。其中项目信息功能主要通过关联主数据管理平台添加项目，从主数据管理平台读取项目信息，将集团、区域、城市公司、具体项目信息这些信息同步到清单系统，实现项目信息与项目特征（指标）信息、楼栋特征（指标）信息等查看。

清单文件在线浏览功能实现在 Web 页面，按业务组织显示清单文件列表，浏览清单文件详细信息，清单等。

成本数据库主要是在招标清单编制、标前估算、商务标清标、造价审核业务过程中，自动建立结构化的造价数据库，可在线查询、使用历史数据，为 EAS 审批流审批推送招标清单、标前估算、技术经济指标等数据在线浏览连接，无需下载附件，可直接在线查看造价数据，可选择不同版本造价文件，一键对比数据差异。

（2）在线计价客户端系统。主要包括招标清单编制、标前估算、指标分析计算等功能。

招标清单编制功能：该功能实现标准清单、业务模板一键调用，应用招标清单业务模板、企业标准清单库，满足招标清单快速编制要求；可一键计算技术指标，套用指标分析模板，按业态自动计算工程量技术指标；可一键分析工程量的合理性，按区域、业态查找历史工程，和历史工程同业态指标对比分析，输出偏差率。并实现了应用招标清单业务模板、企业标准清单库，编制清单文件，将数据存储于服务器，可多人协作完成清单文件的编制、审核工作，记录历史版本和操作记录，方便追溯清单文件修改过程。

标前估算功能：该功能能够实现一键调用历史合同价，按地域范围、按时间维度、物业类型筛选历史工程定标价或合同价，作为参考数据；自动计算估算参考价，按设定的权值，根据历史工程参考数据，自动计算各项清单的标前估算参考价；修改实际估算价，默认使用参考价作为实际估算价，也可人工修改实际估算价。

指标分析计算功能：该功能能够实现套用指标分析模板，按业态自动计算技术经济指标；按物业类型、楼栋输出总包工程技术经济指标；按功能分区、户型输出批量精装工程的技术经济指标，实现项目技术指标的查询与对比分析。

（3）投标报价客户端系统。实现锁定招标清单不可修改数据内容，确保招投标数据一致性，投标人只需填报清单价格信息，系统自动计算清单综合单价及投标总价。能够一键校验报价完整性，提供数据校验功能，避免报价漏项，或补充清单不完整性问题，一键导入澄清答疑清单，未调整的清单项不需重复报价，相同清单统一报价，清单的子目名称、项目特征、单位相同的情况下可统一报价。

（4）工程清标子系统。工程清标子系统能够进行单标段与多标段的清标，具备投标单位简称分析、回标情况分析、硬件特征码分析、标书符合性检查、报价相似度分析、报价合理性分析、投标报价对比分析、定标澄清报价对比分析、清标报告输出等功能模块。其主要作用包括：通过硬件特征码、报价近似度分析，自动识别围标、串标嫌疑；自动识别和招标清单不一致项，分析投标人增补清单对投标总价的影响；从造价汇总、分项报价，不同维度分析投标报价的合理性，辅助判断不平衡报价；一键对比标前估算、各投标人各项报价数据，包括工程总价、分部分项清单、措施项目、主要综合单价、主要材料等；可选择投标人历史工程报价清单，参与对比分析，辅助判断报价的合理性；自动集成清标结果数据，按设定的评定标报告模板一键输出评定标报告。

此外，当一个招标合约，包含多个标段时，即可启动多标段清标。多标段标书符合性检查汇总信息能够汇总输出投标单位多个标段增补清单总数量、增补清单总价，及占投标报价百分比。报价相似度分析，对汇总信息能够两两对比投标单位报价数据，检查输出同一标段清单单价相同的清单子目数及占比，检查输出清单单价同规律性变化（表现为单价按比例变化或按相同增量变化）的清单子目数及占比。投标报价对比分析能够汇总多标段报价，对比总价偏差。

（5）数据维护子系统。数据维护子系统建立了企业标准清单库，可按版本建立企业标准清单库，按集团、区域授权维护管理功能；建立招标清单业务模板可按集团、区域公司建立招标清单业务模板；建立技术经济指标分析体系，可自维护指标分析模板和指标计算规则。

数据维护子系统可对下列内容进行管理和维护：

1）标准清单维护。标准清单维护功能可对企业建立的标准清单库，区域公司补充清单。集团标准清单库，由集团成本部维护、发布，区域公司不能修改集团标准清单，可按区域增补清单。

2）清单模板管理。清单模板管理功能能够按集团、区域、业态、专业维护清单模板文件，分集团清单模板和区域清单模板，集团清单模板由集团维护，各区域公司均可使用，区域清单模板，由区域自主维护，仅本区域可使用。

3）计价数据库管理。计价数据库管理功能能够将各阶段计价成果文件（包括招标工程量清单、标前估算文件、投标人报价文件、工程造价结算文件）归档后，形成结构化数据存入计价数据库，为标前估算、变更签证造价审核、结算审核、工程清标提供数据服务。

4）指标模板维护。指标模板维护功能能够按业主集团标准清单体系，构建金地集团指标分析模板，可实现指标自动计算，也可自维护，包括指标开项、指标计算规则。

4. 小结

该案例中的智能清单系统通过建立企业清单库数字化平台，完成成本业务招投标全流程，包括：招标清单、标前估算、投标报价、清标等的数字化改造，并在此基础上实现了指标分析计算、指标查询等功能。该案例的智能清单系统的应用提升了其成本管控的工作效率，并实现了数据成果积累的结构化存储，为企业后续项目提供基础数据支持，有效解决了业主单位目前成本管控工作工序复杂、数据来源多的痛点，提升了该单位的信息化管理水平。

三、某业主工程项目的 BIM 咨询案例

1. 项目概况

该案例为位于粤港澳大湾区的核心区域，项目总建筑面积 28.9 万 m^2，建筑高度为 393.9m。主体功能为总部办公，同时包括部分文化设施及商业、餐饮功能。建筑地上 75 层，地下 6 层，地下室深度 37.1m。项目基坑开挖深度 42.35m，是国内房建最深基坑项目。该项目遵循国内超过 350m 的超高层项目或大型公建项目聘请 BIM 顾问进行项目管理的规定。

2. 项目重难点

（1）项目现场施工重难点。项目场地地质条件复杂，地表下存在 1.5~5.5m 厚的淤泥层，以及约 10m 厚的填石层，项目要在如此复杂的土地上打下直径 3m、最长长度 40m、最深孔深 82m 的 35 根工程桩。

（2）项目管理重难点。

1）不易协同协调。参建单位包括建设单位、承建单位、监理单位、咨询单位、设计院、分包单位等众多单位和人员，协调协同困难。

2）项目工期紧。项目预计 2024 年建成，设计耗时 3 年，剩余不到 4 年时间细化设计方案、建模、施工等众多工作。

3）项目资料归档困难。项目文档众多，且版本难以管理，经常出现文件版本不对的情况。

4）现场数据无法及时反馈。现场基坑、施工情况、环境、扬尘等具体数据无法及时反馈，存在延迟。

5）成本超支风险大。由于项目周期长存在很多未知因素，无形中增加成本超支风险，也无法实时了解当前成本收支情况。

3. 项目需求

该项目需要通过建立 BIM 协同管理平台,实现从设计到施工阶段的设计图纸、BIM 模型等与设计相关工作的文档存储、文档共享、问题沟通、任务处理的协作管理工作,实现对工作进度计划、质量和安全的日常管理。需要结合三维可视化模型,实现精准的动态过程成本管控,通过与合同、产值、变更等结合进行进度与成本联动,同时通过将 BIM 协同管理平台与企业现有的信息系统对接,实现数据与流程的互联互通和全生命周期管理。在该项案例中 BIM 协同管理平台的主要需求包括文档管理、模型管理、设计协同管理、进度计划管理、质量管理、安全管理、成本管理、工程算量管理、管理驾驶舱等。项目的具体管理目标如下:

(1)保证项目进度。

(2)提高参建各方协同效率。

(3)制定文档归档标准、要求,提升文档质量及归档效率。

(4)建立基于 BIM 的项目管理平台,加装现场监控、检测设备接入平台。

(5)制定成本收支汇报策略,及时掌握成本收支情况。

系统总体架构。为了满足该案例的业务需求,案例中对业务流程进行了优化,提高了项目参与各方 BIM 技术的应用效益。其中涉及单位有业主单位及外委参建单位,其中业主单位包括下属的指挥中心、管理及监察中心、建筑设计院、装修设计院、地区公司工程部、信息化中心;外委参建单位有施工单位、设计单位、监理单位、BIM 咨询单位等。系统功能主要涉及业务领域有文档管理、模型管理、设计管理、进度管理、质量管理、安全管理、成本管理等,主要分布在设计阶段和施工阶段。

为了满足上述需求该 BIM 协同管理平台共包含 Web 端和 App 端两部分功能,Web 端功能主要包括项目总览、文档管理、模型管理、设计协同、进度计划、成本管理、质量管理、安全管理、工程算量、任务管理、会议管理和管理驾驶舱功能,App 端功能主要包括进度管理、质量管理、安全巡查和报表统计功能。

系统总体技术架构按照分层架构进行设计,包括用户层、应用层、应用支撑层、数据资源层、基础设施层。用户层主要包括内部用户和外部用户,内部用户包括业主监理、业主设计院、业主指挥部、业主信息部,外部用户包括施工单位、外委设计院、BIM 咨询单位、监理单位等。应用层主要面向系统用户提供相关业务功能,主要包括项目管理、文档管理、模型管理、设计管理、进度管理、质量管理、安全管理、驾驶舱、成本管理等。

应用支撑层为统一应用支撑平台,包括统一组织机构和权限管理、业务组件、工作流引擎、报表工具等。数据资源层纳入统一数据中心,包括文档管理业务数据、进度管理业务数据、质量管理业务数据、安全管理业务数据、成本管理业务数据等。基础设施层为利用恒大已有的基础设施资源,包括主机服务器、存储及备份设备、网络交换设备、安全设备及系统支撑软件。协同管理平台总体功能见图 3-25。

4. 项目应用情况介绍

该案例中研发的 BIM 协同管理平台具有项目资料管理、BIM 模型管理、设计管理、进度管理、任务管理、质量管理、安全管理、虚拟建造、成本管理以及驾驶舱显示的功能,各部分功能介绍如下:

(1)项目资料管理。项目资料管理主要实现对项目资料的分类管理,对上传的文件能

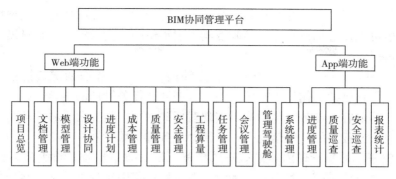

图 3-25　BIM 协同管理平台系统总体功能

够实现在线预览，并对文件访问进行权限控制，主要包含文档管理与成果管理功能。文档管理的主要功能是进行文件的存储、分发等，可以对上传的文档进行编号、更新等操作。文档管理功能实现了项目全生命周期的文档分类管理，包括但不限于各专业设计文档、施工文档、会议纪要等，将 Word、PDF、JPG 等常见文件格式文件的在线预览，二维图纸、三维模型无插件在线预览与编辑、下载和传阅等。成果管理是管理人员可通过成果管理功能对文档管理中的文件发起成果下发流程，将对应的文档转入成果管理进行储存或管理。实现成果文件的版本升级流程审批；实现认证区文件的查询、筛选功能；实现版本升级流程的查看、审批；成果文件的查看、下载等。

（2）BIM 模型管理。模型管理主要实现模型的自由组合，实现三维模型的浏览、轻量化浏览等功能，模型管理主要通过模型组合功能来实现。模型组合功能实现三维可视化模型导入，支持多角度的三维模型浏览，实现空间漫游、三维剖切、缩放、旋转、移动等操作，可根据专业、楼层、构件等查看与浏览，包括每个构件的详细信息；可进行查看模型的标注、视图等信息；支持并实现移动端轻量化三维模型浏览；可将三维可视化模型与对应二维图纸的关联，通过操作二维图纸可快速定位到三维模型；可针对三维可视化模型通过平台或设计软件、插件导出二维图纸；实现碰撞检测、设计方案论证、导入国家标准设计规范等。

（3）设计管理。设计管理主要包括设计审核、设计变更、共享交流、方案与施工图报审等内容。

设计审核功能可实现对有关模型以及管理模型的查看、筛选、查询、在线预览、删除、进行碰撞检测、查询碰撞点、新增、批量删除等操作；设计变更功能可实现对不同版本的图纸或模型进行对比并发起变更申请流程，可以查看所有的变更记录，并可以对变更记发起变更流程并进行编辑。共享交流市对模型文件可创建实时交流房间，进入房间内的用户可共享交流内容；方案与施工图报审是针对不同的专业分别进行方案报审、施工图报审。

（4）进度管理。进度管理功能主要实现总控计划、里程碑、实施计划的导入和展示、月度计划下发、月度计划考核，能够将实施计划与模型进行关联，在系统平台中形象的通过模型展示施工相关进度，能够查看部门或者个人的进度完成情况，按需导出相关进度报表并进行进度对比。

进度模型对比是计划模型和实际模型的对比，构件与计划关联选定时间段观察构件的颜色判断计划的完成程度，也可以通过播放功能自动播放选定时间段里的模型变化进行对比。进度对比功能能对两个模型同步进行放大、缩小、旋转、重置视点、漫游、剖切等基本操作；可根据专业、楼层、构件等查看与浏览，包括每个构件的详细信息，实现模型的同步播放演示功能。也可以通过选择年份来控制播放不同年份的进度模型，拖动进度条来显示不同时间点的进度情况。

（5）任务管理。任务管理具备个人工作台功能，支持任务的创建与指派。个人工作台可清晰查看及操作自己的工作任务并可反馈任务进展。任务管理的内容包括任务列表、通知公告、个人消息等内容。任务管理功能可实现对任务的预警与提醒，将任务与三维可视化模型相关联，可以查看任务的详细信息，并对待办任务进行填报。

（6）质量管理。质量管理内容包括质量检查、日常质量检查、重大质量问题、日常质量巡查、整改汇总及质量模型等内容。为满足恒大地产集团工程部、施工总包单位等多家单位需求，特在 BIM 协同管理平台质量管理模块中增加地产集团特有业务流程以及其他单位之前的流程，能够为恒大中心项目提高工程建设质量。

为加强现场质量问题处理的管理过程，将质量管理痕迹化、信息化，能够提高问题处理的速度。本案例基于 BIM 的项目管理平台支持将施工现场发现的质量问题记录在 BIM 协同管理平台中，并将该问题关联到项目模型相应的位置上，设置相应的负责人和处理人，由负责人督促处理人加快处理质量问题，并将处理结果及时记录在 BIM 协同管理平台相应的位置上以形成该问题的闭环。通过将质量问题进行全过程的跟踪记录，可以为该位置以后再出现质量问题时提供可靠的依据，以便为下一步的修复工作提供参考，同时可作为质量管理工作的考核依据，为项目质量管理提供准确、快速的统计结果，使项目质量管理更为全面细致。

现场监理工程师还可通过 BIM 协同管理平台 App 端对现场质量检查与质量巡查问题进行记录，包括检查项、检查部位、分期、楼栋、单元、施工单位、专业、检查描述、检查结果、巡查图片、检查视频等，监理工程师需要判断检查是否合格，若不合格则监理工程师需要将"检查结果"判断为不合格，同时页面中将展开并填写是否整改、是否砸掉、监理复检人、整改期限信息，后期需要进行"整改反馈"。

（7）安全管理。根据业主监理的考核要求，监理每月需对施工现场的安全问题进行考核，需利用 BIM 协同管理平台完成数据采集、存储和管理。用户在协同平台 Web 端能够筛选问题、查看问题详情、新建问题等。安全管理内容包括日常安全文明巡查、日常安全文明巡检、整改单统计、安全二维码管理、安全巡查记录、安全晨会、安全地基检测及安全模型管理等。安全管理功能可以对模型进行放大、缩小、旋转、重置视点、漫游、剖切等基本操作，可根据专业、楼层、构件等查看与浏览，包括每个构件的详细信息，并可以对安全问题进行查看、筛选、查询、删除、与模型进行关联，实现安全问题的新增、分配、整改填报、复检等功能；安全二维码管理可实现安全二维码的查看、查询、筛选、删除、导出下载；安全晨会可实现安全晨会的录制，基本信息编辑、删除、播放等；安全模型可以根据 BIM 模型对所有安全问题进行查看，对安全问题进行查询、筛选等。

（8）虚拟建造。建造模型主要根据设定的时间对进度、质量、安全、成本进行演示。虚拟建造模块主要是为了查看项目进度、项目成本、项目形象的信息，用户可通过手动拖动时间轴对选中的时间点进行播放查看，并可在播放中的某个节点插入施工难点视频。虚拟建造模型也可随着时间的变化展示对应筛选条件下的进度与成本信息。

（9）成本管理。成本管理主要内容包括清单与模型关联、进度产值、合同管理等。

1）清单与模型关联。通过算量成果数据上传平台，清单与模型关联功能可实现模型与清单的自动关联关系，并维护其他部分清单与模型或实施计划的关联关系。结合三维可视化模型，可实现精准的动态过程成本管控，通过与合同、产值、变更等结合，实现进度与成本联动，按照时间维度实现可视化计划成本与实际成本的比对，实现基于三维可视化模型的多维度（楼层、专业、时间等）量价管理与查询，并根据不同版本三维可视化模型，实现计划成本的比对。

2）进度产值。进度产值功能主要协助查看当前项目产值情况。可自定义时间段、自定义范围（按专业及合同、楼层、构件类别三个维度）、自定义分析周期（月、周），通过累加值、当期值两个维度分析，并以图、表两种形式该时间段内计划产值、实际产值、计划与实际偏差。点击相关数值，可跳转至"进度产值（按清单）"查看详细数据；点击对应清单最右侧的"查看 BIM 模型"可以通过 BIM 模型角度查看相应产值信息。进度产值每日 23：59 通过获取当日完工量及最新综合单价，自动计算当日实际产值。通过获取计划完工量与最新综合单价，自动计算当期计划产值。随后按月/周汇总展示。

3）合同管理。合同管理功能可通过同步系统内工程施工类合同数据并手动分类、手动上传合同清单、手动上传甲供清单、手动添加所有类别合同付款计划、同步合同付款信息并与系统对接实现合同付款（资金单）的发起，实现合同清单、合同付款信息的查询。

（10）驾驶舱。驾驶舱主要内容包括主驾驶舱、工程管理、设计管理、开发报建及招标采购等，以多种形式如图片、饼图、柱状图、文本对数据进行直观展示，实现整体项目管控。通过图表、趋势图、饼状图等方式展示，内容包括但不限于项目概况、进度的三维展示、质量安全问题统计、劳务管理等。各内容实现多层级展示，包括总览与明细。实现与工地视频监控系统对接，实时调用查看项目现场的施工情况，支持根据时间段抽取历史监控视频。页面根据从业主 BIM 协同管理平台进行读取与统计后的数据，显示在驾驶舱的首页。

5. 小结

在本案例中，BIM 协同管理平台的应用大幅度提升了文档协同效率与设计审核效率，并有效缩短了质量安全问题的处理周期，结合 BIM 模型实现了项目的动态成本管控。

（1）文档协同效率大幅提升。线上统一管理项目文档，包括文件版本管理、文档安全管理（权限）、平台线上收发文、结合收发文的审批流程管理、在线浏览审批等功能，由传统项目协同方式转变为线下具体实施，线上高效协同的项目协同方式，实现了项目数据数字化并大幅提升了协同效率。

（2）设计审核一体化。线上将模型、图纸、问题视点、问题描述及意见、问题状态一体化。采用设计问题模型、图纸视点即点即开、模型图纸标注预留，同时省去线下客户端文件的安装下载，将模型图纸与问题、视点一体化同时提高整个设计审核过程的效率。

（3）可视化进度管理。施工进度计划与 BIM 模型结合，手机 App 填报的计划完成情况为支撑，通过模型实时反映项目的建造情况，使项目管理者直观了解项目目前情况，进一步提高项目管理智能化、决策科学化的工作基础。

（4）BIM+物联网应用。结合现场设备，平台实时监测现场数据（地基设备实时数据、监控探头实时数据等），可自动对数据异常地进行整理，将预警信息发送给现场负责人。实现现场管理自动预警、实时反馈现场情况、预防现场事故，提高现场管理智能化程度。

（5）质量安全问题处理周期缩短。采用质量安全问题从发现、分派、处理、修复的跟踪闭环管理流程，并结合 BIM 模型反馈问题位置，缩短质量安全问题处理周期。

（6）实现动态成本管控。基于 BIM 模型，结合进度计划、合同清单（综合单价）、工程量，实现模型、进度、成本的联动，按照时间维度反映计划产值与时间产值的对比，并通过模型反馈现场的建设情况。

四、某地产公司基于 BIM 的酒店精装修项目管理平台应用项目

1. 项目情况介绍

基于 BIM 的酒店精装修项目管理平台的应用，目的是实现 BIM 模型与酒店精装修协调设计、精装修项目全过程管理、项目运维三个阶段的数据相关联，提高项目各级管控效率，实现项目管理信息化，达到降本增效的目的。项目以 BIM 驱动的理念，实现工程建设的设计管理、计划管理、成本造价管理、材料管理、质量管理等与 BIM 模型的融合。系统主要包含工程算量、成本计算功能，进度计划功能与材料管理功能。

（1）工程算量、成本计算功能。工程算量和成本计算功能，旨在通过模型直接出具工程量清单并用于项目招投标。工程量清单和成本的计算，基于建模标准、清单规范、企业定额、资源价格等一系列的企业基础标准规范的内置于系统平台来实现。要在系统平台实现算量和计价，首先要建立完善有关企业标准和规范，并要有专门的部门和人员对其进行维护和更新。流程内容见图 3-26。

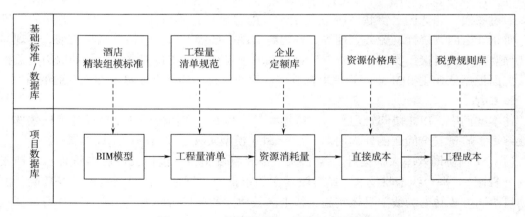

图 3-26　工程算量、成本计算流程

1）工程量计算功能。

构件库：对于酒店精装修所用到的构件、材料进行分类，建立完整的构件库（按照不同的 BIM 建模软件分别建库）。纳入本平台管理范围内的所有酒店项目，在进行 BIM 设计建模时，必须使用标准构件库的构件，构件库由专门的机构和人员进行管理和维护。

建模标准：针对每一种建模软件，分别建立建模标准，所有纳入本平台管理的项目，BIM 建模必须遵循建模标准。建模标准由专门的机构和人员进行管理和维护。

工程量清单规范（模板）：为酒店精装修项目建立专门的工程量清单标准规范，工程量清单规范由专门的机构和人员进行管理和维护。

工程量计算：按照以上构件库和建模标准形成的 BIM 模型，经由系统平台进行解析，

并按照工程量清单规范形成工程量清单。

工程量清单形成：按照上述标准建模的工程 BIM 模型，导入系统进行解析，按照上述"清单规范"进行工程量计算，并附加模型对材料工艺等的描述，形成工程量清单。

2）成本计算功能。

企业定额库：根据国家有关装饰工程消耗量定额以及某地产公司历史项目经验数据，建立酒店精装修定额，企业定额库由专门的机构和人员进行管理和维护。

资源价格库：资源具体包括人工、材料和机械台班资源库中的材料编码，与 BIM 构件库有一定的对应关系，资源价格库由专门的机构和人员进行管理和维护。

税费规则库：具体包括企业的管理费、政府有关收费、税收的计算规则，税费规则库由专门的机构和人员进行管理和维护。

成本计算：系统根据基于 BIM 模型生成的工程量清单，关联对应定额项，形成资源消耗量，结合资源价格库，计算出每一个清单子目的单价与合价；再通过税费规则库，计算出有关税费价格，最终形成工程成本。

通过"工程量清单""企业定额库""资源价格库""税费规则库"进行成本计算，形成"工程成本预算""资源消耗量表"。

（2）进度计划功能。进度计划功能旨在通过 BIM 模型直接出具进度计划并用于工程管理。进度计划流程见图 3-27。

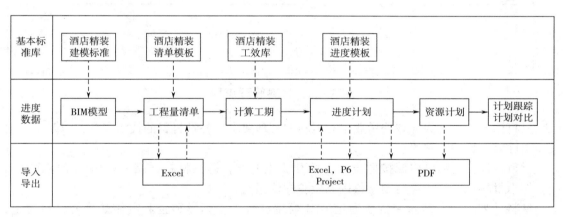

图 3-27　进度计划流程

工效库：工效库表示了单位时间完成各种工程成品的数量，用于计算进度计划中每一项工作的工期。

进度计划模板：进度计划模板用于表示酒店装修工程中各工序之间的逻辑关系。

项目进度计划：系统形成工程量清单之后，用户手动选择进度计划模板，系统根据模板、工效库和清单的工程量，自动计算生成施工进度计划。

进度计划与工程量清单进行关联，通过工程量清单与 BIM 模型的构件（构件组）进行关联，并通过与工程量清单关联生成"资源计划"，进而结合资源价格库生成"资金计划"。进度计划与 BIM 模型关联，可以形成进度计划可视化展现。

（3）材料管理功能。材料管理，是材料和设备的统称。从材料封样、材料计划、材料验收、材料检验等四个方面进行管理。材料管理主要管理乙方供应，或甲指乙供的材料。材料管理流程见图 3-28。

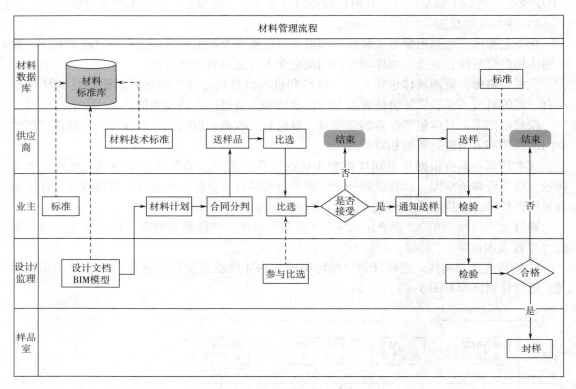

图 3-28　材料管理流程

材料标准：用来保存和展示业主对材料的管理要求，各种材料的技术参数，以及本项目设计文件对材料的特殊要求。

材料封样：材料供应商按照设计文件和业主要求，提供材料样品，现场样品室进行封样，作为材料比选，作为后续材料进场检验的依据。

材料计划：材料数量来源于通过 BIM 模型进行工程算量和企业定额计算的材料用量；材料进场计划，来源于施工进度计划生成的资源直方图，反映了每一种材料在不同时间的用量。根据材料用量和施工进度计划对材料的需求、材料进场计划进行安排调整。材料计划同时允许用户可以预设各种材料的生产供货周期，以便对材料的生产和供货过程进行管理。

材料验收：是指材料进场后进行的数量、规格、品牌、外观等进行符合性验收，并进行入库登记。材料验收不代表对该材料需要进行实验室检测指标的认可。

材料检验：是指对进场的材料，在监理方见证下取样，送有资质的实验室进行检验，并将检验结果填报到系统中。如发生材料检验不合格，可以对该材料进行退回处理。

2. 小结

一般项目 BIM 技术在项目全过程管理中的应用中，存在的 BIM 建模标准与工程造价标准不统一、工程造价与施工工艺标准不统一等问题，造成 BIM 模型只能在某个阶段应用，无法在项目全过程应用的问题。本项目通过项目管理平台的应用，建立"BIM 构件库""BIM 建模标准""清单规范""企业定额库""资源价格库""税费规则库""进度计划模板"等一系列企业标准，统一项目管理过程中构件库、BIM 建模、工程量清单造价、施工工艺等多方面的标准，在平台内嵌工程量计算、工程造价计价、进度计划相关功能，真正实现打通项目管理全过程中 BIM 建模、工程量清单、工程造价、进度计划、资源计划等应用环节的阻点，实现基于 BIM 驱动的酒店精装修项目管理全过程的应用。另外，平台的应用还将酒店精装修项目的集团管理部门、项目公司（业主）、设计顾问公司、施工单位、材料供应商均纳入平台，对项目进行协同管理作业，真正实现基于 BIM 驱动的酒店精装修项目管理。

第四节　展望和新动向

一、工程造价与大数据

1. 大数据概述

在维克托·迈尔·舍恩伯格及肯尼斯·库克耶编写的《大数据时代》中大数据指不用随机分析法（抽样调查）这样捷径，而采用所有数据进行分析处理。对于"大数据"（Big data）研究机构 Gartner 给出了这样的定义。"大数据"是需要新处理模式才能具有更强的决策力、洞察发现力和流程优化能力来适应海量、高增长率和多样化的信息资产。IBM 提出大数据的 5V 特点：Volume（大量）、Velocity（高速）、Variety（多样）、Value（低价值密度）、Veracity（真实性）。

对于大数据虽然没有明确的统一的定义，业内对于大数据的理解也有一个共识，大数据是对海量数据的高效处理。大数据技术应用的意义不仅是在海量数据的采集、存储，更大的价值是对于数据进行专业化的处理和加工，充分挖掘海量数据中蕴含的信息，用于业务决策。

2. 大数据对于工程造价的意义

在这个数字化高速发展的时代，大数据的应用对各个行业都有深远的影响，对于本身就是在做各类数据处理，依据数据做决策的工程造价行业来说更是尤为重要。大数据对于工程造价的意义体现在以下几方面：

（1）对工程投资过程进行合理控制。工程投资从开始的估算、概算、预算以及到最后的决算，都会涉及工程造价的控制，每个过程所依据的数据是不一样的，尤其在估算阶段，大数据可以帮助用户较准确地进行项目估算。同时对项目各个环节的支出进行数据采集，建立投资进度相关的数据管理，结合施工等各方面数据进行投资过程的控制。

（2）促进工程造价管理的数字化改革。传统的工程造价管理主要以人的经验为主，基于大数据的工程造价管理，可以采用一些数字化的手段，以数据为主进行决策和管理。可提升工程造价管理的水平，提高工程造价管理的工作效率。

（3）有效地控制施工成本。通过大数据技术的应用，构建施工阶段的工程造价库，将施工现场产生费用支出的事项全部进行采集，并将量价关联，进行施工成本的精确管控。有助于进行工程投资项目管理。

（4）提升企业竞争力。基于大数据进行工程造价管理，有助于企业进行数字化转型，激活企业的创新能力，提高企业的管理效率，提升企业的竞争力。

3. 基于大数据的工程造价管理

（1）构建工程造价大数据库。基于大数据的工程造价管理首先要构建工程造价的大数据库，完成工程造价相关数据的汇集。工程造价大数据库的构建主要有以下几个步骤：

1）制订数据标准。构建工程造价大数据库首先要制订数据标准，制订数据标准的目的是在进行数据采集时，明确数据的定义，统一数据描述，方便数据的归集和整理。

2）数据采集。数据采集是构建工程造价大数据库的重要环节，数据采集要覆盖全面，充分考虑各个环节的数据需求。可采用系统自动归集整理、人工填报等多种形式进行数据采集。数据采集的内容要包括与工程造价，如清单定额、人材机的市场价格、设计阶段的概算、施工图预算、施工阶段的成本数据等。

3）数据清洗。数据清洗是根据数据标准，将采集的数据进行规范化的处理，然后进行存储，方便后续的数据应用。

4）数据存储。采用高效的数据库进行数据存储。工程造价的大数据涉及的种类比较多，涉及结构化数据、非结构化数据等，如何高效地管理数据、采用怎样的数据存储，需要结合实际情况综合考量。

（2）构建工程造价大数据应用。工程造价大数据的建立主要是为了服务于工程造价的管理，帮助企业实现用数据说话、用数据决策的工程造价管理方向的数字化转型。工程造价大数据的应用主要有以下几个方面：

1）各类工程造价指标分析。依据采集的数据可进行工程造价指标的分析，各类工程的单方造价、分部工程的单方造价等。在投资估算、概算编制等阶段，可用于工程造价的估算或核对校验造价是否合理。

2）人材机价格库。在项目过程中采集市场人材机的价格数据，构建人材机价格库。为后续的工程造价提供市场价格依据。

3）量价动态分析体系。实时采集项目施工过程中的工程量消耗和价格，形成各类工程的施工过程中的工程量消耗和价格的历史库，可用于后续同类工程施工过程中的动态控制、风险防范。

4. 小结

在工程造价领域，充分利用大数据技术构建工程造价领域的大数据库，并在其基础上进行数据价值的挖掘，在工程项目中利用数据分析决策，实现工程造价管理的数字化，助力企业的数字化转型，提升企业竞争力。

二、工程造价与人工智能

1. 人工智能概述

人工智能是一个多学科综合的技术，需要完成的不仅仅是对庞大、复杂数据的高效、准确的运算处理，更多的是需要计算机能够通过识别、学习形成"知识处理"的能力。著名的美国斯坦福大学人工智能研究中心尼尔逊教授对人工智能下了这样一个定义："人工智能是关于知识的学科——怎样表示知识以及怎样获得知识并使用知识的科学。"而美国麻省理工学院的温斯顿教授认为："人工智能就是研究如何使计算机去做过去只有人才能做的智能工作。"

人工智能是知识和智力的结合体，首先人工智能具有感知的能力，可以通过一定的技术手段从外界获取信息，感知外部世界；其次人工智能具备记忆和思维的能力，能够通过一定的逻辑运算对获取的信息进行再加工，从而输出有用的信息，形成知识；再次人工智能具备学习和自适应能力，在过程中不断地学习、完善、优化以适应可能出现的环境变化；最后人工智能有反应能力，就像人脑神经控制系统一样，可以模拟、扩展人类智能。

目前人工智能技术的基本理论有人工神经网络以及遗传算法基本理论，在工程造价领域人工神经网络的估算模型主要有模糊神经网络模型，BP 人工神经网络模型，PBF 神经网络模型。

目前采用较多的是 BP 神经网络模型，这种人工智能化的软件，主要是将各种影响因素进行输入，然后通过隐藏层中的各部分神经的综合计算，得到更加优化的结果。这种方式的利用，是将结果进行反复计算，从而减少误差。BP 模型见图 3-29。

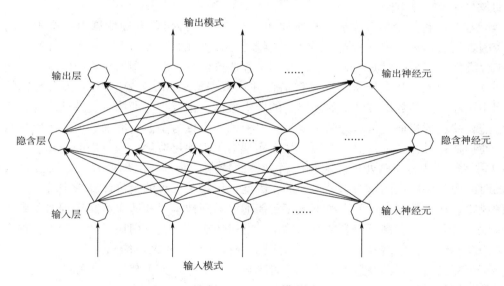

图 3-29　BP 模型

2. 人工智能对于工程造价的意义

（1）将造价人员从烦琐的工作中解救出来，减少主观因素对计算结果的影响。对于一个建筑项目来说，往往造价总额巨大，所涵盖的工程体系也较为复杂，一般工程中包含的子项目也众多。从工程造价的组成部分考虑，囊括了整个主体框架的施工，室内装修运维，各部分环节所需的人力、物力和其他资源等，有的多达数亿元。传统的工程造价需要大量的专业人员进行手工演算、抄写、演算，工作量的庞大可想而知，人类一直在寻求脑力劳动机械化，从筹码、算盘、计算尺等都是人类追求的痕迹。人工智能的应用，借用计算机强大的算力将造价人员从繁重、枯燥的计算工作中解救出来，有效避免造价人员在疲劳的情况下个人状态影响计算结果的准确性。

（2）提高估算造价的准确性。工程造价估算在整个建筑项目实施过程中举足轻重，计算结果准确性的更是首当其冲要保障的基本前提。工程造价估算具有可变性强、动态性强、复杂性强的特点，无疑给估算造价的准确性增加了许多难度和风险点。传统工程造价估算依靠人的经验以及主观能动性对过程中出现的各种因素影响进行计算，难免出现因考虑不全面导致计算结果的偏差，且过程中对专业人员的经验、精力要求极高，难以保持稳定、高质量的输出。人工智能的使用，通过输入各种影响因素，经过对应程序的编制、计算、分析、判断，最终得出更为准确和实用的结果，不仅提高了结果的准确性，且能在一次次的学习实践中保持并提高准确性。

3. 基于人工智能和 BIM 技术的工程造价管理

（1）BIM 技术的应用。BIM 技术和相关工程造价软件结合，能够实现工程项目智能化算量。一方面能够基于人工智能识图技术，实现在计算速度上的提升。另一方面通过人工智能识图形成的可视化 BIM 模型，可直观核查计算成果，其联动性可随时调取部分计算稿无需全面核查，极大地提高了工程量的核对速率和计算准确性；再者可视化 BIM 模型结合虚拟建造（VC）技术及时进行错、漏、碰撞的纠偏，最大限度地减低现场签证变更的发生率。

（2）建立工程造价估算模型。众所周知，在工程项目初期准确估算出一个工程的造价是比较困难的，影响工程造价估算的因素很多，如地块的位置、周边环境、当前的市场环境、工程类型、资金的时间价值等。传统的工程造价估算一般利用的是有限维度的历史数据进行估算。利用人工智能技术构建工程造价估算数据模型算法，在工程造价大数据的基础上，利用更加全面的数据维度、更加丰富的历史数据，进行算法训练。支持选取与工程造价具有强烈相关性的特征变量作为输入变量，以模拟一个更为全面、准确的模型用以进行造价估算，使得估算过程考虑得更为全面，从而实现对工程项目造价更为准确的估算。

（3）智能预测与应急处理。建筑项目自身的特点，使得施工周期较长，所以在这些未可知的时间内所要发生的东西都是未知的，因此也给相关工程的造价计算带来较多的动态不可控的风险。在大数据技术的支撑下人工智能通过不断地学习和适应可能实现对未来未知动态的识别、预测、预警甚至应急方案的输出。通过历史项目的纵向比对和计算以及现有条件的输入判断相结合，实现在数据感知的情况下分析、判断未来可能出现的风险及时给予预警，甚至可能给出可行的应急方案供管理者进行决策管理。人工智能将未知化为已知，让工程造价管理变得更加确定和可控，进而提升经济效益。

4. 小结

综上所述，在建筑工程造价估算的基础上，推广人工智能技术的研究具有不可估量的应用价值，不仅提高数据估算的准确性和合理性，还提升了建筑工程的经济效益。

随着人工智能技术的不断发展，成本数据的不断沉淀未来产业结构将会有所调整：一方面造价工作的重点逐步转变为设计阶段的成本优化，合约规划优化，强化招标管理等；另一方面对工程造价人员的综合能力要求更高，不仅要求在专业基础能力上的扎实，更要求能够实现相关智能化技术的结合和应用。

三、工程造价与区块链

1. 区块链概述

区块链（Blockchain）是一种去中心化的、由各节点参与的分布式数据库系统。可以理解为一种公共记账的技术方案，其基本思想是通过建立一组公共账本，由网络中所有用户共同在账本上记账与核账，来保证信息的真实性和不可篡改性。"链"上由一个一个的"区块"构成，并使用一串密码学方法相关联，每一个区块中包含过去一段时间内所有交易信息，用于验证其信息的有效性并产生下一个区块。区块链的优势在于它不仅是数据架构，还是一种去中介条件下建立信任关系的分布式网络应用协议，它具有高度透明、去中心化、去信任、防篡改、可追溯等性质，是全球公认的具有重要影响力的网络应用发展方向，具有共建信用、重构价值、重构网络生态的颠覆力量。

区块链存储数据时使用的是对等网络技术（peer-to-peer，P2P，又称点对点技术），是没有中心服务器、依靠用户群交换信息的互联网体系。与有中心服务器的中央网络系统不同，对等网络的每个用户端既是一个节点，也有服务器的功能，P2P 架构天生具有耐攻击、高容错的优点。由于服务是分散在各个结点之间进行的，部分结点或网络遭到破坏对其他部分的影响很小。对等网络设计了一整套协议机制，让全网每一个节点在参与记录的同时也来验证其他节点记录结果的正确性。只有当全网大部分节点（或甚至所有节点）都同时认为这个记录正确时，记录的真实性才能得到全网认可，记录数据才允许被写入区块中。根据 P2P 网络层协议，记录成功后，消息由单个节点被直接发送给全网其他所有的节点，实现分布式传播。信息拦截者无法通过特定传播路径来拦截想要截获的信息，因为每个节点都收到了信息。

基于以上区块链的概述，区块链技术存储的信息具有分布式、去中心化、不可篡改等特点，从技术层面解决信任问题，大多场景与区块链技术的结合应用基本上都是围绕着这些特点进行应用。

2. 区块链对于工程造价的意义

工程造价涉及多方参与，容易出现数据造假、数据共享不及时、数据出现问题无法追溯等问题。参与各方均以自身情况出发进行工程造价管理，很容易形成数据孤岛，导致数据信息出现偏差。利用区块链技术去中心化、不可篡改等特性，基于区块链进行全流程的工程造价管理，工程造价数据上链存证，明确数据责任主体，实现工程造价数据的实时共享、永久留痕，方便数据使用、后期审计。

3. 区块链在工程造价管理中的应用

（1）基于区块链技术的工程造价数据共享。区块链技术各方维护一个数据全量节点，各个节点的工程造价数据进行存储到区块链上，各方可直接通过自己管理的节点进行数据的读取，实时获取相关的数据，打破数据壁垒。

（2）基于区块链技术的工程造价审计。区块链上的数据具有不可篡改性，各方工程造价相关的数据进行上链存证，基于区块链进行全流程的造价管理。保证数据不可篡改的同时，可永久留痕。根据存证的可信的数据进行工程造价审计，一方面可获取较全的工程造价数据，另一方面有问题的数据可以直接进行追溯定责。

（3）基于区块链技术的施工成本的管控。施工阶段的工程造价管理决定着整个项目最终的成本造价，是工程项目成本管控的有效控制的关键阶段，为合理工程造价提供原始依据的过程。基于区块链技术的施工成本管控，首先将落实主体责任，明确签证、变更等信息的主体；其次将带有各方主体责任的签证信息、变更信息等进行链上存证，保证数据不可窜管、可追溯、可审计。后续进行工程结算时，可直接调取使用，为结算提供真实的数据依据。

4. 小结

　　区块链技术是一项新兴的技术，具有分布式、去中心化、不可篡改、可追溯等特性，利用其技术特性解决工程造价管理中的问题，有利于工程造价管理的发展。利用新技术、新手段赋能工程造价管理的各个环节，推动工程造价管理的数字化转型。

第四章　数字造价管理

第一节　数字造价管理

一、概述

建筑业在数字化蓬勃发展的当下，作为建筑业重要组成部分的工程造价业务也在不断创新优化，工程造价管理信息获取方式与服务已经不能满足实时、个性的数字化需求。工程造价管理是一个以数据为中心的业务，工程交易市场化定价、工程造价全过程管理、行业动态监管等业务活动都是以数据为核心而展开，数字化将是造价管理发展的必然方向。从工程造价的数字化所带来的价值提升的角度来思考，对工程造价管理提出更高要求。

1. 数字造价管理的概念

数字造价管理是指利用 BIM 和云计算、大数据、物联网、移动互联网、人工智能、区块链等数字技术引领工程造价管理转型，是结合全面造价管理的理论与方法，集成人员、流程、数据、技术和业务系统，以数据驱动全过程、全要素、全参与方的业务升级，构建项目、企业和行业的平台生态圈，从而促进以新计价、新管理、新服务为代表的理想场景实现，推动工程造价管理转型升级，实现让每一个工程项目综合价值更优的目标。

从数字造价管理的内涵上理解，数字造价管理是实现"传统工程造价管理转向以项目价值管理为导向的造价管理新模式"，是推动建设项目全参与方的组织体系、工作流程、项目管理和生产要素数字化融合生产，实现造价工作场景业务在线化、成果数字化的开放、共享的生态系统。

2. 数字造价管理的特征

工程项目具有独特性，工程造价与工程项目特征信息、项目要素信息有密切的关系，特征信息、要素信息不同，其造价也不同。数字造价的主要特征是通过数据的结构化、在线化和智能化，数字化造价管理是利用对数据进行结构化处理，保证工程造价管理过程中的数据能被项目的行业监管方、建设方、咨询服务方等有效的应用；数据在线化是在互联网和数字化平台的支撑下，保证造价人员实现业务协同、造价数据共享；数据智能化是通过对数据分析、数据应用，实现造价管理智能化计价、辅助造价管理人员快速决策。

（1）造价业务数据结构化是数据应用的基础，通过建立项目主数据、数据交换、项目特征描述等标准，包括工程分类标准、工料机分类及编码标准、工程特征分类、分解与描述标准，除了造价数据外，还需要通过结构化方式准确描述项目建造标准、工序特征信息及要素信息。通过对造价管理业务活动过程中的成果数据按照标准进行结构化分类、加工和处理后，形成工程造价标准化应用数据，统一造价成果文件格式。为建设工程现场消耗、造价过程及造价成果数据可采集、可分析建立基础条件。

（2）造价管理在线化是通过采用互联网云平台的支撑，将造价管理中的少量数据、多维度数据、完备的数据等实时在线传输，为造价管理人员实现业务协同、数据共享、数据应用。同时，为工程项目的各参与方通过在线化方式进行数据共享、实时沟通和快速决策提供支撑。在线化数据包括 BIM 模型、招投标数据、物料管理数据因场景不同、内容不同、形式不同，通过在线化方式，可实现相互集成、互为补充，形成数据量大、多维度、内容完备的工程造价大数据。

（3）造价管理智能化是帮助工程造价专业人员提高工程计价工作的效率，提升工程造价管理科学决策的能力。利用人工智能对造价管理活动中大量的重复计算工作，包括计算工程量、清单列项、组价调价、变更计算等，以及在全过程造价管理中造价专业人员也需要对质量、安全、工期、环保等要素成本进行动态分析；项目建设中各类要素的叠加计算和处理，通过云技术、大数据技术及智能算法，对采集的数据进行分析，如计价依据、BIM 模型、工程量清单数据、组价数据、人材机价格等进行数据训练和深度学习，建立具有深度认知、智能交互、自我进化的造价管理数字模型，形成科学决策、精准执行智能化造价管理。

3. 数字造价管理的本质

数字造价管理的本质是实现智能化市场定价、数字化精细管理和数据化精准服务。

（1）推动工程造价智能化市场定价。首先，是在市场定价机制的指引下，利用"云计算+大数据"技术实时获取行业市场价格数据，并在此基础上形成企业市场计价依据体系，通过数据相互校验保障市场定价的合理性。其次，是利用 BIM 技术集成造价各要素，以市场价格数据体系为基础，结合云计算、人工智能技术，实现协同工作、智能开项、智能算量、智能组价、智能选材定价，有效提升市场定价的工作效率及成果质量。

（2）提升工程造价数字化精细管理。首先，是在过程造价管理理念指引下，利用数字技术集成项目要素、过程、信息，通过数字资源与技术智能分析决策，实现企业管理及项目目标成本管理愿景。其次，是在云平台的支撑下造价管理人员协同作业，实现业务互补、技能互补、资源互补、信息互补的资源优势，服务于建设项目全过程管理。

（3）推动数据化精准服务。首先，是通过物联网和智能设备、招投标交易平台等，实时采集施工现场及交易过程数据，通过对大数据进行实时分析和处理，形成工程造价管理中准确动态的消耗量、人材机价格、指数、指标、项目、人员等数据。其次，是通过"云+端"技术建立起在线化服务平台，利用数字化平台发布、提问、答疑、修改等流程，建立起造价人员在线互动、反馈和调整，推动数据的市场适用性。最后，通过建立"云+端"模式的造价大数据库，为投资决策、项目预警、诚信监督提供有效的数据依据。

4. 数字造价管理的软件

基于工程造价管理业务活动，数字化造价管理类软件除了针对工程"量"和"价"业务活动外，还包括数字化共享平台和数据库的应用。数字造价管理软件是利用 BIM 技术实现工程造价管理由传统的"量"和"价"计算，向数字化造价管理的造价精确分析、协同管理和高效决策升级。其中，基于 BIM 技术的工程造价管理类软件是利用 BIM 模型和数据，为建设项目提供不同业务、不同角色和不同阶段的数字化应用，包括投资估算、设计概算、施工图预算、招标控制价、投标报价、变更、计量支付、结算等不同的业务活动，通过数字化共享平台的支撑，运用统一的数据标准，实现工程造价全过程、全生命周期的数字化管理。支撑数字化造价管理的国内外优秀数字化工具软件包括：国外 QTO、DProfiler、Inno-vaya 和 Vico Takeoff Manager 等数字化产品。国内优秀且成熟数字化造价管理工具软件，建设行业主流软件服务商有广联达、鲁班、神机妙算、斯维尔和 PKPM 等均开发出了支持数字化造价管理的软件。

（1）广联达数字造价软件包括基于 BIM 技术的智能算量、系列产品中的一部分，与项目管理系统（PM）和数据管理与服务产品（DM）集成，形成面向项目全过程的 BIM 造价解决方案，包括智能化算量软件、基于云计算的计价软件、市场化计价平台软件、电子招投标软件、数据库和数字化共享平台等数字化软件产品，形成以数字化造价管理为核心提供行业、企业、项目等提供全过程工程咨询一体化数字化造价管理解决方案。

（2）鲁班软件是国内 BIM 软件厂商和解决方案提供商，提供了个人岗位级应用，到项目级、企业级应用，形成基于 BIM 技术的软件系统和解决方案，并且实现与上下游软件的数据共享。

（3）神机妙算软件通过采用三维显示技术，查看和检查各构件相互间的三维空间关系，目前软件已形成土建、钢筋算量及标书制作、合同管理、网络计划等多种软件，具有集成化的预算造价能力。

（4）斯维尔软件通过为建筑行业提供建设项目全生命周期的 BIM 造价三维算量、安装算量、清单计价、工程管理、电子商务等工具软件，利用三维参数化 BIM 技术，实现造价成果可以互联互通。

二、数字造价管理的应用

数字造价管理是基于传统的造价管理业务利用 BIM 模型、数字化共享平台和数据要素等实施的数字化造价管理，并对造价管理过程的行为活动数字化。因此，工程造价管理是核心，数字化技术是抓手，通过数字化造价工具、共享平台和数据要素的融合应用，为工程造价专业人员在工程造价管理时提供了不同业务、不同角色和不同阶段的应用场景。其中，一方面，利用工程造价管理业务活动过程积累形成的 BIM 模型、工程造价信息等资源创建以模型为基础的结构化数据，包括基于造价数据管理平台创建的项目数据标准库、企业标准数据库、行业标准数据库等各级数据要素资源库，通过智能化、实时在线为建设项目数字化造价管理提供材料价格数据、造价指标数据等内容，辅助造价管理人员应用数据及人工智能技术手段造价管理进行数字化、智能化分析，实现对建设项目投资进行实时动态的价值分析、合约管理、过程控制、投资决策等业务活动。另一方面，造价管理人员也借助造价管理活动的行为数据分析进一步优化造价管理动作、管理流程和提升造价业务的实施效率等。

1. 数字造价管理的业务范围

数字造价管理是基于对建设项目全生命周期的造价活动，利用 BIM 模型、造价数据、数字化共享平台等数字化技术的深度融合应用，实现对建设项目的各关键业务活动进行全过程、全参与方的智能化管理。数字造价管理的业务范围主要包括智能化算量、智能化计价、数字化招投标和造价数据管理等关键业务活动。

（1）智能化算量。工程造价管理业务中计算机辅助工程量计算和工程造价的编制工作，曾经是一个认定工程造价人员岗位胜任能力的基本标准。现阶段随着建筑行业发展市场化程度快速提升，工程造价管理工作已经全面实现工程项目建设全生命周期、全过程的业务活动，从而推动工程造价人员熟练掌握在建设项目的决策阶段、设计阶段、施工阶段、竣工阶段等各阶段的工程造价管理的能力。

同时，由于建筑业在数字建筑、智能建造等数字化技术的快速推广和应用，数字化造价管理业务活动中的工程量计算工作已经由传统单一的图形算量模式向智能化转型。随着 BIM、云计算、AI 和大数据技术的快速发展和深度融合应用，工程量计算已经进入数字化算量阶段，传统工程造价中借助计算机辅助工程量清单编制、工程量计算、清单或定额计价等基础性业务活动，已经逐步且越来越多地被智能化清单列项、智能化算量、智能化组价、智能化选材和定价的造价业务模式取代，借助数字化共享平台技术的应用，在耗费大量人力、物力的工程量计算工作，通过专业协同、模型共用、数据共享，通过工程算量计算一键导入、一键算量、智能汇总和工程量清单自生成等活动，实现工程土方基础、建筑装饰、钢筋结构、机电安装、市政、钢结构等专业工程量的计算在建设项目全过程智能化应用。

（2）智能化计价。工程造价管理业务中计算机辅助工程量计算是基础性业务之一，也是工程估算、概算、预算和结算的编制和审核业务中工程造价人员的核心能力。基于工程项目建设全生命周期、全过程的业务活动，熟练掌握在建设项目的决策阶段、设计阶段、招标投标、施工阶段、竣工结算阶段等各阶段的工程造价管理是工程造管理的主要发展方向。通过云计算、AI 和大数据技术在工程造价管理中的融合应用，在数字化共享平台协同业务支撑下，建立以建设单位、勘察单位、设计单位、施工单位、项目管理单位、咨询单位、材料供应商、设备供应商等为代表的全参与方在内的全新计价业务协同、交互工作的场景，促使项目建设的各参与方能够进行高效、实时的信息传递，保证交付数字化的成果完整、准确。

因此，基于数字化的工程造价管理工作已经由单纯的算量、计价业务活动变为一项集投资策划、决策分析、过程控制、投资效果评价等项目建设全过程中的一项综合性工作。通过市场形成价格应用更多、更丰富的业务场景，利用丰富的数据采集源，结合供应商交易、招投标、专业分包交易等平台产生的数据要素资源，通过大数据的分析与整理，形成主要材料市场价格指数、各业态投标价格指数、各业态造价指标及建造标准等市场化数据。此类市场化数据可服务于市场定价方式下估算、招投标、结算等阶段中价格的形成，促进市场竞争形成价格，并作用于以目标成本为导向的全过程造价管理。数字造价管理中的智能化计价基于数据的驱动，计价业务已经彻底改变了传统定额计价模式，向市场化、智能化计价模式转型升级。

（3）数字化招投标。2019 年 5 月，国务院办公厅印发《关于深化公共资源交易平台整合共享的指导意见》（国办函〔2019〕41 号），提出要持续深化公共资源交易平台整合共享，着力提高公共资源配置效率和公平性，着力提升公共资源交易服务质量，着力创新公共资源交易监管体制机制，激发市场活力和社会创造力。数字造价管理中事关招投标工作，是工程造价咨询服务中关系到工程和物料采购交易的一项重要业务活动，数字化招投标是通过运用云计算、大数据、区块链、VR、AI、物联网（IoT）、BIM 等关键技术，基于招投标业务活动全过程创建的政府、企业、市场共同参与的数字化招投标平台，围绕 BIM 技术的推广与应用数字化造价管理工作在招投标活动，提升招投标业务在招标、投标、评标过程中编制工程量清单、标底、控制价和招投标文件的精细化程度水平。

数字化招投标活动的原理在于通过将 BIM 技术、大数据技术引入招标投标业务活动全过程，基于 BIM 技术、数字化技术手段为支撑的数字化招投标是结合建筑行业现阶段建设工程行业发展现状，针对招投标交易的招标、评标、定标等各业务活动环节利用 BIM 辅助评标系统、BIM 投标软件、BIM 标书检查工具、BIM 标书合规性检测工具、BIM 标书分发与清除工具，以及 BIM 技术清标软件融合应用体系。首先，在招投标过程中工程造价管理人员为招标方提供基于 BIM 模型编制准确的工程量清单，达到清单完整、快速算量、精确算量，有效地避免漏项和错算等情况。其次，为投标方根据招投标文件提供的 BIM 模型可以快速地获取正确的工程量信息，通过与招标文件的工程量清单比较，可以制定更好的投标策略。

（4）造价数据管理。工程造价管理的大部分数据可以视为大数据，通常以"3V"——体量（Volume）、速度（Velocity）和多样性（Variety）概括其特征，若在特征中再增加一个"V"价值（Value），造价大数据定义可理解为是指通过获取、存储、分析、从大容量数据中挖掘价值的一种全新的技术架构。从产业角度，常常把这些数据与采集它们的工具、平台、分析系统一起被称为"大数据"。数字造价管理是利用造价大数据将咨询服务业务中各类信息和业务进行有效连接，实现造价咨询服务全过程数据通、业务通、流程通，以数据为驱动带动业务通和流程通，从而推动造价咨询服务实现智能化这一目标。

1）通过将建设项目成本、工期、质量、范围、环境等各工程项目管理等数据要素进行集成，实现工程造价与项目管理数据综合性、整体性的计划调整与控制，形成工程项目管理要素的管理目标和管理内容的一体化。从而推动工程建设项目从立项、规划、设计、招投标、施工和运营等全生命周期，建立一体化的成本管制机制，保证工程项目各阶段的工程造价数据前后连贯、数据互联互通。具体包括数字化的工程计价依据，向政府行业监管部门和建筑行业各建设参与方提供及时、准确的市场化计价依据、政策指导等服务，为各参与方在工作过程中实时采集并更新工程造价管理的各类信息，动态更新工程计价依据。

2）基于行业、企业、项目数字化共享平台的实时在线功能，为建设项目的各参与方提供政策、计价依据、行业相关律法、法规的解释和指导服务。同时，监管部门通过及时掌握市场反馈的情况，动态更新、调整计价依据和颁布相关规范，更好地适应行业需求，指导和提升行业健康、有序和规范化的运作。

3）基于造价人员岗位作业端的数字化应用，通过"端、云、大数据"一体化数字化技术的融合应用，将建设项目立项阶段、设计阶段、施工阶段和竣工交付阶段的数据基于 BIM 技术应用的终端，自动采集实际工程消耗量及费用数据，采集到的数据通过预设算法形成实时更新动态定额，并逐步建立行业已实施项目的造价大数据，为数字化造价管理提供数据支撑，包括：①满足工程造价编制工作的基本计算、报表的要求；②满足全过程工程造价管理数据互通的要求；③满足政府或企业及时获取企业数据与行业数据的要求；④满足建设项目工程造价历史数据的积累分析和再利用的要求；⑤满足数字化造价管理实时在线、业务协同工作的要求。

2. 数字造价管理的业务环节

（1）决策阶段的投资估算编制，通过利用模型化指标数据库协助规划设计及投资估算。设计师充分理解业主方的建设意图、建设标准，在工程造价专业人员的协助下根据项目用途等标准化的项目特征描述，依据标准分类的项目清单库、构件库和指标库，快速建立符合建设意图的模拟项目模型，完成规划设计，数字化平台根据模型及造价指标生成项目投资估算和各项控制性指标。

（2）设计阶段的概算编制和设计方案优化，基于设计 BIM 模型，模型化指标数据库快速完成特定方案的工程概算，协助设计师进行方案比选及方案优化。在设计方提供的 BIM 模型基础上，工程造价专业人员基于对业主需求、建设标准、建筑特征等信息的准确理解，运用云端与建筑构件建立关联的工程造价指标库，快速完成特定设计方案的工程概算。通过类似工程，基于价值工程、全生命周期的价值管理等内容，对设计方案进行快速比选，并提出多方案的评估结论和优化建议。

全面数字化的 BIM 构件库、快速灵活的 BIM 建模系统，以 BIM 构件库为基础的造价指标系统，基于模型的工程造价可视化概算系统等信息化、数字化工作手段，将在设计阶段造价测算工作上发挥主要作用。同时，基于丰富的案例库和项目的具体特征，结合项目管理模式，工程造价专业人员在人工智能的辅助下，初步完成本项目全生命周期的工程造价管理规划，确定项目的工程造价管理模式和重点。

（3）交易阶段的工程量清单和标底编制，基于设计 BIM 模型及计价依据快速完成招投标、评标，并形成 BIM 造价模型。在项目交易环节（招投标环节）造价工作会变得更加智能，招投标双方基于设计方提供的 BIM 模型，基于标准化的工程量计算规则，快速对项目的工程量达成一致，并在 BIM 模型上标注工程造价信息。依据该模型，投标方在实时动态计价依据和大数据的支持下利用人工智能生成基础报价，综合计算项目质量、进度、安全、环保等要求对工程造价的影响，并结合企业投标策略形成投标报价。人工智能会对报价进行中标可能性分析，投标方调整后即可形成最终投标价。招标方在评标专家的协助下利用人工智能程序对各投标方报价进行全方位分析，结合行业诚信大数据，依据项目评标办法，对项目投标做出充分深入的比选评定，最终确定中标人。

（4）施工阶段的合同定价和工程进度结算编制，基于施工 BIM 模型进行动态的工程变更、洽商管理及进度款支付管理。承包单位对 BIM 造价模型进一步细化，增加施工组织设计相关信息，形成施工 BIM 模型。基于云端的工料机价格信息和 BIM 模型中的报价信息，工程造价专业人员可以快速确定设计变更、工程洽商等工程造价内容，基于项目的工程造价管理原则，利用人工智能快速生成各种调整要素的定价方案。基于 BIM 模型和实时集成到模型中的工程造价信息按时间维度或按工程形象进度进行动态的工程造价管理、进度款的支付管理。通过对施工 BIM 模型的管理，逐步形成竣工 BIM 模型。

（5）竣工阶段的工程结算和投资绩效评估，基于竣工 BIM 模型快速编制、审核竣工结算。承包单位依据竣工 BIM 模型快速编制竣工结算，业主基于 BIM 模型及承包单位所提交的其他资料进行竣工结算审核。竣工结算审核完成后，需要按照前述工程造价构成体系对工程造价进行分析加工，产生本项目概算精度的数据和估算精度的数据，如果有条件可以与本项目实际估算和概算进行对比分析，分析实际估算概算的偏差原因，并形成修正后的估算概算，为后续参照本工程编制估概算时提供更精确的数据。

（6）运维阶段的物料采购和建设项目的固定资产评估，基于竣工 BIM 模型快速确定替代品，完成残值估算。在日常运维中，基于 BIM 模型中的丰富信息，对于需要维护更换的构件和设备，可以在云端丰富的构件库和工程造价信息库中找到质优价廉的备品和符合原来设计要求的替代品，使项目修缮维护等造价工作快速准确。在项目拆除阶段，工程造价专业人员基于 BIM 模型对可回收利用构件进行分析，利用云端丰富的构件需求信息对项目残值进行估算。

第二节 智能化算量管理

一、概述

建设项目工程量计算是编制和审核工程投资估算、概算、预算、结算的基础，比对传统计算辅助图形算量方法，智能化算量是基于 BIM、AI、云计算等数字化技术算量功能的融合应用，通过将建筑行业的设计标准、施工工艺、施工做法等技术以算法的方式固化于工具软件中，通过人工智能识图和云计算功能的融合应用，实现工程量智能化计算，使工程量计算工作更多地摆脱人为的因素的影响，得到更加客观的数据。在工程交易过程中，招标人和投标人基于统一的模型、规则和标准进行工程量自动计算统计分析，形成准确的工程量清单，为招标控制造价和投标报价的编制提供了准确的基础数据，提高招投标工作的效率和准确性，并为后续的工程造价管理和控制提高基础数据。

1. 智能化算量的特征

通过智能化算量技术发展和应用，基于行业内针对智能化算量的"端+云+大数据"一体化方案中，通过智能化算量、建模充分发挥 AI 千人千面的特点，智能化算量应用越多，计算机学习就越多，计算机学习越多。由于智能识别系统以"云+端"的形式存在，在云端保存着大量的设计图纸和识别算法，工程造价人员只需要通过连接互联网络，导入设计图纸并连接云，客户端通过云端海量图纸库及识别算法便开始对设计图进行自动识别、自动建模，针对计算机不能有效识别或正确识别的图纸，只需要造价人员手动识别建模，并将图纸提交上云供机器云端学习提升后，智能分析形成新的 CAD 识别算法为下次成功识别类似图纸做准备。基于工程量计算过程中的图纸识别率就越高，工程量的计算的准确度也随之越高。

因此，智能化算量的主要特征表现在随着数字化程度不断深入，通过对 BIM 技术、AI 人工智能和大数据技术的深度应用，提升了项目工程量计算数据的实时计算能力，提升组织间的协同计算和支撑能力。利用强大的云组合计算进行保障（即云计算、雾计算、边缘计算），提升智能化工程量计算的强大的计算能力，为工程量计算这一基础工作进一步显著的提升效率。

2. 智能化算量的价值

智能化算量是通过云的强大计算能力进行云端计算，对于工程量汇总计算、工程量报表浏览查看、计算规则修改、调用等实时要求高的计算服务，借助边缘计算、雾计算进一步扩展智能算量的计算能力，为不同业务场景下提供高效的支撑、更好的体验和更高的工作效率。

（1）算量更加高效。基于智能化的工程算量计算，将造价工程师从烦琐的算量工作中进一步中解放出来，利用智能化识图、智能建模、异型构件建模、过程进度计量，BIM 模型实体精确扣减对于规则或者不规则的构件都可以同样准确计算。基于实践证明智能化算量工作中，在应用云计算的计算能力会比本地计算的计算速度提升 3 倍以上，节省约 60% 的计算时间。同时，再加上边缘计算与雾计算进行组合计算，其效率将进一步提升，预估计算速度会提升 5 倍以上。极大地减轻了工程造价人员的工作强度，节省更多的时间和精力用于更有价值的工作，如询价、评估风险等，并可以利用节约的时间编制更准确地预算，如图 4-1 所示。

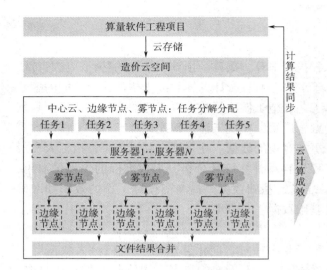

快速计算工程量，在云端5台服务器计算的情况下，汇总计算速度可提升3倍，节省60%以上的时间

工程级别	单机4H4G	单机4H8G	云计算 8H16G
土建10万图元	100.7分钟	17.30分钟	4.468分钟
钢筋10万图元	56.69分钟	7.72分钟	1.90分钟
土建20万图元	143.19分钟	29.85分钟	8.21分钟
钢筋20万图元	132.27分钟	17.77分钟	3.47分钟

图 4-1　智能化算量对算量效率的提升示意图

（2）计算更加准确。工程量计算时需要先将设计二维图纸识别变成三维算量模型，识别率的高低直接影响工作效率，而造价工程师的人为因素更是导致非常多的常见计算错误。例如，工程量计算过程利用二维图纸进行面积计算时，往往容易忽略立面面积的计算与扣减，当跨越多张二维图纸的项目可能被重复计算，线性长度在二维图纸中通常日计算投影长度等，这些人为偏差直接影响着工程量计算和扣减的准确性。智能化算量中基于 BIM 技术、AI、云计算和大数据技术进行算量时，可以使工程量计算工作大幅度的提升，且可以降低人为因素对工程量计算的影响，得到的数据更准确。基于实践的统计，利用数字化技术的智能算量中，通过计算机不断地学习和提升，计算建筑工程量主体构件时对二维图纸成功识别率已提升 85%～94%（识别的差异主要存在与使用者对 AI 识别的训练导致机器自我学习的差异），相信在不久的将来，成功识别率将无限接近 100%。

（3）设计变更响应更快。项目建设过程中由于种种原因，设计变更在实施中是频繁发生的事情，是工程建设过程中造价人员每天必须面对的日常性算量业务活动，传统工程量计算方法无法做到实时响应设计变更、施工签证等各类需要算量或重复核算的问题。基于智能化算量技术，利用 BIM 技术的模型碰撞检查工具模拟施工预判断变更的发生，降低施工变更发生。在实施过程因设计产生变时，通过利用设计 BIM 模型和数字化共享平台支撑，实现设计、施工、建设方和咨询方等多参与方的造价人员协同工作，基于智能化算量当变更产生的相关工程量变化时会快速、准确地将变化所产生的工程量计算出来，不需要重复和多方核对计算工程量。

同时，基于设计变更所引起的造价和投资变化直接反馈给设计师，从而使设计师们清楚地掌握限额设计要求和设计方案的优化，掌握设计变更对工程造价和投资产生的影响。

（4）指标数据的积累。数据是工程项目的重要生产要素，基于智能算量产生的工程造价业务数据，能够被 AI 和算法直接加工、分析和应用，形成工程项目的造价指标、含量指标等数据，支持全过程工程造价咨询业务，快速、准确地估算工程投资和编制或审核投资资金计划。

二、智能化算量的应用

工程量计算是编制工程造价的基础工作，智能化算量与传统的图形算量方法相比，更大程度地降低了手工绘图、图纸导入等工作的强度，基于 BIM、AI、大数据和云计算的功能，使得工程量计算工作最大限度地摆脱人为因素的影响，得到更加客观和准确的数据，降低工程量计算过程中不同参与方针对同一工程的量差争议。智能化算量的工作步骤与传统图形算量流程步骤比照，其与传统的算量方式没有原则性的变化，只是数字化程度和智能化程度的应用增加，使得算量工作效率显著提升。其中，智能化算量工作流程的步骤包括建模型、设置参数、设置做法和智能开项提取工程量等业务活动。

智能化算量中工程造价人员依据设计图纸或 BIM 设计模型开展工程算量活动，通过按照不同专业选用相应的智能化算量软件进行工程量计算，工作内容包括：

（1）创建算量模型。依据造价管理需求创建建筑、结构、安装、市政等不同专业的算量模型，可以通过设计软件导入设计模型，也可重新建立算量模型。模型的创建以参数化的构件为基础，包含了构件的物理、空间、几何等数据信息，这些信息是构成工程量计算的基础。

（2）创建算量参数。通过设置建设工程的一些主要参数信息，包括混凝土构件的混凝土强度等级、建筑层高、基础形式、安装方式、钢筋规格、室外地坪标高、抗震等级等参数，为计算机自动计算土方、混凝土构件、设备安装等内容自动套取做法建立关联条件。

（3）创建做法规则。通过设置算量规则和工艺做法，确保在算量模型中针对构件类别正确套用工程做法，如混凝土、模板、制体、基础都可以自动套取做法（定额）。完善补充输入不能自动套取的做法，如装饰做法、门窗定额等。自动套取是依据构件定义、布置信息及相关设置自动找到相应的定额或者清单做法，并且软件可根据定义及布置信息自动计算出相关的附件工程量（模板超高、弧形构件系数增加等），每个地区的定额库中均设置了自动套定额新表，自动套定额表记录着每条定额子目和它可能对应的构件属性、材料、量纲、需求等关系，其中量纲指体积、面积、长度、数量等，需求指子目适应的计算范围、增减量等。智能化算软件通过判断三维建筑模型上的构件属性、材料、几何特征，依据自动套定额表完成构件和定新子目的衔接。按清单统计时需套取清单项以及对应消耗量子目的实体工程量。

（4）创建工程量提量规则。在智能化算量中工程量清单列项和工程量计算业务活动，核心的工作是要准确设置清单与构件的自动匹配参数信息，然后通过智能化算量软件自动计算并汇总工程量，计算工程量的依据是模型中各构件的截面信息、布置信息、输入的做法、计算规则计算等，输出工程量清单，提升工程量清单列项与工程量计算的效率。

1. 智能化算量在决策阶段的应用

智能化算量在项目决策阶段的重点是确定各项技术经济指标，影响建设项目技术经济指标确定的主要原因包括建设标准、建设地点的选择、工艺的评选、设备选用等因素，直接影响到项目工程造价的估算水平的准确程度。基于 BIM 技术的智能化算量在辅助投资决策过程中可以提升项目投资分析效率，工程造价人员在决策阶段可以依据不同的项目设计方案，利用已完工程的建筑信息模型库创建 BIM 数据模型。根据 BIM 模型提供的数据，调用与拟建项目相似工程的造价数据指标，如该地区的人材机消耗量指标等，也可以输出拟建项目工程每平方米消耗量指标，快速、准确地估算出规划项目的总投资额，为投资决策提供准确依据。

（1）测算拟建工程数量。拟建项目方案性价比的高低确定，当技术方案确定可行后，最重要的一个环节是经济方案是否可行，要快速、准确地得到供决策参考的价格在方案比选中非常关键。投资决策阶段的工程造价不是对分部分项工程量、工程单价进行准确掌控，更多的是基于单位、单项工程为计算单元的项目造价估算，准确估算出建设项目总投资。

智能化算量是基于 BIM 技术，算量的基础是模型以及模型上的数据信息，基于已完项目前期、建造过程中产生的经济、技术、物料等丰富数据信息均存在于 BIM 模型上。而且已完建设项目的 BIM 模型数据更为详细、完整，有很强的可计算性。智能化算量通过智能算法，借助丰富的历史数据信息抽取不同类型工程的造价消耗量指标，或提取相似的历史已完工程的 BIM 模型，并针对拟建项目方案特点进行简单修改，工程造价人员就可以得到相应的工程量、造价功能等不同的造价指标。利用这些消耗量指标，工程造价人员便可以快速地进行工程价格估算。

（2）辅助投资方案选择。项目投资决策是对确定合理的项目方案重要活动，智能化算量应用 BIM 技术快速准确确定各方案估算的技术指标，并依据指标计算投资价格之外，还需要确定各方案之间其他指标对比，如工程量指标、成本指标等，以此综合确定最优方案。基于企业建立的 BIM 数据库为投资方案比选和确定带来巨大的价值，通过利用已完工程的 BIM 模型所记录的丰富的构件信息、技术参数、工程量信息、材料信息等，并以三维的方式展现拟建项目方案的特点，并对相似历史项目模型进行抽取、修改、更新，快速形成不同方案的模型，然后软件根据修改，自动计算不同方案的工程量、造价等指标数据，可以直观、方便地进行方案比选。

2. 智能化算量在设计阶段的应用

建设项目设计阶段智能化算量工作，需要完成包括初步设计、施工图设计和深化设计几个阶段的工程量计算，通过 BIM 技术对设计方案的限额设计，多专业一致性检查、设计概算、施工图预算的编制管理和审核环节的应用，实现对造价的有效控制。

（1）项目限额设计。初步设计阶段智能化算量利用设计产生的 BIM 模型，建立结构化、参数化的数据，通过关联企业造价数据库中的材料信息、价格信息，并根据所得造价信息对细节设计方案进行优化调整。通过对限额设计的指标分解，工程造价人员根据设计方案和分解的指标估算出概算工程量，此时再按照限额设计进行调整。利用 BIM 模型来测算造价数据，一方面可以提高测算的准确度，另一方面可以提高测算的精度。工程造价人员通过企业 BIM 数据库中的历史指标，包括钢筋含量指标、混凝土含量指标不同大类不同区域的造价指标等，指导设计人员执行限额设计目标。同时，模型丰富的设计指标、材料型号等信息可以指导造价软件快速、及时地得到造价或造价指标，以及按照限额目标进行设计修订。

（2）设计概算编制。智能化算量在初步设计阶段，利用设计 BIM 模型或初步设计图纸，创建算量模型和提取建筑、结构、基础和安装等工程的单位工程量清单，通过与计价软件结合，完成设计概算的编制，解决对设计及后续造价的控制。同时，基于 BIM 的设计概算能实现对成本费用的实时模拟和核算，并为后续施工阶段的管理工作所利用，避免设计与造价控制环节脱节、设计与施工脱节、变更频繁等问题。通过 BIM 的设计概算编制，利用 BIM 的计算能力，快速分析工程量，通过关联 BIM 历史数据分析造价指标，帮助工程造价人员快速、准确分析设计概算的合理性，提升设计概算的精度。

（3）辅助优化设计。智能化算量辅助优化设计，促进设计变更管理最大限度地减少设计变更，减少因变更带来的工期和成本的增加。通过创建的 BIM 算量模型，以可视化方式准确地展现各专业系统的空间布局、管线走向、专业碰撞等设计问题，在设计成果交付前消除设计错误，减少设计变更，减少"错、碰、漏、缺"现象。同时，基于 BIM 技术、数字化共享平台和大数据技术，通过将各专业集成到共享平台进行碰撞检查，从而发现设计错误和不合理之处。通过集成建筑模型、结构模型、机电模型等，在统一的三维环境中，自动检查每个构件的碰撞情况，进行标识和统计，提高设计质量。实现最早发现和解决冲突，最大限度地减少施工过程中的变更，消除预算外变更。

3. 智能化算量在交易阶段的应用

智能化算量在招投标阶段，利用 BIM 技术、AI 和大数据，快速创建施工招标模型，支撑数字化招投标业务活动。基于 BIM 技术的推广与应用，数字化招投标交易已经推动招标投标交易活动转型升级。招投标双方和造价咨询单位的造价管理人员，依据设计图纸或设计模型快速创建 BIM 模型招投标模型，实现快速工程量提取、清单列项，并结合项目具体特征编制准确的工程量清单，有效地避免漏项和错算等情况。同时，也最大限度减少招投标过程中烦琐的答疑和澄清工作。招标人将拟建项目的招投标 BIM 模型以招标文件的形式发放给投标单位，供投标单位校对工程量清单信息，快速获取正确的工程量实施计价活动，留出更多的时间制定的投标策略和编制施工方案。

4. 智能化算量在施工阶段的应用

智能化算量在施工阶段的工程造价管理，是借助数字化造价管理理念，利用数字化技术支撑手段，动态控制投资目标。通过对工程施工过程中实际发生的工程量产值与目标工程量产值进行对比，发现投资、进度偏差，并分析偏差产生的原因后以便于采取有效措施加以应对，以保证对工程造价控制目标的实现。其中包括物料资源的管理，快速计算人工、材料、机械设备和资金等的资源需用量计划；动态资金、材料劳动力等资源计划管理，包括每项材料的名称、单价、计划用量、费用等数据，快速统计任意工程进度指定时间段内的人力、材料、机械预算用量和实际用量；以及进度结算等工作。

（1）施工过程的结算计量和支付管理。基于施工合的约定，智能化算量管理支持按月结算、竣工结算、分段结算等工程结算。施工单位依据实际施工进度，向建设单位提供已完成工程量报表和工程价款结算账单，并收取当期工程进度结算款项。建设单位或造价咨询单位的工程造价人员基于 BIM 技术、大数据和共享平台的支撑，通过将工程进度与施工算量模型进行关联，根据所涉及的时间段，如月度、季度或施工节点，智能化算量软件可以自动统计该时间段内容的工程量汇总，并形成进度结算造价文件，快速、准确地生成工程施工进度计量和结算支付审核文件。基于统一算量模型、统一计算标准、统一支付文件等，合同双方很快完成进度款的结算和支付，降低进度结算款的争议。

（2）施工过程的变更管理。施工过程中随着工程项目规模和复杂度的不断增大，施工过程中产生变更的机会也随之增加，有效的动态管理管理可以更好地控制由于变更产生的变动成本，避免目标处于失控。智能化算量利用 BIM 技术最大限度地减少设计变更的同时，也在施工过程中不同的实施阶段，以及各参建与方之间共同及时、准确地计算变更所影响的工程量变化。通过智能化算量技术的应用，及时将变更的内容在模型上进行直观调整，自动分析变更前后模型工程量（包括混凝土、钢筋、模板等工程量的变化），为变更计量提供准确、可靠的数据。使烦琐的手工变更算量智能便捷，底稿可追溯，结果可视化、形象化，帮助工程造价人员在施工过程中和结算阶段便捷、灵活、快速地完成变更单的计量工作。

（3）施工现场签证索赔管理。智能化算量工作针对施工现场产生的签证和索赔可以快速、准确地处理。由于工程建设周期长、实施过程中不确定因素多，过程中产生签证和索赔是不可避免的内容，也是造价管理中一项重要工作。通过应用智能化算量软件，实现基于BIM模型与现场实际情况进行实时对比分析，通过三维模拟还原施工过程的实际偏差产生情况，从而确认签证内容的合理性，自动、精确地计算变化工程量，从而确定签证产生的工作量，根据对构件数据的拆分、组合、汇总确定工程量和所产生的费用。

（4）施工材料成本控制。由于智能化算量的精度高、动态性好、直观呈现能力强，因此，可快速准确分析工程量计算范围的划分，再通过结合相应的定额或消耗量智能分析，便可以确定不同构件、不同流水段、不同时间节点的材料计划和目标结果。基于BIM技术、大数据和云计算技术的融合应用，施工单位通过在算量模型中准确、快速提取其所需要的材料、设备数量，并依据施工进度计划确定并优化材料采购计划、进场计划、消耗控制的流程，提高精确成本控制能力，对材料计划、采购、出入库等及时和动态地进行有效管控。

5. 智能化算量在竣工阶段的应用

建设工程竣工阶段的竣工验收、竣工结算以及竣工决算管理，直接关系到建设单位与施工单位之间的合作利益分配，是检验和评价建设工程项目工程造价的实际实施效果，是决定建设项目办理项目的资产移交和运营的关键环节。同时，也是确定单项工程最终造价、考核承包企业经济效益以及编制竣工决算的依据。

基于智能化的算量工具支撑，利用数字化共享平台和大数据技术，减少了在传统模式下重新创建算量模型和多方核对工程量的烦琐过程。工程竣结算涉及的造价管理过程的资料的体量大，结算工作中往往由于单据的不完整造成不必要的工作量，以及在工程造价人员对施工合同及现场签证等产生的理解不一致，容易导致结算"失真"。智能化算量软件在结算管理中，通过对施工过程中的BIM算量模型数据库的不断修改和完善，动态补充、更新模型相关的合同、设计变更、现场签证、计量支付、材料管理等信息数据，实现工程竣工结算资料数据完整、准确，通过直观查看BIM算量模型，调用变更前后的模型进行对比分析，便可以迅速找出工程量的变化差异，避免在进行结算时描述不清楚而导致结算难度增加，减少合同双方在结算过程中的扯皮现象，加快结算编制、审核速度和支付的及时性。

第三节　智能化计价管理

一、概述

基于数字造价管理在工程造咨询行业快速的发展和应用，以BIM、云计算、AI（人工智能）和大数据、数字化共享平台技术为代表的数字化支撑体系已进入深度融合应用阶段。

工程造价业务领域传统的定额组价、材料比选等业务活动已逐步被智能组价、智能选材定价的数字化造价管理所取代。住房和城乡建设部办公厅印发的工程造价改革工作方案中提到，推行清单计量、市场询价、自主报价、竞争定价的工程计价方式，进一步完善工程造价市场形成机制，这就意味着未来建筑产品将由当前的靠定额、信息价定价的机制逐步向市场定价机制转变。市场化定价、智能化应用是数字化时代工程计价的主要特点。

1. 智能化计价的特征

基于数字技术在建筑业的快速发展应用，在数字造价管理的理念支撑下智能化计价已逐步被行业认知和应用。随着工程造价改革工作方案的发布，市场竞争形成价格的趋势越来越明显的情况下，基于计价依据库建立定期动态更新机制，掌握企业市场价格体系，通过市场行情确定市场价格已经在造价咨询行业形成广泛共识。因此，基于"端、云、大数据一体化"方案下，通过端、云、大数据技术的融合应用赋能企业，形成造价咨询行业的市场化计价依据。其特征表现：

（1）结构化造价数据。利用语义识别技术可以将企业不同业态的计价成果的项目划分结构，与相应清单进行分析、识别，进而形成相应的企业清单模板，以便后续指导各工程造价人员作业使用。

（2）数据实时更新。通过造价云计算技术，实现实时对造价数据的更新迭代，保证市场化计价依据中的价格数据始终处于最新。

（3）多参与方协同。通过端工具的应用和云计算的协同让建设项目各参与方的造价管理人员共享应用企业计价依据，将数据存储于云端。

（4）造价数据自动积累。全通过端、云、大数据协同配合，完成数据积累、分析、成库、更新、应用的闭环。

2. 智能化计价的价值

智能化计价是基于数据对计价工作的赋能，充分利用大数据分析、加工形成组价数据库，通过应用语义识别等技术让历史数据与待组价清单项实现自动匹配，达到快速、准确完成组价的效果。

（1）智能组价。基于"端、云、大数据一体化"智能计价解决方案，智能组价通过不断地积累行业数据与自积累数据的同时，通过数据对组价工程造价人员工作的赋能，利用大数据分析、加工形成组价数据库，应用语义识别等技术使历史数据与待组价清单项自动匹配，达到快速组价的效果。通过计算机和软件工具不断地自我学习与积累，以及算法的不断精进，智能组价对造价管理工作效率的提升在逐年大幅度提升，极大地降低计价组价的工作强度，实现将工程造价人员从烦琐手动组价中解放出来，从而有更多的时间思考造价管理对项目的价值。

（2）智能选材定价。智能选材定价是指利用市场的价格数据（还包括互联网中的交易价格数据、供应商报价数据等），以及全国各地收集的不同工程业态典型工程数据，通过大数据技术进行自动清洗，最终通过相关的机器学习技术形成选材定价的知识图谱。通过智能推荐算法，帮助工程造价人员进行基于实际工程选用物料和确定价格的要求。改变原来海量数据中难以自行选择的困境，智能选材定价能够输入工程类型、主要材料、建造标准等场景标签，应用端能够进行智能化的品牌档次、价格水平的精准推荐，从而达到选材定价的目的。

二、智能化计价的应用

基于数字造价管理的理念，智能化计价的应用极大地促进工程造价管理中的各个专业造价人员可以基于各产品清单模板作业形成不同阶段、不同业态、不同专业、不同区域、不同项目、不同时间的价格，这些价格可以根据管理诉求按一定算法形成企业的基准价格，如可以按同区域、同时间段、同业态的清单价格按均值计算得出招标控制价的基准价。工程造价咨询企业通过将建设工程的业态、工程分类、工程特征、指标模板、专业清单模板等业务标准化，进一步提升智能组价过程中如清单一致性分析识别的精度。同时，工程造价管理人员通过应用智能化计价软件工具与数据库协同，在建设工程的决策阶段、设计阶段、招投标阶段、施工阶段以及竣工验收后的结算工作中，进一步提升各工程项目的清单编制质量及编制效率，为成本数据库沉淀奠定基础。

1. 智能化计价在决策阶段的应用

投资决策阶段建设项目的各项技术经济指标合理的确定，决定着建设项目投融资的实施管理以及造价有效控制，是决定工程造价的基础。通过基于 BIM、云计算、大数据技术智能化算量与智能化计价融合应用，依据 BIM 算量模型数据，通过调用与拟建项目相似工程的造价数据包括拟建项目所在地区的人材机价格等数据，以及已完类似工程的经济指标，可以快速、准确地估算出拟建项目的总投资额，为投资决策提供准确和可靠的基础依据。基于智能化计价工作在投资决策阶段的主要工作包括投资估算编制和辅助方案选择。

（1）项目投资估算编制。建设项目方案性价比的高低确定，首先要确定建设工程的项目方案价格，快速、准确计算拟建项目的投资总造价是支撑决策者正确决策项目是否实施的主要基础依据。决策阶段工程造价人员基于对拟建工程项目的工程量、工程单价准确估算和调整，可以快速确定拟建项目的"图前成本"。

智能化计价是基于对 BIM 技术、云计算和大数据的融合应用，通过将历史数据结构化，生成各种应用类型的工程造价指标、指数。工程造价人员编制投资估算时，基于智能算量工具提供的 BIM 模型，以及工程量清单数据，通过直接在调用造价数据库中相似或相近的历史工程价格数据，并结合拟建项目方案特点进行针对性的修改，调整因功能等不同而影响造价的指标数据。智能计价软件依据修改后的工程量和指标数据，自动完成组价工作，并统计、计算修正拟建造价指标。通过得到的拟建工程造价指标，智能计价软件自动分类汇总形成拟建工程的投资估算价格，大幅度地提高准确性，为融资工作充分筹备资金建立基础。

（2）辅助投资方案选择。基于智能化计价工具软件、BIM 和大数据的融合应用，通过快速、准确地计算出规划设计各类方案的估算价格外，智能化计价软件基于图纸抽取一些关键指标，利用决策阶段的 BIM 估算模型中具有的构件信息、技术参数、工程量信息、成本信息、进度信息、材料信息等，通过复原这些信息数据并以三维的方式展现，直观呈现拟建项目的各方案特点，并对拟建项目模型进行抽取、修改、更新所形成不同方案，智能化计价软件依据修改结果，自动组价和材料选择并计算不同方案的造价等指标数据，包括单项工程、单位工程、分部工程、工程各类取费指标等的对比分，如工程量指标、成本指标等为设计和决策者提供综合确定最优方案的基础支撑。

2. 智能化计价在设计阶段的应用

建设项目确定投资方案后，紧后工作为建设工程设计阶段，也是建设项目工程造价控制的关键环节之一，它对工程建设项目的工期、造价、质量及建成后能否发挥较好的经济效益都起着决定性的作用。设计阶段包括初步设计、施工图设计和深化设计三个阶段，相应涉及的造价文件是设计案估算、设计概算和施工图预算。对应建设项目设计方案优选或限额设计，招投标交易、合同价格的确定和施工量计量工作，推动对建设项目工程造价的有效控制。

（1）指导限额设计。智能化计价的通过利用 BIM 算量模型和大数据的支撑，动态跟进设计优化工作，基于限制设计要求，将估算投资额分摊到各单项工程、单位工程、分部工程等，为设计人员在设计过程中提供限额调整和优化支撑，保证建设项目的投资得到有效的控制。基于传统造价管理中算量和计价业务，以及建设项目工程造价的各专业之间业务的割裂，当设计优化或图纸调整时，工程造价人员无法迅速、动态得出各种结构的造价数据供设计人员比选，导致限额设计难以覆盖到建设项目的全部设计专业。基于智能化计价工程造价人员通过利用算量模型的结构化、参数化的数据，加载建筑构件的材料信息、价格信息等数据，通过造价数据库累计历史项目指标数据，包括不同部位钢筋含量指标，混凝土含量指标，以及不同大类不同区域的造价指标等数据，根据所得造价信息对细节设计方案进行优化调整，保证投资限额设计得以有效执行。同时，利用智能算量 BIM 模型估算造价数据，可以提高造价测算的准确度和精度。通过这些指标可以在设计之前对设计院制定限额设计目标。

（2）编制设计概算。设计概算是在设计阶段，当初步设计文件形成时依据图纸估算工程量和价格，是一个"图后成本"。首先，传统的工程造价管理模式下，设计概算的编制是由工程造人员依据初步设计图纸，套用概算定额，计算工程建设费用的方法，设计概算不能与估算、预算建立起有效的链接，造成设计概算与工程实际投资造价割裂。其次，设计阶段通过二维的辅助计算机制图软件所创建的设计图纸或数据，以及由此进行的概算数据无法与造价管理所需的数据自动关联，难以为后续建设阶段的造价管理工作所利用，在整个项目生命周期管理中无法实现设计数据的共享使用。如在项目的采购、施工和使用阶段，施工单位需要根据图纸重新进行工程造价工作，设计概算信息与后续的计价、造价控制等环节脱节，概算与施工计量、结算等造价管理业务脱节。

基于数字化造价管理，智能化计价业务通过融合 BIM 模型、工程量、材料价格等各工程信息和业务数据信息于一体，借助云计算和大数据的支撑快速跟进设计过程，完成对成本费用的实时模拟和核算。利用 BIM 的计算能力，快速分析工程量，通过关联 BIM 历史数据，分析造价指标，更快速、准确地分析设计概算，大幅度提升设计概算精度。同时，基于数字化共享平台的支撑，围绕建设工程设计、造价业务等协同工作，将原本设计阶段割裂和专业割裂的问题很好地免除，有效地避免设计与造价控制环节脱节，设计与施工脱节，以及变更频繁等问题。

3. 智能化计价在交易阶段的应用

智能化计价在招投标阶段，借助于智能化算量提供的 BIM 算量模型、工程量清单、定额数据和市场化的造价数据，依据清单项特征描述和项目规则的设置，智能化组价软件自动完成组价和取费招标方需要标底价格，自动生成招标标底；投标方利用智能化计价软件依据招标方提供的清单量，并根据设计图纸、BIM 模型提供的数据信息、工程量信息、项目具体特征和工程量清单，快速地实施投标报价，并按项目建设方案调整投标策略。

4. 智能化计价在施工阶段的应用

智能化计价在施工阶段的工程造价控制，是将基于数字化造价管理，将建设项目的投资额作为造价控制的目标值，实现在工程施工过程中动态造价管理，通过分析对比实际发生的产值与目标产值，动态发现投资偏差，汇总偏差产生的原因并采取有效措施加以控制，以保证造价控制目标的实现。具体工作包括：投资计划管理、工程进度结算、变更管理、索赔管理、动态成本控制、绩效分析等业务活动。

（1）优化投资管理。智能化计价基于 BIM 模型与项目建设进度关联，在该模式下通过 BIM 模型集成的建设项目所有的几何、物理、性能、成本、管理等信息数据，为工程建设各方提供了施工进度与造价控制的所有数据。建设项目的建设方、施工方等各工程造价人员可以直观地按月、按周、按日观看到项目的具体实施情况并得到该时间节点的造价数据，通过对建设项目投资计划实时修改调整，最大程度地实现全造价精细化控制的效果。其中包括：

1）资金计划管理和优化。基于智能化计价，建设方和施工方通过 BIM 管理软件准确地预测建设项目的产值和资金需求计划，用于控制项目前期预算以及项目最终结算。通过将进度时间参数加载到 BIM 模型并关联造价与进度数据，即可实现不同维度（空间、时间、工序）的造价管理，根据时间节点或者工程节点的设置，软件可以自动输出详细的费用计划。

2）施工进度模拟和资源优化。智能化计价与 BIM 管理软件相结合，基于 BIM 模型的参数化特性，以及施工进度计划与预算信息的关联关系，当工程造价人员在软件中选择不同的施工进度计划项时，软件可以自动关联并快速计算出不同阶段的人工、材料、机械设备和资金等的资源需用量计划。基于此，工程造价人员通过 BIM 软件中的模型合理安排施工进度，划分和调整施工流水段，组织安排专业队伍连续或交叉作业和流水施工，既能提高工程质量，又保证施工安全和降低工程成本。

3）直接费和措施费管理。基于智能化计价软件与 BIM 管理软件融合应用，依据项目建设优化成果，自动生成资金、材料、劳动力等资源计划，也可生成指定日期的材料使用周计划，包括每项材料的名称、单价、计划用量、费用等信息；自动统计任意进度工序工作分解结构节点在指定时间段内的工程量以及相应的人力、材料、机械预算用量和实际用量，并可进行人力、材料、机械预算用量、实际进度预算用量和实际消耗量的各项数据对比分部分项工程费、措施项目费及其他项目费等具体明细和超预算预警提示。

4）精细化成本管控。智能化计价包括工程施工资源的动态管理和成本实时监控，通过与 BIM 管理软件融合应用，针对施工进度相关的工程量及资源、成本进行动态查询和统计分析，自动生成不同阶段、不同流水段、不同分部分项的成本数据。例如，显示某流水段在同样时间段内的计划进度预算成本、实际进度预算成本和实际消耗成本对比，及其进度偏差和成本偏差分析报表。

（2）进度计算和结算支付。基于数字化造价管理模式下，智能化计价管理对工程进度款结算最为方便快捷，支撑建设项目按月结算、竣工结算、分段结算等各类合同结算模式。建设方和施工方依据建设工程现场实际完成的工程量，以及已完成工程量报表和工程价款结算账单，在数字化共享平台的支撑下，在建设项目施工过程中的工程进度产值、变更等基础数据汇总，将分散在工程、预算、技术等不同管理人员手中数据快速调用完成，形成数据的统一和对接，确保工程进度计量工作及时、准确，工程进度款的申请和支付结算工作化繁为简，一键生成如月度、季度时间段内容的工程量汇总，并形成进度造价文件，支撑建设工程进度计量和支付工作。

（3）工程变更管理。有效管理施工过程中产生的变更，是动态控制建设项目成本的主要业务活动，智能化计价是基于施工过程中反复变更导致工期和成本的增加，确保建设项目成本和工期目标处于受控状态。利用 BIM 技术、AI、大数据和共享平台等数字化技术在建设项目施工阶段的各进度阶段，确保及时、准确地计算变更所影响的工程量是施工过程商务管理的重要内容，包括建设方的需求变更、合理化建议、图纸会审、法律法规等因素。

智能化计价活动中，基于 BIM 的变更算量软件，应用 BIM 技术将变更的内容在模型上进行直观调整，自动分析变更前后模型工程量（包括混凝土、钢筋、模板等工程量的变化），为变更计量、计价提供准确、可靠的数据。使烦琐的手工变更计价智能化，底稿可追溯，结果可视化、形象化、化繁为简，防止漏算、少算、后期遗忘等造成不必要的损失。

（4）签证索赔管理。智能计价在实际的工程项目成本管理中，针对签证、索赔的真实性、有效性、必要性的复核采取事前控制的手段，有效地降低实施阶段的工程造价，保证建设单位的资金得以高效地利用，发挥最大的投资效益。智能化计价软件中实现模型与现场实际情况进行对比分析，通过三维模型模拟现场实际偏差情况，从而确认签证内容的合理性。同时，根据签证索赔产生的情况，利用 BIM 变更算量软件对模型进行直接调整，基于计算的工程量确定签证产生的工作量，并根据对构件数据的拆分、组合、汇总确定工程量及所产生的费用。

（5）材料成本控制。材料费在工程造价中占据到 70% 甚至更高的比重，控制材料成本是工程成本控制的重中之重。智能化计价基于计算、汇总材料等消耗量，在 BIM 算量模型中生成一个包含成本、进度、材料、设备等多维度信息的模型。结合相应的定额或消耗量分析系统就可以确定不同构件、不同流水段、不同时间节点的材料计划和目标结果，让材料采购计划、进场计划、消耗控制的流程更加优化，并且有精确控制能力，并对材料计划、采购、出入库等进行有效管控。

（6）多算对比分析。数字化造价管理中的多算对比，对及时发现问题并纠偏、降低工程费用起到了事前控制作用。利用智能化计价工具与 BIM 模型相关联，针对不同时间、不同构件、不同工序等目标成本与实际成本的多算对比，实现精细化造价管理需要。在智能化计价模式下，计算机软件通过计价规则自动拆分、汇总大量实物消耗量和造价数据，实现快速、精准地多维度多算对比，包括不同类型的构件、时间、流水段、预算、实际成本等信息，并根据时间维度、空间维度、工序维度、区域等进行分析对比，实现多维度的多算对比。

5. 智能化计价在竣工阶段的应用

智能化计价在竣工阶段的竣工验收、竣工结算以及竣工决算的应用，直接关系到建设单位与承包单位之间的利益关系平衡，关系到建设工程项目工程造价的实际结果，以及合理确定建设工程项目最终的实际造价，即竣工结算价格和竣工决算价格，推动建设方和施工方顺利办理项目的资产移交。同时也关系到确定单项工程最终造价、考核承包企业经济效益以及编制竣工决算的依据。

智能化计价是基于智能化算量软件统计和汇总的工程量，由于 BIM 结算模型工程量不但工程量计算的效率和准确性高、争议小，通过结合发承包双方按照合约统一约定的价格调整办法，在 BIM 模型中不断修改完善相关计价数据和材料价信息，确保算量模型与合同、设计变更、现场签证、计量支付、材料管理等信息更新保持一致，其信息量与已完工程实体表现一致。软件自动且快速、准确的实施结算编制与审核工作。同时，基于 BIM 可视化的功能可以随时查看三维变更模型，并直接调用变更前后的模型进行对比分析，避免在进行结算时描述不清楚而导致索赔难度增加，减少双方的扯皮，加快结算和审核速度。

第四节　数字化招投标管理

一、概述

2019 年 10 月，国务院印发《优化营商环境条例》（国务院令第 722 号），要求招标投标和政府采购应当公开透明、公平公正，依法平等对待各类所有制和不同地区的市场主体，不得以不合理条件或者产品产地来源等进行限制或者排斥。政府有关部门应当加强招标投标和政府采购监管，依法纠正和查处违法违规行为。2019 年和 2020 年，北京、上海作为样本城市接受世界银行营商环境考核，公共资源交易平台电子系统成为考核的重要内容。

应用 BIM 技术创建的数字招投标系统，通过将 BIM、大数据、AI、VR 等数字技术引入招标投标业务活动的全过程，是在现行的电子招标投标应用系统基础上，基于三维模型与成本、进度相结合，以全新的五维视角，进行模型检查、进度管理、成本控制和专项方案审查，并结合行业大数据的应用技术，将投标文件中的模型信息、工程量清单信息进行结构化储存，为评标专家提供可视化、智能化的标书和方案评审。

（1）基于 BIM 技术的招投标能够让标书"站"起来，通过应用"BIM+GIS+VR"等技术，将平面图纸模式转变成三维模型，利用数字化技术从各个角度审视和对比方案的视角效果。

（2）基于 BIM 技术的招投标实现了让标书"动"地来，投标方案动态展现和实时关联，评标专家可以直观地看到项目实施以后的场景。

（3）基于 BIM 技术的招投标可以让方案"连"起来，技术方案的调整会立刻反映到技术标和商务标的变化上，很好地解决了技术标和商务标动态关联的问题。总之，BIM 技术推动招标投标将向智能化、可视化跨越式变革。

1. 数字化招投标的特征

数字化招投标是利用云计算、大数据、区块链、可视化、AI、IoT、BIM、互联网金融等关键技术，围绕公共资源交易"服务、交易、监管、决策"，基于"产品+服务+运营"的理念，优先构建公共资源产业、行业平台，形成公共资源交易大数据创新产品和完整的产业链条，建立政府主导，企业、市场共同参与的数字交易信息协作创新体系。数字化、在线化、智能化是数字化招投标体系的三大典型特征，也是行业数字化变革的范式演进路径。数字化是基础，通过数字化实现从实入虚，建立数字化招投标模型；在线化是业务实现的关键，通过在线化实现数字孪生，虚实融合；通过数据驱动最终实现基于算法和算力的智能化。

2. 数字化招投标的价值

数字化招投标围绕数字交易大脑，实现智能交易、精准服务和高效监管，它通过建立数字虚拟项目场景，提前模拟项目实施进程等实现科学决策。数字化招投标是通过将人员、场所、设备和操作等要素数字化，并通过基于项目全过程的数据闭环实现项目交易效益最优。数字化招投标通过创建开放的共享平台生态体系，招投标主体和咨询服务方等都围绕产业核心形成共享共治的竞争性商业生态集群。

（1）数字化招投标是基于数据自动驱动的自动感知、即时分析、科学决策、精准执行的智能化应用体系，最终围绕数字化交易大脑实现的智能化的新型交易监管和招投标服务体系。因此，数字化招投标和交易平台发展是公共资源交易领域的基础支撑设施。

（2）平台通过数据深度挖掘，形成数据理政、数据监管、数据服务三大数据分析专题，服务政府、监管部门、市场主体、社会公众"四方对象"。通过共同构建数据分析纬度，建立数据分析模型，为党委政府、行业主管部门、市场主体提供大数据服务，形成用数据说话、用数据决策、用数据管理、用数据服务的数字化招投标交易大数据管理机制。

（3）大数据支撑的精准撮合交易，数字化招投标通过公共服务平台、交易平台和行政监管平台等电子化平台的系统建设，实现了交易过程的电子化，交易全程在线与交易相关方的广泛连接，改变公共资源交易各参与方业务开展的方式和效能，释放数据红利。如在招标投标阶段，因为信息不对称造成的招标效果下降比较严重，同时，由于信息不对称造成的投标人难以获取有效商机也是制约市场化良性发展的瓶颈。大数据的有力支撑让交易双方更便捷、更高效地达成交易。

1）招标人快速找到最佳投标人，提升交易效率。应用大数据对公共资源交易项目和市场主体进行全方位综合画像。招标人可以根据历史相关交易项目信息，查找到适合自己需要的潜在投标人的画像和范围。在招标文件编制时，通过大数据提供的有力支撑，招标人可以判断通过设置不同的资格或评审条件，预估潜在投标人的数量，判断交易项目的竞争度，以期实现在招标效率、质量与竞争之间实现更好地平衡。

2）市场主体更加便捷地获取商机信息，激发市场活力，助力企业发展。利用大数据技术，从大量的交易项目基本特征和中标企业的数据中抽象出相关类型项目的中标人画像信息。企业可以根据自身情况，量身定制相应标签，基于交易平台提供的海量交易信息，挖掘潜在商机。企业也可在系统中进行商机信息订阅，当有符合企业需求的招标信息发布时，自动为企业推送相关信息，可以做到精准信息对接，避免了普通信息网站因信息分类不够精准导致的信息错配。企业既避免了垃圾信息的困扰，也同时不会错过商机。

（4）泛在连接支撑的随时随地交易。网络基础设施的发展使人们进入了随时随地、万物互联的移动时代。移动办公，也可称为"3A办公"，即办公人员可在任何时间（Anytime）、任何地点（Anywhere）处理与业务相关的任何事情（Anything）成为办公新常态。随着技术发展，移动设备的登录安全、数据安全、客户端安全、敏感信息安全等全方位的移动办公安全防护体系逐渐成熟完善，这让移动化办公在方便的同时也兼顾了安全的要求。近年来，移动政务办公也逐渐成了热点，相关部门正在努力推动将移动技术应用在政府工作中，实现政府部门办公的数字化、移动化，通过手机、掌上电脑（PDA）、无线网络等技术为公众提供服务。公共资源交易领域随着电子化、数字化的不断深入推进，在线、移动化正在使公共资源交易更加便捷、高效。包括随时随地了解招标信息、随时随地处理文件、随时随地开标评标，实现远程异地"不见面"开标，使开标摆脱了传统物理空间的束缚，将传统的基于物理交易场所的现场开标和集中评标搬到了在线的网络空间，企业零跑腿，动动手指即可在计算机、手机上实现开标。通过二维码、人脸识别即可实现双重身份验证，通过手机盾、移动证书授权（CA）在线实现标书解密，实时在线开标、唱标和讲标、通过音视频实现在线沟通、在线质疑/澄清，大幅度节约了交易成本、缩短交易时间，极大地降低了企业的投标成本。

二、数字化招投标的应用

数字化招投标交易全面提升招标、开标、评标和定标的工作效率，基于 BIM 辅助评标系统、BIM 投标软件、BIM 标书查看工具、BIM 标书合规性检测工具、BIM 标书分发与清除工具和 BIM 清标软件的融合应用，利用系统导入工程造价软件生成的经济标投标文件，辅助评委完成对投标报价的清标。实现招投标交易全流程数字化，包括招标文件的编制与发布、数字化投标和清标、数字化评标和公示等业务环节。同时，通过将交易过程的全量数据完整收集，为公共资源交易平台积累了大量的交易项目和行为数据，为交易数据分析建立了基础。

1. 招标文件编制和发布

建设工程数字化招投标工作中，基于工程数字化招投标交易系统的支撑，为从事工程建设各行业招投标活动的市场主体、交易服务机构、监管部门提供全流程电子化交易服务。彻底打通从项目入场到合同签订的各个环节，实现降低主体交易成本、提高交易中心服务质量、提升监管效率、优化营商环境的目的。

基于招投标交易全流程数字化技术，实现了从建设项目备案到项目归档的全过程电子化，解决了交易主体"跑断腿"的问题。在线编标系统是一项为招标人快速编制电子化招标（采购）文件的服务系统，搭建了招标范本库、历史项目库、评标算法库等，实现历史数据快速引用，相关参数自由组合，相关算法灵活调用，并可实时校验标书文件填写是否符合相关填写要求；有效避免标书填错、漏填等现象，实现电子化文件的快速规范、准确编制。

（1）以 BIM 为载体，实现 BIM 模型和成本、进度数据的集成应用，进行资金计划、主要材料用量分析等业务的应用，如图 4-2 所示。

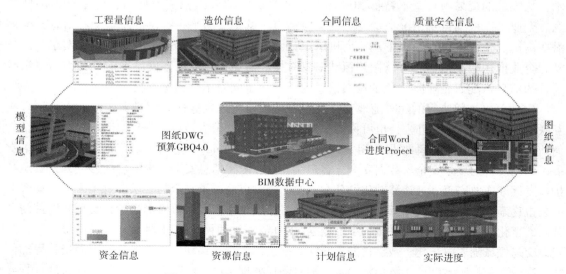

图 4-2　基于 BIM 模型创建招投标文件

（2）将预算文件和模型进行挂接，匹配进度计划，措施项目利用实体进行分摊，快速生成资金计划，为项目资金安排提供支撑，如图4-3所示。

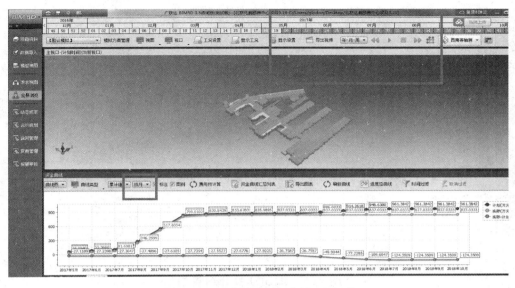

图4-3　编制投标资金计划方案

（3）实现造价全过程管理的信息化，实时生成目标成本和动态成本的对比分析，更好地满足业务需要。从项目前期成本指标的测算，到各类合约目标的拆分、合同价格的确定、合同价格的调整变化等，实现了目标成本和造价全过程执行成本的动态管理，提高工作效率，如图4-4所示。

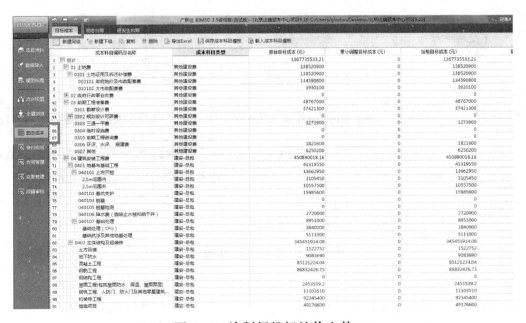

图4-4　编制招投标计价文件

　　依据合约模板快速生成合约规划，完成成本科目或费用目标成本到合约目标成本的拆分并调整，并自动生成合约结构，如图4-5所示。

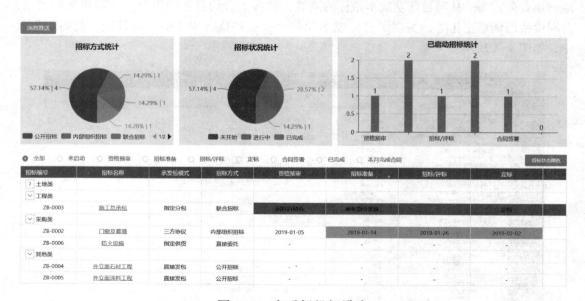

图 4-5　编制项目合约规划

　　自动查看招标进度，到期任务自动提醒、招标过程问题及文件自动留存及查看，并自动生成招标情况统计分析，有效提高工作效率，如图4-6所示。

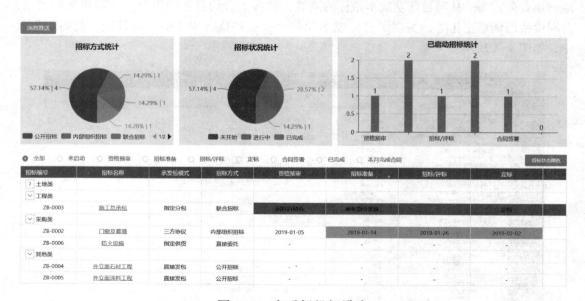

图 4-6　查看招投标进度

2. 数字化投标和清标

　　基于数字化招投标业务活动，招投标文件的自检和清标工作是替代传统招投标工作中针对标书实质响应和符合性检查的一项重要工作，通过应用数字化清标系统解决招投标活动中全面、精准、高效的投标文件检查分析，从中发现在电子投标清单产生的包括非人工所能查看到的标书雷同性、符合性、计算性、不平衡报价分析等标书分析业务。促进招投标交易服务过程高效性，规避因投标清单问题导致的履约风险。其业务活动包括：

（1）符合性检查。可检查投标清单是否响应招标清单要求，俗称清单"五统一"检查，包括但不限于清单。

（2）计算错误检查。系统根据工程计价规则，检查投标清单中的算术错误，预防合同风险，如清单单价为0或为负的情况。

（3）合理性分析。通过对各投标人的清单、主材等进行横向对比，用户灵活设置参数，软件自动筛选出过高或过低项。

（4）雷同性分析。数字化清标可对多份投标文件清单、主材和措施等内容进行报价规律性检查分析，为评标提供辅助参考。

（5）硬件信息检查。硬件信息检查是基于招投标业务活动中，杜绝围标、串标的一项检查，是非人工可以检查到类似招投标潜在风险的一项工作。数字化招投标中硬件信息检查可查询投标预算文件是否使用同一把加密锁和同一台计算机硬件信息（硬盘、CPU、MAC网卡等）进行编辑。

（6）清标横向对比报表。内置常用清标横向对比报表，快速一键导出，可直接作为清标报告附件，并且可同时导出进行二次编辑。

3. 数字化评标和公示

数字化招投标是以数字化技术为支撑，充分发挥互联网的互联互通的优势，通过推动网上开评标实现精细化、信息化、标准化管理，真正实现"不见面开标、评标"。在政府层面通过紧密围绕"放管服""公开、公平、公正""三服务""不跑路"的监管服务理念，全面打通全流程数字化招标投标"最后一公里"的业务服务。

数字化评标过程中利用先进的音视频技术、网络通信技术、计算机技术、安全保障技术、构建多城市之间的在线开标和评标系统。在线开标和评标系统与政府采购交易系统、工程建设招投标系统、产权交易系统、土地矿产交易系统等进行无缝对接，实现网上开标、网上评标功能，包含在线开标子系统和在线评标子系统。对参加评标工作的人员，包括评标专家、代理机构工作人员、中心工作人员、公证人员、监督人员等，系统会根据人员角色的不同自动分配功能模块，授予相应的操作权限。

（1）基于BIM的可视化智能化评审。将BIM和大数据技术引入招标投标过程，在现有数字化招标投标系统基础上，基于三维模型与成本、进度相结合，以全新的五维视角，集成大数据研究成果，并与GIS平台对接，实现基于BIM+大数据+GIS的专业招标投标模式，让标书"站"起来、让标书"动"起来、让方案"连"起来，通过BIM技术推动招标投标实现智能化、可视化跨越式变革。

通过智能化不见面开标系统平台支撑，实现投标企业可在线递交投标文件、参与开标过程、提出异议、查看开标结果，取消投标人现场开标模式。从而提高交易效率、消灭监管死角、节约投标成本、解放交易场所，切切实实体现"放得更活、管得更好、服务更优"。

（2）基于BIM模型的评审。数字化招标评标过程中，采用BIM辅助评标后专家可以借助BIM可视化优势，在评标中通过单体、专业构件等不同维度，对模型完整度和精度进行审查，形象展示本项目的建设内容。基于进度和模型的关联关系，在平台中动态展示施工过程，方便评委专家对投标单位的施工组织进行更加精准的评审。另外，将场地等措施模型与实体模型结合展示，对现场的临建板房、现场监控布设等文明施工要素进行可视化审查。从而彻底改变传统电子评标阅读难度大、评审不直观的问题。利用 BIM 的可视化进行碰撞检查、孔洞预留方案编制，通过模型关联工程量清单及单价，结合进度计划动态模拟现场施工过程，重点难点工艺动画展示、火灾预警动态演示，使评标专家从原本烦琐的文字评审中解脱出来，让评标专家能够一目了然地抓住投标企业技术方案的优缺点，能够更加合理地针对投标文件进行整体的评判。

依靠智能远程异地评标平台支撑，利用先进的网络通信技术、计算机技术、安全保障技术、构建多地之间的远程评标网络系统。远程异地评标实现了各地评标专家和交易中心评标设施、场所、监管环境等资源的共享，使异地评标工作更加高效、经济、安全、方便、快捷；制定统一的异地评标工作流程与操作规程，使异地评标工作更加科学、规范、协调和统一；在多地之间组建评标委员会，构建更加公平、公正的评标环境，最大限度地减少人为因素干扰。

评标过程中全程在线操作，确保专家通过身份认证和人脸识别系统登录异地远程评标平台，杜绝冒名顶替评标行为。同时，评标专家组长推选、投标资格审查等工作通过平台在异地多方同步展开，评标专家通过语音、视频、文字等多种途径进行在线交流，给出评标意见，系统自动汇总计算，各地专家在线签字确认。

（3）技术标和商务标一体化评审。数字化招投标系统通过采用 BIM 技术辅助评标，改变了以往技术标和商务标脱离的现状。专家可以根据项目周期，查看项目的资金资源需求，结合业主的资金拨付能力，评审最适合的项目进度计划。还可以通过筛选模型，查看对应部位预算文件中工程量清单及单价，能够有效针对重点区域进行详查，辨别投标人不平衡报价，提前排除项目施工过程中因变更产生的成本超支风险。业务包括：

1）采用 BIM 与 GIS 融合技术，增加设计方案周边环境的精准定位和分析，通过 BIM 技术与 GIS 技术的融合应用，将 BIM 模型与城市空间地理信息平台进行对接，将建筑方案设计模型基于真实的空间地理环境中进行精准定位、展示，实现了基于模型的设计方案周边环境查看和对比分析。

2）结合大数据技术应用，实现同类工程 BIM 方案对比分析，通过 BIM 技术与大数据技术创新应用，基于当前项目的特征参数，利用大数据研究成果，智能推送历史同类工程的中标方案，实现不同工程之间的 BIM 设计方案横向对比分析。

（4）基于大数据以及人工智能的智能化评审。评标工作是整个招投标采购工作的核心业务。在传统评审方式下，专家工作量大且容易出现疏漏，不能有效保证项目评审工作的质量。基于数字化招投标建设，政府积累了大量的各行业交易数据。通过利用海量的交易数据，并应用大数据、人工智能技术，构建智能辅助评标模型，全面提升评标环节的工作质量和效率。

通过借助投标人投标响应文件（结构化的价格和商务投标响应数据，非结构化的技术方案等）以及专家评分结果，模拟专家评分规律，反复训练、验证、优化模型，最终得出投标文件内容关键点、评审要素和最终得分之间的关系模型。智能辅助评标模型根据关键评分要素，智能比对投标响应情况与招标要求的偏差，逐份标记响应文件是否通过符合性审查，自动标记出不满足招标要求的响应文件，并给出模型参考评分；根据供应商提供的结构化技术参数、组件材料、单价分析等表格，实现关键参数一键自动对比、内容检验等辅助功能；专家依据模型给出的关键评分要素、投标响应情况的符合性审查结果以及模型参考评分，给出最终的评分。

大数据深度结合，利用人工智能技术，实现评审资料自动审查。以往的评审中，评委在进行企业资质和个人资格证书审查过程中，需复制企业名称、人员姓名和身份证号，登录不同的政府网站或权威网站进行查询验证。各网站网址不同、形式多样，查询完成后，还需对图片信息逐项核对，特别是对于投标人众多的项目，依靠人工方式进行审查，工作量大、效率低且易出错。数字交易平台基于区块链技术实现了公共资源交易全生命周期的数据追溯、可信以及跨区域的互联共享。通过区块链技术将市场主体在全国各地公共资源交易中心参与招投标活动时，录入相关企业资质、业绩、奖励等各种资信文件相关信息等问题上链存储，实现全国跨区域共享，通过使用基于机器视觉的人工智能辅助工具评标，赋能评标专家资质审查新手段，实现资质审查自动审阅对比，提高评标效率，保证评标质量。

同时，招投标评审环节，基于大数据以及人工智能对历史交易数据以及市场主体的招投标活动进行深入分析，发现疑似围标串标企业的线索，并在评审过程中通过人工智能及大数据对标书进行智能化分析检测，发掘标书雷同、报价雷同等疑似围串标线索，及时智能地提醒评审专家可能存在围标串标嫌疑的企业，让评审更加高效、更加公正。

（5）基于政府监管的招投标定标公示。数字化招投标活动是基于以数字交易平台为载体，实现公共资源交易全过程的数字化见证、全面记录、实时交互，确保交易记录来源可溯、去向可查、监督留痕、责任可究。汇聚整合政府部门数据与行业市场主体数据及信用信息，运用大数据、云计算等现代信息技术手段，对公共资源交易活动进行监测分析，及时发现并自动预警围标串标、弄虚作假等违法违规行为，为监管部门提供强有力的数据支撑，让公共资源交易更阳光、更透明。

1）公共资源交易全过程数字档案管理。数字化招投标可信数字档案管理系统，是在招投标活动中基于遵循国家档案管理相关规范的前提下，结合公共资源交易业务实际，按照"收""存""管""用"四大管理主线，对各领域公共资源交易业务开展过程中产生的数据进行全生命周期管理的信息化系统。系统通过与电子化交易系统无缝对接，按交易领域进行规范化、系统化归集分类，实现对各领域项目交易过程中的业务数据和视音频数据等的归集、整理、归档、管理和利用，充分满足主管部门的档案管理要求和市场主体的查询、调阅需求。

a. 支持多方式归档。可通过与电子化交易系统无缝对接进行交易数据的"一键归档"，也可进行人工录入、批量采集、导入等方式的数据归档。

b. 归档数据自动整理。可依据著录标准进行自动著录和文件自动编目，提供条目编辑、文件关联、组件/拆件、挂接、检测等文件整理功能，便于电子文件的保管和利用。

c. 深度融合交易业务。系统在遵循档案管理相关规范的前提下，充分考虑公共资源交易特点，便于市场主体对项目档案的管理、查询和调阅。

2）公共资源交易全过程数字化见证。见证服务是公共资源交易的一项重要服务职能。对公共资源交易从项目入场、信息公告、投标报名、开标、专家抽取、评标、定标等全流程进行核对、记录、存档和反馈，为交易过程提供证明，为监管部门的监管工作提供支撑。数字见证带动见证服务深入推进，可以做到公共资源交易全程留痕、可追溯，促进公共资源交易工作更加公开透明、便捷高效。

数字交易深入推进"全生命周期"数字化项目见证。针对交易活动全流程电子化所带来的无形化、看不见、不可控等问题，构建全新的数字化见证平台，实时动态展现项目受理、招标公告发布、开评标现场监控、中标结果公示、保证金收退、中标通知书发放等交易全流程各环节信息，并对公共资源交易全过程的相关信息进行保存、分类、汇总等处理，综合运用数据可视化信息技术手段，实现各类项目交易进程信息、人员行为、场所设备、音视频等数字化与可视化，展示进场项目"全生命周期"，实现交易项目全生命周期从无形"电子化"变为有形"数字化""可视化"，做到项目交易情况可追溯、可关联、可分析，提高公共服务能力和水平，打通交易服务的"最后一公里"。

第五节　工程造价数据管理

一、概述

在工程造价的数据建设工作中，应注重建设工程造价的业务数据，并建立工程计价成果各阶段的数据联系，厘清工程造价数据间的逻辑关系，以使单一阶段的工作数据衍生出更多的自用和他用数据。

动态管理，可标准化和结构化是工程造价业务数据的主要特点，也是实现数据自动更新、动态管理、智能维护的前提。因此，工程造价大数据中的计量指标（包括数量与特征属性）、计价指标、消耗量、要素价格、各类指数等数据，均应按照标准化、结构化的思路进行建设，以便最终实现智能维护。同时，建设项目价值管理的估算指标、概算指标、工程量清单的综合单价（交易指标）存在着层次关系，在大数据建设中要保持数据结构的联系性和枝状结构，以及要素价格的一致性，以便于实现建设项目价值管理数据的智能化动态管理。

1. 造价数据管理的特征

工程造价数据管理本质上应是数据的动态化，包括结构化、非结构化和准结构化数据。同时，工程造价数据具有体量大、速度快和格式多样化的本质特征。另外，基于对工程造价大数据的定义和本质描述，造价数据要素包括工程建设中产生的要素数据、过程数据、标准数据和应用数据等。

通过对结构化、非结构化和准结构化数据的采集、处理、存储、分析，有效服务于项目的投资、设计、建造、运维与项目管理，提升生产效率和精细化管控，实现全过程工程咨询服务由"经验驱动"到"数据驱动"的转变；工程大数据应用于企业管理，可以通过大数据分析，辅助企业精准解决管理问题，降低经营风险，提升企业竞争力；工程大数据应用于行业治理，将形成数字征信，对政府行业主管部门的政策、标准制定和评估，对建设单位、施工单位、设计单位和工程咨询单位等市场主体的治理与服务提供有效支撑。

另外，全过程工程咨询大数据支撑项目全生命周期、全参与方、全过程的高效管理，提升项目相关方对数据的共享效率与分析效率。大数据的应用价值也绝不仅限于以上提到的应用及下文提到的应用解决方案，大数据的潜在价值需要造价领域内相关方共同挖掘，不断促进流速、数量、算法、应用四要素的进化，探索形成更多的应用场景，释放更多的"数据"

力量，结合不同应用群体的管理诉求，形成更全面的应用解决方案，不断推动全过程工程咨询领域的转型升级。

2. 造价数据管理的价值

首先，需要对造价数据进行有效的管理，进一步提升数据智能化应用的能力。通过工程项目造价管理的全参与方按照数据应用的标准化要求，数据共享应用规则，建立工程造价数据库，将建设项目的工程材料信息、工程造价数据等独立、割裂的数据进行统一汇聚，形成企业数据库包括指标库和材价库，为全参与方共享和应用建立标准数据要素资源，推动实现造价业务的数据融通。基于数据的共享和融通，再进一步推动全过程造价管理业务全面系统整合，形成彼此相互关联的业务架构。建立多参与方、多业务协同、协作，打破造价管理中各类业务孤岛，促进所有业务流程的互联互通。用数字化手段优化各种业务管理、咨询服务的流程，打通各种阻隔、精简冗繁环节，重排不合理环节，弥补缺失环节，通过建立"软件+数据+算法"紧密结合的多业务应用场景，不断总结、探索，逐步形成作业、管理、治理的智能化应用，推动造价管理进入新的服务模式。

（1）快速建库，形成企业造价数据资产。仅用2周时间，便建成了具有40多个典型项目的企业造价数据库，积累了数千条材料价格。尤其是指标计算，得益于指标云计算的独有特性，造价人员将过去几天才能完成的项目，通过短短30s就得出完成指标结果。

（2）企业数据全员共享，高效复用。通过企业造价数据管理服务，企业造价人员可以将计价软件中的材料，批量保存到企业材料库，并可将指标计算结果一键推送到企业指标库。当项目需要进行调价载价时，也会提示用户优先参考企业数据库。通过数据全员共享，改变了过去员工各自为战、数据孤岛的局面。

（3）引入外部数据赋能，让数据管理精准、高效。企业积累的数据，最终还是要体现其应用价值。为了解决企业积累的指标随着时间失效的问题，产品估算模块直接关联市场最新价格，一键完成历史材料价格替换和企业数据库指标动态更新。

造价数据管理示意图见图4-7。

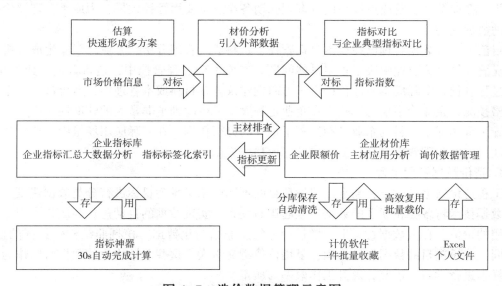

图4-7　造价数据管理示意图

（4）指标对比审核和材料自动入库，让企业数据管理无需增加人手。个人完成计算的指标，可以通过指标对比，调取企业库中相似类型指标进行比对，核查无误后再推送到企业库中。造价主管通过调取各协同人员的指标数据，进行指标数据的横向对比审核，快速审核项目人员造价质量。在积累企业材料数据时，通过计价软件批量收藏的材料直接完成材料类型的分类，将员工从烦琐的操作中解脱出来。

二、工程造价数据管理的应用

数字造价管理中，针对工程造价数据的管理是指企业生产经营过程中各项成本核算、成本分析、成本决策和成本控制等一系列活动产生的数据要素的总称，造价数据是成本规划、成本计算、成本控制和业绩评价等内容的主要支撑。其中，成本规划是根据企业的竞争战略和所处的经济环境制订的，也是对成本管理做出的规划，为具体的成本管理提供思路和总体要求。成本计算是成本管理系统的信息基础。成本控制是利用成本计算提供的信息，采取经济、技术和组织等手段实现成本核算、成本分析、成本考核等一系列活动。业绩评价是对成本控制效果的评估，目的在于改进原有的成本控制活动，激励并约束员工和团体的成本行为。

随着"互联网＋"的发展，企业通过信息化平台等互联网技术将日常经营与生产过程中所发生的与成本有关的数据进行实时采集，再将所收集的成本数据根据需要实时地进行分类、归纳、汇总为成本大数据，解决信息收集难点，在显著提高信息收集能力的同时降低信息收集成本，达到提质增效的目的。

造价数据应用到成本管理后，企业能够实时地掌握各项成本指标及指标变化趋势，为成本规划、成本控制、业绩评价等成本管理决策提供真实、适时的科学管理依据。在成本规划阶段可以精准查询到现阶段市场经济情况、类似工程的成本数据、各成本要素管控要点、经典成本管理案例等信息，为成本规划提供充实的数据支持；在成本控制阶段可以精确查询到实施时各类成本要素的市场变化情况、各成本要素管控落实情况，为过程纠偏提供及时的数据支持；在业绩评价阶段可以精确查询到同期各类成本要素管控效果，为成本管理评价提供客观的数据支持。

目前，造价数据管理已在成本过程管控、材料成本管理分析、企业定额库生成分析中取得了显著成绩，为企业解决了很多具体问题。在成本全过程管控中，造价数据对成本预测、成本过程管控、实际成本后评价提供了方向性建议。在材料成本管理中，造价数据对企业材料价格预测、企业价格信息库建设在企业定额库生成中起到了非常大的辅助性作用，对招投标、施工现场配工配料的企业定额发挥了很好的分析作用。在实际应用场景中，造价数据的应用使成本的管理效率更高、成本更低、成功率更高。

1. 造价数据管理平台

工程造价数据的建设，通常以建设项目的不同应用场景为目标进行分类数据建设，并引用大数据技术将各类相联系的数据建立起逻辑关系，实现数据的自动进化与成长，产生多场景应用的价值。在大数据背景下，增长最多的是非结构化数据，挖掘非结构化数据的价值，发挥同类建设项目的数据指导作用，复用价值意义重大。这些非结构化的数据可以作为标杆管理样本进行学习、借鉴，提升工作效率与质量。

造价大数据平台的作用是将非结构化数据，在应用场景的引导下，基于 AI 算法形成结构化数据并动态更新，使静态数据往动态数据转变，配合数据应用，挖掘数据应用价值，释放数据新动能，达到提升工作效率及质量的作用。造价大数据平台的主要核心是提升数据价值，解决数据的样本量、数据的算法、数据的应用、数据流速问题，造价数据平台的应用遵循流速、样本量、算法、应用等四要素。

（1）造价大数据平台在流速要素设计上采用云平台技术，保障数据获取、加工、应用的无缝连接，让更多的使用群体能在第一时间获取数据价值。

（2）造价大数据平台在样本量要素设计上采用数据标准、数据接口、数据采集技术。数据标准保障非结构化数据的内在业务逻辑一致性，保障数据来源格式一致，减少因数据内在业务逻辑的不一致而产生的数据二次处理。数据接口、互联网及物联网数据采集技术保障市场数据、现场数据的采集通路畅通，保障数据来源的结构一致性。同时提供数据加工分析能力，方便不同数据来源的清洗、加工、分析，让数据样本量在技术层面畅通。

（3）造价大数据平台在算法要素设计上采用 AI 技术，形成不同数据类型的算法库，通过机器学习不断优化数据的算法，让数据结果变成自成长的知识库，保障场景应用的落地。

（4）造价大数据平台在应用要素设计上遵循数据沉淀与数据应用的循环逻辑，在造价大数据云平台上打通应用端，在应用端形成的数据再沉淀到造价大数据云平台进行结构化再利用。同时，也促进数据的流速及用户使用数量。

基于造价数据平台支撑下的应用数据标准包括业态划分标准、项目划分标准、建造标准、项目概况描述标准、数据接口标准、科目划分标准。针对造价数据的处理方式包括现场数据的互联网采集技术、现场数据的物联网终端采集技术、数据处理的清洗与加工技术、数据 AI 识别与算法技术。其中，数据算法按分类数据提供不同的算法技术，有且不限于指标算法、指数算法、工料机价格算法、净用量+损耗算法、统计算法。数据结果有且不限于指标、消耗量、工料机价格、作业模板等材料价格数据库和造价指标数据库。数据应用上有且不限于定价指导、审核对标、投资分析、风险评估、价格趋势预测。

2. 材料价格数据库

工程造价管理作为建设领域一项重要的基础性工作，贯穿于建设项目的全过程而建筑材料作为工程的核心要素，占据工程造价费用的 60%~80%，建筑材料成本管理的重要性不言而喻。尤其近几年，受通货膨胀、原材料价格、运输成本、国家加强环保治理等因素影响，建筑材料价格的波动非常明显。而建筑材料价格的上涨或者下降都直接或者间接影响着建筑工程的进度、质量、安全。为避免材料价格的波动增加承包商经营风险，导致企业在进行工程造价管理中存在许多不利影响，进而影响工程建设借助互联网技术在建筑行业的应用。强化对建材材料数据的预处理，发挥云计算的作用，在大数据技术的支持下，构建统一的数据交换平台，使得各造价管理部门之间、企业之间能够有效地对材料价格数据进行积累、分析、预测和持续使用。

（1）基于大数据的企业材料价格预测。市场中的材料受到原材料费用、人工费、运杂费、损耗费等因素影响导致价格瞬息万变，作为企业最根本的目的是通过大数据分析得到材料预测价格数据，以实现指导投资决策、精细成本控制的目的。依靠材料标准体系，建立稳定的材料数据采集制度和全面系统的工程信息资源库，形成一定的材料价格预测趋势，才是企业材料价格管理的关键。

目前，数据利用现状及存在的问题主要表现在以下三方面。首先，材料价格历史数据在做完年度经济分析报告后，历史数据就束之高阁，未能在招投标业务环节中发挥历史数据作用。其次，材料价格数据主要通过统计的方式反映历史工作情况，却未能充分利用历史数据对制度政策进行改进，为企业材料市场行为预测提供决策依据。最后，材料价格数据维度还局限于企业内部数据，未能与相关横向部门、市场主体的社会数据产生碰撞与融合，未能最大化地发挥历史数据的价值。因此，企业材料价格数据预测的落地，不仅需要建立完善的机制，而且需要提供应用的平台，提高数据标准化的效率，保障实际工作中的可操作性。所以借助大数据底层技术和互联网信息化平台，并联合第三方专业数据平台，有助于建立健全数据源充足和高质量、高标准的企业材料数据平台。

1）材料数据平台。材料数据平台核心是借助大数据技术，通过对大量数据进行收集、分析及数据标准化后输出的应用。在对材料数据分析过程中会发现很多数据有其一定的规律性可寻。比如，目前行业已经有很多专业的钢材价格平台，通过数据采集与数据分析，结合材料价格组成的各要素，以及厂商报价，每天可持续地获取材料的经济数据，可以通过与第三方数据平台合作，设置相应数据规则，实现钢材价格的联动与预测；再如，对电缆类材料分析后，电缆企业在相同或相似的工艺条件下生产符合国家标准规定的单位长度通用电线电缆时，产品结构、材料与材料消耗量是基本相同的。通过监测电缆原材料的市场价格行情，结合电缆企业的平均利润诉求，就可预测出电线的最新行业参考价，这使从业人员对各种线缆的材料组成和市场价格了如指掌，可以为企业工程的招投标以及电缆的采购提供价格参考。

因此，经过大数据分析，不同类别材料价格影响因素不同，若掌握其核心影响因素的价格波动则可实现材料价格预测。以电缆为例，通过企业自有数据、供应商报价数据和历史价格数据以及行业大数据库对比，得出电缆组成原材料、含量、各组成费用、费用占比情况，从而基于不同时间点得出其各组成费用，如人工、材料、管理费用等成本的波动，进而形成对企业材料价格的预测。

2）基于大数据的价格库建设。数字化最终能够实现增加收益、降低成本、提升效率、企业资产增值，加快推动行业、企业数字化转型升级。材料数据库建设中，材料管理涵盖许多项目，涉及许多部门，包括建设方、施工企业、咨询公司以及所有在供应链上的供货商、制造商等。不同的主体对材料的理解以及应用都存在一定的差异。因此，数字化要在材料标准体系规则的基础上深化，建立贴合业务的自有价格数据库。建筑企业建立企业价格信息库的出发点通常包括：

①数据共享。建立企业材料库，实现数据共享、交换以及不同业务部门数据交换。

②统一供应链管理。材价数据核心来源是供应商，通过规范源头数据，实现供、采数据的规范化。

③辅助决策。数据拉通对比，企业数据、政府指导价、第三方市场价数据三价对比输助项目决策。

大数据在企业价格库建设的核心关键任务主要是搭平台、汇数据、业务数据抽取、数据挖掘、持续应用。

①建立大数据应用服务平台。完成相应数据管理系统建设和集成，实现数据的交换、清洗、加工、挖掘、发布、应用等功能

②建立数据处理机制，引入《建设工程人工材料设备机械数据标准》GB/T 50851—

2013 的材料数据标准分类体系、标准材料库、标准数据服务接口，制定数据标准，保证基础数据的一致性、准确性和完整性，整合内外数据，实现深度关联挖掘。

③利用大数据技术将历史招标控制价、中标价组成的明细价格数据、过程结算数据等，如对工程量清单、工料机价格进行抽取，并进行深入分析，形成相似工程的合理价区间与构成，为项目投标报价合理性、成本控制准确性等提供数据支撑。

④根据汇集的各方数据，进行深入的个体案例分析和关联挖掘，一方面为宏观建筑市场决策提供数据依据和数据支持，另一方面依据历史行为数据分析，找到提升中心服务效率的最佳路径。

⑤以企业自有招投标数据、结算数据应用为试点，借助大数据平台通过数据交换，结合其他第三方数据持续扩展大数据在各个相关业务领域的应用，健全企业运用大数据管理、运用大数据服务、运用大数据决策的工作机制，通过大数据不断提高行业治理、行业服务和行业监管的针对性、有效性。综上所述，通过大数据应用服务平台建设，为企业提供一个数据积累、分析、加工、应用以及与第三参与方进行数据交换的数据管理平台。

3. 造价指标数据库

工程造价专业人员在进行工程造价管理时，可积累造价管理过程形成 BIM 模型及工程造价信息，建立以模型为基础的结构化数据库。将集成的工程造价各要素的建设项目 BIM 模型分解为不同细度的 BIM 模型组件，如单项工程模型、单位工程模型、分部工程模型、分项工程模型、单构件模型，积累形成种类齐全、不同细度的模型化指标数据库。

（1）模型化指标数据库存储了完整的造价要素信息。可根据需要进行不同维度的数据分析，例如，通过分析工期、质量、环保、安全等要素对工程造价的影响，建立各要素的影响力模型。另外，由于积累了不同细度的模型，在应用时可自由组合模型、快速搭建拟建项目模型，并可调整局部的造价要素信息，准确计算拟建项目的工程造价。

（2）通过多方积累形成庞大的模型化指标数据库。这样的数据既真实又准确，不仅可以对在建项目的合理性进行指导，也可以为拟建项目提供经验参考。大数据的形成需要各个企业共建共享，才能发挥模型化数据的最大价值，同时也将为企业提供新的增值服务商机，为行业带来新的生产力。共建共享的大数据，是在保障数据安全性的前提下，结合区块链技术，建立供给与收益互补的价值分配机制，鼓励并吸引企业共同参与，共同分享，自主形成。

同时，指标数据库，并不是简单地对预算造价数据或结算造价数据进行不同口径的统计汇总，而是通过建立一套由项目估算、概算的工程造价构成的项目划分体系，以及与项目划分体系相适应，并对建设意图有针对性的技术经济指标体系。这套体系既要符合其适用阶段造价管理的精细度，又要能与前后造价管理阶段建立关联，从而使工程造价数据实现估算、概算、施工图预算、结算数据前后对比分析，有一个更详细的造价数据，就可以按逻辑分析其以前阶段产生的工程造价数据。建立完整的估算、概算阶段工程造价构成体系，能让造价管理人员清晰地知道，在测算新建项目前期工程造价时，要参考的标杆工程造价构成是否完整，从而在体系上避免缺项、漏项。具体包括：

1）以工程投资控制为核心的全过程造价管理。

①建设单位和咨询企业的数据应用。通过建立以投资控制为核心的全过程造价管理数字化系统，从业务范围上考虑系统的建设，需涵盖基础设施和房屋建筑等工程的建设期和运维

期造价管理。其主要业务应用由工程投资决策分析、工程项目造价管理和企业造价知识、数据管理三大部分构成。同时，系统应基于企业私有云或公有云进行部署，并与企业内部、行业、市场的相关业务系统实现集成应用。

　　a. 工程投资决策分析：依据建设项目造价管理数据标准和建设期、运营期各阶段造价数据，结合企业数据库相关业务数据，实现公司工程投资适时、全面决策分析。

　　b. 工程项目造价管理：依据建设项目造价管理数据标准，结合工程计价软件，实现建设项目立项阶段、设计阶段、交易阶段、施工阶段、竣工阶段、运维阶段造价管理，并为工程投资决策提供项目造价数据。

　　c. 造价知识数据管理：依据建设项目造价管理数据标准、建立企业历史工程数据库、技术经济指标库。

　　②施工企业的数据应用。施工成本管理从投标开始到竣工结算贯穿整个项目建设过程，在这个过程中涉及成本相关工作，主要分为标前测算、目标成本测算、计划成本、过程实际、成本指标还原，以及成本数据库等，为了将这些成本数据能前后关联、横向、纵向打通，更好地发挥数据的价值，从而提升企业精细化的成本管控。同时从企业和项目两个角度进行应用设置，企业层建立标准模板和字典库，所有的项目数据均能归集到公司云端，实现作业层、项目层、企业层的数据化、在线化、动态精细化联动，发挥数据的有效性，为新开项目成本测算和过程成本管理提供参考依据。项目层实现快速高效的编制成本测算，保持中标合同预算与成本统计口径一致性，进行盈亏平衡分析，风险前移，快速生成成本指标指导过程成本。基于 BIM 模型使施工算量快速提取，实现整个施工过程成本数据打通，动态经营对比，实现成本精细化的管控。

　　围绕以上业务，方案建设首先要建立企业成本大数据库，在应用平台的支撑下，以 BIM 与施工算量为基础，打通标前成本测算、施工准备阶段的总成本测算、施工过程的实际成本控制与竣工阶段的竣工结算，并配套各个阶段的专业应用，串接起企业、项目、专业岗位的应用，做到基于项目的精细化成本管控。

　　③基于精准化数据服务的应用。建筑行业政府和主管部门基于数据指标库建设，实现实时在线答疑，通过线上互动减少纠纷的产生。同时，也能依据消耗量数据的变化情况反馈及时了解确定计价依据调整方向；通过现场数据的矫正及时更新给使用者，使计价依据内容更贴近市场需求，反映市场实际情况。并利用项目及模型化指标数据等资源，更好地分析出投资项目的合理价格区间，对造价数据进行监督，对投资风险进行预测和预警，用数据更好地服务于整个造价专业领域。

　　消耗量数据既可以实现企业施工项目的自用，也可以通过共享的方式服务于相同或类似的项目管理和整个行业，行业内的使用情况也能及时反馈，并依据实际情况动态更新，促进整个行业的共同发展。通过大数据的分析还能清晰地对新技术使用、组织措施的变化，工程造价产生的影响，进行精准分析与跟踪，为行业提供更细致的工程造价数据分析服务。

　　模型化指标数据存储了完整的造价要素信息，可根据需要进行不同维度的数据分析，如通过分析工期、质量、环保、安全等要素对工程造价的影响，建立各要素的影响力模型。另外，由于积累了不同细度的模型，在应用时可自由组合模型、快速搭建拟建项目模型，并可调整局部的造价要素信息，准确计算拟建项目的工程造价。例如，通过将工程造价管理中的各个要素的 BIM 模型分解为不同细度的 BIM 模型组件，包括单项工程模型、单位工程模型、分部工程模型、分项工程模型、单构件模型，积累形成种类齐全、不同细度的模型化指标数据。

所有上述数据都需要在统一的工程分类标准指导下，通过数字化手段建立关键信息的数学模型和算法。有了这些数字化的基础工作，历史项目的丰富信息才能在拟建项目的各种造价分析测算中有用武之地。

第五章　建筑成本投资数据模型研究及应用

第一节　绪　　论

一、研究背景

（一）市场化改革的背景及发展

"工程造价市场化改革"是指将工程造价管理的定价机制从政府定价向市场定价转变的一种改革，旨在引入市场竞争机制，推动工程造价行业的发展，提高工程造价服务质量。

在此之前，工程造价服务的价格一般由政府制定，市场竞争程度较低，服务质量和效率难以保证。随着我国市场经济的发展，政府逐渐放弃对定价的干预，推动市场化改革，工程造价行业也不例外。

引入市场竞争机制，可以激发工程造价行业的活力、促进竞争、提高行业的服务质量。与此同时，工程造价市场化改革也有利于提高行业的透明度和公正性，防止价格垄断和不公平竞争现象的出现，保护消费者的利益。

工程造价市场化改革的实施，还可以促进工程建设行业的发展，激发市场活力，加快建筑工程的进度和质量，提高项目的效益和社会效益。

总之，"工程造价市场化改革"是推动工程造价行业发展的一项重要改革，具有广泛的意义和深远的影响。

工程造价市场化改革是中国改革开放的一个重要领域，是建立社会主义市场经济体制的必然要求之一。这个改革始于 20 世纪 80 年代，经过多年的探索和实践，不断取得进展和成果，最终形成了中国特色的工程造价市场化改革模式。

20 世纪 80 年代，国家开始积极推进市场化改革。在此背景下，建筑行业的工程造价也逐步进入了市场化改革的进程。改革的初期，主要的措施是建立成本预算制度，推行定额管理，但这些改革措施未能真正地促进建筑行业的发展。

20 世纪 90 年代，中国进一步加大了市场化改革的步伐。国家出台了一系列的法规和政策，如《建设工程工程量清单计价规范》以及各省市发布的《建设工程造价管理条例》，逐步建立了一套工程造价市场化改革的体系。这些政策的出台，推动了建筑行业市场化改革的深入发展，也为建筑行业的成长打下了坚实的基础。

21 世纪初，中国加入 WTO，更加深化了市场化改革。国家在建筑行业的市场化改革方面，不断加大政策支持力度，完善市场环境，积极推进市场化改革。国家推进的政策包括：加快建筑工程定额制度改革、建设工程招投标制度改革、加强对工程造价咨询行业的监管、提高工程造价管理人员的职业水平等。这些措施和政策，进一步加快了工程造价市场化改革的进程，也让建筑行业更加适应了市场经济的需要。

至今，工程造价市场化改革已经成为建筑行业的常态，成果也显著。例如，建筑行业的市场竞争更加充分，价格透明度提高，成本管理更加科学、规范，市场监管更加完善等。可以说，工程造价市场化改革是中国建筑行业不断发展的动力源泉之一。

（二）工程造价改革需求

随着中国市场经济的形成，建筑行业也逐渐由计划经济向市场经济转型，对建筑行业的管理提出了更高的要求。而随着国际市场化管理的引进，工程造价市场化管理活动得到了实践，取得了显著成果。

工程造价改革的需要，主要体现在以下几个方面：

（1）市场化管理要求。在市场经济体制下，建筑行业的生产、销售和服务必须适应市场需求，以提高效率、降低成本和提高质量。因此，市场化管理是建筑行业发展的必然趋势，而工程造价管理也必须适应市场化的要求。

（2）引进国际市场化管理。引进国际市场化管理是中国建筑行业改革的重要组成部分。国际市场化管理的经验可以帮助中国建筑行业更好地适应市场需求，提高效率、降低成本和提高质量，实现可持续发展。

（3）市场化管理活动实践。通过市场化管理的实践，工程造价管理可以更好地满足建筑行业的需求，提高建筑行业的竞争力和市场占有率。同时，市场化管理也可以提高工程造价管理的透明度和规范性，提高管理的效率和质量。

（4）市场化管理成果。通过市场化管理的实践，工程造价管理的效果得到了很好的体现。在工程造价管理的各个方面，如估算、招投标、合同管理、工程结算等，都取得了显著的成效。这些成果证明了市场化管理的必要性和重要性，也为工程造价市场化改革提供了坚实的基础。

二、研究目的、意义及内容

随着经济全球化的发展，建筑业的发展逐渐受到了国际市场的影响，建筑成本投资管理也成为了建筑业发展的重要内容之一。建筑行业是我国经济发展的重要支柱产业之一，其发展不仅关系到国家经济的繁荣和稳定，也关系到人民生活水平的提高和城市化进程的推进。

建筑成本和投资是建筑项目管理的核心问题之一，成本和投资的精细化管理对于提高建筑项目的经济效益和管理水平至关重要。在这一背景下，建筑成本投资数据模型的研究和应用逐渐受到了广泛关注。因此，建筑成本投资数据模型的研究是为了更好地管理建筑成本和投资，提高建筑业的效率和竞争力。

建筑成本投资数据模型是一种定量分析建筑成本和投资的工具，可以帮助专业人员更全面地了解建筑项目的成本结构、成本控制管理、风险评估等问题。

1. 研究目的

建筑成本投资数据模型研究的主要目的是对建筑成本和投资进行科学的预测和管理。通过对建筑成本和投资的数据模型研究，建立一个可行的成本预测模型，更好地管理建筑成本和投资。通过精确评估建筑项目成本和投资情况，制订合理的预算计划；提高建筑项目的投资回报率，降低风险；为建筑项目的决策提供数据支持。

具体而言，建筑成本投资数据模型的研究目的包括以下几个方面：

（1）为建筑项目成本和投资管理提供科学依据。建筑成本投资数据模型能够准确地预测建筑项目的成本和投资，为建筑企业提供科学的成本和投资管理方案。

（2）为建筑企业提供科学的决策支持。建筑成本投资数据模型能够对建筑项目的成本和投资进行全面、系统的分析和预测，为企业的决策提供科学的支持。

（3）为建筑行业提供参考依据。建筑成本投资数据模型的研究成果能够为建筑行业提供参考依据，促进建筑行业的规范化和标准化发展。

2. 研究意义

通过建筑成本投资数据模型，可以帮助业主和投资方更好地理解建筑项目的成本和投资情况，从而更好地控制项目成本；可以帮助设计师和承包商更好地了解建筑项目的成本结构和风险，从而优化设计方案和施工计划，提高项目质量；通过建筑成本投资数据模型，可以提高项目投资回报率，增强项目竞争力。

建筑成本投资数据模型研究的意义还体现在以下几个方面：

（1）促进建筑业的发展。建筑成本投资数据模型研究可以有效地降低建筑企业的经营风险，提高建筑企业的竞争力，从而促进建筑业的健康发展。

（2）提高建筑成本和投资管理水平。通过建筑成本投资数据模型的研究，可以更加科学地管理建筑成本和投资，提高管理水平，实现企业高效、规范、可持续发展。

（3）提高建筑项目的经济效益。建筑成本投资数据模型能够准确预测建筑项目的成本和投资，为建筑企业提供科学的成本和投资管理方案，从而提高建筑项目的经济效益。

（4）提高建筑项目的管理水平。建筑成本投资数据模型能够对建筑项目的成本和投资进行全面、系统的分析和预测，为企业的决策提供科学的支持，从而提高建筑项目的管理水平。

（5）推动建筑行业的规范化和标准化发展。建筑成本投资数据模型的研究成果能够为建筑行业提供参考依据，促进建筑行业的规范化和标准化发展，从而推动建筑行业的可持续发展。

3. 研究内容

建筑成本投资数据模型研究的内容具有一定的开放性，与各行业相关的大数据研究方向也颇为丰富。下面总结与建筑成本相关的研究内容主要包括以下几点：

（1）数据收集和处理。建筑成本投资数据模型研究的第一步是收集和处理建筑成本和投资相关的数据，包括建筑项目的历史成本和投资数据、市场环境和政策等数据。

（2）模型建立和优化。建筑成本投资数据模型的建立是研究的核心内容。根据建筑成本和投资的特点，选择合适的模型方法，通过数据拟合和优化，建立准确、可靠的建筑成本投资数据模型。

（3）建筑成本数据分析。对建筑项目的直接成本、间接成本等进行统计分析，重新确定建筑项目的成本结构。

（4）模型分析和验证。建筑成本投资数据模型的分析和验证是模型研究的重要环节。通过模型分析和验证，可以评估模型的预测能力和精度，为模型的应用提供科学依据。

（5）决策支持。根据数据模型完成拟建项目的成本数据分析和风险评估结果，为投资人、开发企业、设计师、承包商等提供决策支持，优化项目设计和管理方案。

（6）模型应用和评估。建筑成本投资数据模型的应用和评估是研究的最终目标。通过模型应用和评估，可以检验模型的实用性和有效性，为建筑企业的成本和投资管理提供科学支持。

建筑成本投资数据模型的研究是建筑行业发展的重要支撑，具有重要的意义和价值。建筑成本投资数据模型的研究目的是对建筑成本和投资进行科学的预测和管理，其研究内容包括数据收集和处理、模型建立和优化、模型分析和验证以及模型应用和评估。建筑成本投资数据模型的研究和应用，将有助于提高建筑项目的经济效益和管理水平，推动建筑行业的规范化和标准化，进一步促进建筑行业的可持续发展。

三、研究方法与技术路线

建筑成本投资数据模型是对建筑成本和投资进行科学预测和管理的重要手段。本部分将重点介绍建筑成本投资数据模型研究的方法和技术路线。

1. 数据收集和处理

建筑成本投资数据模型的研究需要对大量的建筑成本和投资数据进行收集和整理，以便后续的建模和分析。数据收集和处理是建筑成本投资数据模型研究的第一步。数据来源可以是企业自身的数据、行业数据、政府统计数据等。数据收集的主要步骤包括数据收集目标的确定、数据源的确定、数据采集方式的选择、数据清洗和数据预处理等。

数据收集的方式包括项目数据调研、问卷调查和实地调研等。项目数据调研可以通过收集各种建筑成本和投资相关的报告和资料获取相关数据。问卷调查可以通过编制问卷，对建筑项目的各个方面进行调查，获取相关数据。实地调研可以通过对建筑项目进行实地观察和采集数据。

数据的处理包括数据清洗、数据预处理和数据转换等步骤，以确保数据的质量和可靠性。

数据收集和处理是模型研究的基础。为了确保模型的准确性和稳定性，数据的来源、质量和完整性都至关重要。数据的来源可以通过建立数据库、调研市场信息等方式来获取。同时，需要对数据进行质量评估和清洗，如检查数据是否存在缺失值、异常值等。数据的完整性可以通过加入辅助信息等来增强。

2. 模型建立和优化

建筑成本投资数据模型的建立是研究的核心内容。其目的是将大量的数据转化为可行的数学模型，以便后续的分析和预测。建模的主要步骤包括模型选择、模型参数的估计、模型的假设检验等。

在建筑成本投资数据模型的研究中，常用的建模方法包括回归分析、时间序列分析和神经网络分析等。回归分析是一种基于统计学的建模方法，可以分析建筑成本和投资之间的关系。时间序列分析是一种基于时间序列的建模方法，可以分析建筑成本和投资在时间上的变化趋势。神经网络是一种模拟人脑神经元网络的建模方法，可以模拟建筑成本和投资之间的非线性关系。

模型的优化包括模型参数的拟合和模型误差的修正。模型参数的拟合是通过调整模型参数，使模型与实际数据的拟合程度最高。模型误差的修正是通过对模型误差进行分析和修正，提高模型的预测精度和稳定性。

在模型建立和优化过程中，选择合适的模型和算法也是至关重要的。建筑成本投资数据模型的建立需要考虑多个因素，如建筑物类型、建筑物规模、地区差异、时期差异等。因此，需要选择合适的模型来处理不同类型和规模的建筑物。常用的建筑成本投资数据模型包括多元线性回归模型、灰色关联分析模型、神经网络模型等。在模型优化过程中，需要通过实验和比较，选择最优模型和参数，以达到最佳预测效果。

3. 模型分析和验证

模型分析和验证是建筑成本投资数据模型研究的重要环节。模型分析和验证可以评估模型的预测能力和精度，为模型的应用提供科学依据。模型分析和验证的方法包括拟合度分析、残差分析、稳定性分析和灵敏度分析等。

拟合度分析是通过计算模型的 R^2 值、残差平方和等指标来评估模型的拟合程度。残差分析是通过对模型残差进行分析，判断模型是否存在误差，以及误差的大小和分布情况。稳定性分析是通过对模型的稳定性进行分析，判断模型的预测能力是否具有稳定性。预测效果评估是通过对模型的预测结果进行评估，判断模型的预测精度和稳定性。

在模型分析和验证过程中，需要使用多种方法和技术来评估模型的拟合度、残差分析、稳定性分析和预测效果评估等指标。同时，需要对模型进行修正和改进，以提高模型的准确性和稳定性。

4. 模型应用和推广

建筑成本投资数据模型的应用和推广是建筑成本投资数据模型研究的最终目的。模型的应用包括建筑成本和投资预测、建筑成本和投资控制、建筑项目决策等方面。模型的推广可以通过建立建筑成本和投资数据模型数据库，为建筑行业提供全面、准确的建筑成本和投资预测和管理信息。

在模型应用和推广过程中，需要注意实际场景的复杂性和不确定性。如建筑市场的波动、政策环境的变化等，都可能影响模型的预测精度和稳定性。因此，需要对模型进行动态更新和维护，以保证模型的适用性和准确性。

研究方法主要通过以下几种方式来实现：

（1）调研案例。对已完成的建筑项目进行实地调研和数据采集，对比分析实际成本和预算成本的差异，检验建筑成本投资数据模型的可行性和有效性。

（2）数学分析。通过数学模型和统计分析方法，对建筑项目的成本和投资数据进行处理和分析，构建建筑成本投资数据模型。

（3）实证研究。通过实际的建筑项目案例，对建筑成本投资数据模型进行实证研究，验证其预测准确性和可靠性。

建筑成本投资数据模型的技术路线可以总结为以下几点：

（1）数据采集。收集建筑项目的成本和投资数据，包括直接成本、间接成本、劳务成本、投资规模、现金流等数据。

（2）数据处理。对采集的数据进行清洗、整理和转换，保证数据的准确性和一致性。

（3）模型构建。通过数学模型和统计分析方法，对建筑项目的成本和投资数据进行建模和分析，构建建筑成本投资数据模型。

（4）模型验证。通过实际的建筑项目案例，对建筑成本投资数据模型进行验证和调整，提高模型的预测准确性和可靠性。

（5）结果分析。对建筑成本投资数据模型的分析结果进行解释和分析，提出优化建议和决策支持。

综上所述，建筑成本投资数据模型研究的方法和技术路线需要考虑多个因素，包括数据收集和处理、模型建立和优化、模型分析和验证、模型应用和推广等方面。只有通过系统、科学的研究方法和技术路线，才能够构建出具有预测能力和稳定性的建筑成本投资数据模型，为建筑行业的发展和建筑项目的决策提供科学依据和管理支持。

第二节　数据模型的研究基础

一、研究基础

随着目前房地产类项目开发节奏的逐步加快，多数项目从立项到开工的时间要求越来越紧迫。部分房地产开发项目甚至要求在获取土地使用权后 3~6 个月内要达到预售条件，这样对项目初期的定位决策和成本设计及规划就变得尤为重要。

而在此阶段往往更多的是根据投资人团队的项目经验，通过一系列指标来计算项目的成本、投资、收益。而往往在项目方案多样性对比选择上，需要花费较大的精力去调整不同业态组合等导致成本变化，而对方案决策的时间和各种不确定性风险也相对增加。在此并没有可以快速应用的系统工具，能够提供有效的数据支持并协助投资人完成快速决策。

通过对二十多年积累的项目投资成本结算数据进行分析，将一个个完整项目包括前期、基础设施、建筑安装、财务、管理、销售等各环节的投资数据资料，通过特定数据归类方式，搭建模块化清单数据库。

再通过计算机技术，实现在较短时间内快速精准地完成拟建项目的建筑成本投资数据模型，并可以根据投资人意向调整项目不同材料档次、不同业态组成等条件下形成多个方案之间成本及收益的差异对比分析，来协助投资人确定项目的准确定位。

例如，2004 年北京金融街丽兹卡尔顿酒店项目。当时没有深化设计图纸和指标，业主方金融街控股提出，丽兹卡尔顿酒店的品牌影响力非常大，而且拟建的是一个高端酒店，对酒店建设的投入也相当重视，要求测量师在现有的条件下给出一个准确的投资方案。当时由瑞杰历信行及中国香港合作团队"柏历程测量师事务所"共同将每间客房的成本精确到每一个马桶浴缸、每一块吊顶和每一处机电配置，像大堂、西餐厅、中餐厅、SPA、会议室等的适配品牌、价格、量价清单等，都是以模型方案的方式提供。

在那个时候，就已经开始突破传统的指标估算模式，利用模型方案进行成本设计，但在当时并不是每个业主都有如此深入的要求。

通过大量项目从立项开始直至竣工结算的多维度投资成本数据积累，将数据清洗及分类筛选后导入数据库。然后在新项目起始阶段，数据模型通过计算机技术利用历史数据实现全程规划指导新项目成本管理过程中的每一步工作。

二、建筑成本投资数据模型简介

建筑成本投资数据模型是指基于建筑成本数据分析方法、建筑技术和管理理论，以及相关软件开发技术，建立的一个建筑成本投资管理的信息系统。其目的是通过建筑成本数据模型的建立和应用，实现建筑成本投资管理的科学化、系统化和智能化。该模型主要由数据采集、数据管理、数据分析和数据应用四个部分构成。

（1）数据采集包括建筑项目投资和成本的数据收集，数据的来源包括设计文件、招标文件、合同文件、工程进度、物资采购、材料用量、质量验收、人工工资等。在数据采集过程中，需要对数据的来源、数据的准确性、数据的时效性、数据的完整性等进行核实和审核，以保证数据的可靠性。

（2）数据管理包括建筑成本数据的存储、分类、管理和维护。建筑成本数据的存储需要建立合理的数据库系统，以便于数据的管理和查询。数据的分类需要根据不同的要求和应用进行分类，如按照工程量清单、按照施工工序、按照成本组成等进行分类。数据的管理需要建立完善的数据管理制度和流程，以保证数据的及时性和准确性。数据的维护需要对数据的更新、修改、删除等进行管理。

（3）数据分析包括建筑成本数据的统计、分析、预测和评估。建筑成本数据的统计可以得到不同层次、不同维度的成本数据，如总成本、分项成本、单价成本、面积成本等。数据的分析可以得到成本数据的内在规律和变化趋势，如成本结构、成本比例、成本趋势等。数据的预测可以基于历史数据和未来的规划，预测未来的成本变化趋势和成本水平。数据的评估可以对项目的成本进行评估，如成本效益、成本效率、成本控制等。

（4）数据应用包括建筑成本数据的应用和建筑成本投资管理的决策支持。建筑成本数据的应用可以用于不同的管理需求，如投资估算、招投标管理、合同管理、施工管理、质量管理等。建筑成本投资管理的决策支持需要基于数据分析的结果，提供科学的决策依据，如建设方案的选择、投资规模的确定、成本控制策略的制定等。

三、建筑成本投资数据模型建立的基础思路

以总定分，以终为始，不谋全局者不足以谋一域。数据模型，是以总投资的精准，来决定每个分项的精准，即在确保总投资及收益/收益率的前提下，以总项成本确定分项成本，以竣工结算或者决算数据决定项目投资数据模型。

运用统计学，以数字判断未来。统计学是"上帝的视角"。运用历史建筑工程数据，包括当前的施工工艺流程、功效水平，以同类项目历史数据且为完整数据，建立数据模型，结合科学方法预测，以此判定未来。

建筑成本投资数据模型的建立：

（1）数据分类全面。将建筑成本数据分门别类进行存储，形成一个全面、系统、完整的数据集合，便于建筑成本的估算、预测、控制和评价。

（2）系统模块化。建筑成本数据模型将数据按照不同的模块进行存储和管理，如建筑构件、工程量清单、材料库、人工费用、设备设施、机械设备等。每个模块都有独立的数据存储和处理方式，同时也与其他模块之间有着协同的联系。

（3）数据共享。建筑成本投资数据模型采用网络化的方式，将数据集合放在一个中央数据库中，使得数据在不同的地点和时间都可以得到共享和使用。

（4）数据标准化。在建筑成本投资数据模型中，将数据标准化，定义数据结构和数据格式，保证数据的规范性和准确性。

（5）自动化操作。建筑成本投资数据模型实现了大量的自动化功能，如自动估算、自动核算、自动校验、自动纠错等，使得数据处理的速度和效率大幅提高。

通过以上思路的实现，建筑成本投资数据模型可以帮助管理人员更加全面、系统地了解项目成本状况，更好地进行预算、监控和评价，从而有效地提高项目的管理水平和成本控制能力。

第三节　数据模型的功能与建立流程

一、建筑成本投资数据模型数据库介绍

建筑成本投资数据模型是建立在数据库系统上的一套软件系统，它的数据结构采用多种数据模型来表达，包括层次模型、网络模型、关系模型等。在数据库中，数据按照一定的规则和格式存储，并通过一系列的查询和分析操作实现对数据的管理和利用。

具体来说，建筑成本投资数据模型的数据库主要包括以下方面：

（1）项目信息管理。记录项目的基本信息，包括项目名称、项目编号、建设单位、总包单位等。

（2）工程量清单管理。记录工程量清单的详细信息，包括工程名称、规格、单位、工程量、单价等。

（3）造价汇总管理。将各项工程量清单进行汇总，并计算出项目的总造价。

（4）成本管理。记录项目各个阶段的成本信息，包括估算成本、合同价款、变更价款等。

（5）预算控制。根据项目的预算情况，对项目的进度、质量、成本等方面进行控制。

（6）数据分析。通过对数据库中的数据进行查询和分析，生成各种形式的报表，帮助项目管理者做出决策。

（7）系统管理。对系统进行维护、更新、备份等操作，确保系统的稳定性和安全性。

这些部分构成了建筑成本投资数据模型的数据库，为项目管理者提供了全面、准确、可靠的数据支持。

二、建筑成本投资数据模型在项目各阶段的主要功能

数据模型可以在项目信息较少的情况下，由系统快速搭建出数据模型，可以直观地展示拟建项目在不同方案选择下的成本数据以及投资收益分析、协助投资人对项目定位、财务规划等工作的进一步开展提供支持。也可以用于指导设计进行方案比选，在成本可控范围内选定最优方案以及提供项目招标采购阶段的各类材料设备品牌限定等，是开展精细化成本管理的一个基础。

建筑成本数据模型是建立在数据库技术基础上，通过对建筑项目各阶段的数据进行分析、整合和管理，从而实现对建筑成本投资的科学管理。该模型在建筑项目的不同阶段有着不同的功能和应用。

1. 项目立项阶段

在项目立项阶段，建筑成本数据模型的主要功能是完成项目预算的编制和审批，为项目的后续管理提供基础数据。具体应用包括：

（1）项目预算的编制和评审。

（2）项目投资分析和决策。

（3）建筑成本的初步控制和风险评估。

2. 项目施工阶段

在项目施工阶段，建筑成本数据模型的主要功能是完成施工过程中的成本控制和分析，实现建筑成本的实时监控和调整。具体应用包括：

（1）项目投资的实时掌控和调整。

（2）施工现场成本的监控和调整。

（3）供应商管理和费用控制。

（4）施工现场变更管理。

3. 项目后评估阶段

在项目后评估阶段，建筑成本数据模型的主要功能是对项目投资进行全面分析和总结，形成经验教训，为后续项目的管理提供经验支持。具体应用包括：

（1）项目投资分析和评估。

（2）建筑成本数据的归档和整理。

（3）项目投资的经验总结和沉淀。

（4）建筑成本管理方法的不断优化和提升。

总之，建筑成本数据模型在不同阶段的应用（见图5-1），可以有效地支持建筑项目的管理，实现成本的精准控制和投资效益的最大化。

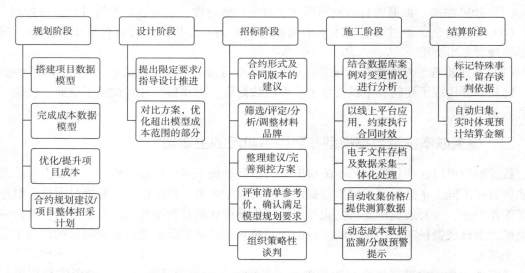

图5-1　建筑成本投资数据模型在项目各阶段的具体功能及应用

规划阶段：

（1）通过数据库匹配案例搭建项目数据模型，推演规划许可范围内不同业态组成、不同产品档次组合下项目的预期投资收益。

（2）确定项目产品及开发周期后，完成整个项目建安成本、财务成本、管理成本、销售成本的数据模型。作为指导项目推进的标尺。

（3）根据自有资金、开发周期及预期售价的调整，在固定利润/利润率的前提下优化/提升项目成本。

（4）根据拟建项目的不同特征，结合开发企业自身供应商储备情况等，生成合约规划建议，并结合开发周期生成项目整体招标采购计划。

设计阶段：

（1）根据数据模型规划结果，对各项设计招标及合同提出限定要求。对建筑布局、结构形式、限额指标、机电系统配置等进行详细约定，指导设计工作推进。

（2）将设计概算/方案测算与数据模型进行对比，超出模型成本范围的进行方案优化、材料替换等措施。

招标阶段：

（1）合约形式及合同版本的建议。

（2）招标准备阶段，对拟选用材料品牌进行筛选，对超出数据模型规定以外的品牌进行分析，如调研后拟选用品牌档次/价格/供货周期等综合评定超出规划设定，需调整至模型要求范围内。

（3）列举数据库同类案例变更洽商及索赔内容进行整理建议。完善合同条款、方案图纸或增加预控方案，避免同类内容再次造成额外成本增加。

（4）发标前进行清单参考价的评审，再次确认招标方案满足模型规划要求。

（5）评标过程中，通过对系统统计的单项金额占比较大的列项进行重点分析，对存在的不平衡情况组织策略性谈判。

施工阶段：

（1）变更审核按照事项审核、费用审核、完工确认等多方位管理，变更在事项审核阶段增加评审工作，结合数据库案例对变更的必要性及经济性进行分析。

（2）规划项目参与各方对变更审批、付款审批流程及审核时间限制，线上平台的应用将流程透明化，彻底解决变更、付款的申报、审核经常未能按照合同约定时效执行的弊病。

（3）电子文件存档及数据采集的一体化处理，项目文件自动归档，台账自动生成，历史记录循迹可查。

（4）对合同约定调差材料自动进行价格收集，根据施工进度提供测算数据。

（5）每周自动提供项目动态成本数据，每月提供模型对比财务报告。对成本超出安全线的专业工程/分项工程进行分级预警，并列举不同警示级别下的预处理方案。

结算阶段：

（1）对项目进程中发生的特殊事件（包括索赔与反索赔事件）标记插入点，依据合同及数据库案例处理方案预估对项目整体影响，整理结算谈判依据。

（2）自动归集已签约合同/补充协议、完工确认变更洽商等内容，实时体现项目预计结算金额。

三、建筑成本投资数据模型的工作流程

1. 建立数据库，将数据标准化

不同的项目清单形式千差万别，通过将不同项目清单工程量涵盖的工作内容、清单单价的组成分别进行标准的定义，使得进入数据库的清单标准是统一的。除此之外，每一项清单的还都关联了各类时间属性（招标时间、施工时间、结算时间）、项目位置等其他非工程信息参数，为后续自动匹配调整做准备。

2. 清洗历史数据，然后分类标记录入数据库

每个开发企业都有各自相对独立的合约体系，每个合同的范围、界面都会有适用各自项

目的一套合约体系。但通过合约这一层级的数据对比，仍可能无法获得口径一致且能用于精准对比或适配的数据。

因此，从便于同类数量统计、指标统计、调价便捷等数十条标准对清单重新划分，将一个完整项目涉及全专业的清单拆分为几十个标准清单模块，每一个清单模块包含的工程范围是完全统一的，即脱离了不同合约体系的束缚。

3. 建立数据相关性分析体系，引入客观性数据对标客体

通过计算机技术来快速实现一个拟建项目全部清单的组成，原理就是通过匹配清洗后的标准清单数据库中相似度高的项目，通过系统内置不同清单合集的算法，再通过项目的重要参数差异调整（规模、时间、地理位置等）生成拟建项目的数据模型。并通过相关性分析等多维度印证生成拟建项目数据的准确性。

4. 工程立项同时，建立该项目的成本数据模型

非常明确细致地说明该项目的总价、分项工程价格，以及提供每一个预估子项的数量和单价及其对应工艺做法、材料品牌范围建议等内容。

投资人如果有不同需求，也可以按照其要求组合成适应各自企业合约体系的清单形式。

第四节　数据模型特性应用

一、数据模型在设计概算阶段的应用

1. 有效控制设计成本

数据模型运用在设计阶段（即项目建立之初、设计之前），主要体现在以模拟施工控制设计成本。因其具有统计学的完整性，对设计阶段的评估遵循以总项定分项，包罗万象之项。具体执行方式包括：

（1）立项批准以后，利用成本数据模型，详细分析具体的产品等级、客户需求等。

（2）完成初期的设计指导文件，以保证设计的精准定位和成本控制设计。

（3）成本随总投资及收益/收益率的调整而动态修正，结合数据库资源进行档次提升或优化。

2. 对设计阶段的指导意义

数据模型因其客观且完整的特性，通过在设计阶段的实践与应用，将直接控制成本在1%的精准水平上（大约6~10个项目收敛）。这是数据模型在设计阶段，独具的指导意义。

二、项目管理过程中的超支预警功能及纠偏

前面主要介绍了数据模型的客观性与完整性，除此之外，数据模型还具有另一个重要特性：精细化。

随着工程的设计深入，不仅在前期设计阶段，包括招标、施工（施工中的变更），直至施工图完成，我们的成本控制投资数据模型会随时陪伴整个全过程。修正每一次设计调整，监控每一个阶段。

在初步设计完成之后，数据模型将逐步细化。设计、招标、变更作为整体项目的一部分，通过成本管理平台的整合，将各部分纳入整体成本估算中，评估对总成本的影响，随时

可掌握动态成本。从设计至施工到最终结算，项目总成本（动态成本）随时可呈现（数据可视化）。成本管理平台可随时洞察出或可能出现的偏差，发现即预警预控。利用数据模型的细致性，完成对每一个细节偏差的预控纠偏。

需要特别关注的是：

（1）数据模型精准监督每一个工程招标（需要有合约规划及合约体系的配合）。

（2）监控施工过程的每一次设计变更的审查及批准/不批准的流程。

（3）成本管理平台随时监控动态成本，包括可能的变化趋势，随时洞察工程预计结算的数据。

三、项目投资确认的后评估

项目投资确认的后评估，其关键点在于：以偏差评估差距。

数据模型即数据库，在项目估算时，数据库已存在。随着工程进展，如有偏差出现时（百万分之一的细致偏差），即可评估，为何会出现偏差，是估算有误，还是执行中的问题。

此时，将数据库中相同业态的此项数据模型列出，与在施项目进行对比，挖掘偏差原因，汇集收敛指标。什么是收敛指标？以酒店项目为例，可对比同类型10个项目，选出每一部分最优的数据模型，聚集结合形成最优成本模型，成为对业主及施工单位管理的收敛指标。最优收敛值，即为无限逼近最优。投资人进行投资时，可以掌握项目的收敛程度，节约程度，以及与最优收敛值的偏差是否合理，从而评估项目参与者的管理水平。

数据模型的应用宗旨，是对项目总成本的精准把控。当这一目标实现后，数据模型的功用还会持续延伸，我们对数据模型的研发，永不会停滞。数据模型将成为经济体系的又一个"标灯"参照系。

四、数据模型在建筑碳排放统计的应用

我国正处于城镇化和工业化加速发展阶段，建设规模和建设速度都为世界发展史上所罕见的。与此同时，二氧化碳排放量也随之不断加大，据统计，每年建筑领域排放的二氧化碳排放量（包含建筑建造、使用和拆除阶段）占到总排放量的35%以上，因此，如何减少建筑的二氧化碳排放就显得尤为重要。

曾做过《建筑工程施工阶段能耗和碳排放计量分析》课题研究，既是解决温室气体碳排放的计量标准，也是解决如何与建筑工程成本清单数据衔接的问题。本质上，碳排放问题也是工程成本的组成部分。

施工阶段作为建设项目全生命周期中非常重要而且最为复杂的阶段，会消耗大量的资源和能源，产生大量的温室气体。随着近几年国家的大力支持与政策要求，部分低碳技术应用之后所减少的碳排放却尚不足以抵消因采用这项技术而带来的生产和施工过程中增加的碳排放。因此研究建筑施工阶段碳排放测算很有现实意义。

基于《建筑工程施工阶段能耗和碳排放计量分析》研究课题，提出的建筑工程建造碳排放因子核算标准，结合建筑投资成本数据模型计量规则，代入实际建筑工程项目案例，对建筑施工阶段碳排放进行定量评价，建立了多维度建筑工程碳排放指标体系。本体系暂不考虑在结构工程全生命周期里多次发生机电改造/装修改造/防水修复等碳排放数据的因素，从中找到相关碳排放关键因素（建立标准值）并探索碳减排的措施，以及针对相关碳排放数

据的进一步开发应用，如为低碳工艺、材料、设备的评比优化等提供支持。从法规上驱除落后产能，从市场比较上，鼓励先进产能的进步。

（一）建筑施工阶段碳排放指标体系的建立

1. 碳排放因子基础数据库的选择

根据《建筑碳排放计算标准》GB/T 51366—2019、各专业研究机构对材料、设备碳排放值得出的统计数据（东南大学东禾建筑碳排放计算分析软件），以及碳排放计量分析研究课题相关计量研究成果（主要指碳排放因子的核算标准与方法，如哈尔滨工业大学团队完成的碳排放因子数据库等）等渠道。

以上研究数据是当前获得认可的数据来源。如果未来有数据口径发生变化，数据采集也可以完成数据采集的转换，以保障数据计算符合国家核证自愿减排量（CCER）标准。

选取相对合理、准确的数据，通过计算机技术手段完成与建筑投资成本数据模型数据库的对接工作。获取施工生产过程所消耗的能源、材料、机械碳排放量的基础数据。

如生产 1t 建筑钢材所排放的碳值约 2 200kgCO$_2$e，型号为 D40 的钢筋切断机工作 1 台班所消耗能源的碳排放量约 17kgCO$_2$e。图 5-2 举例展示较为常用的建筑材料、机械碳排放值，有关建筑工程各项生产活动所排放的碳量均以数值体现，形成碳排放因子基础数据库，为后续应用分析提供支持。

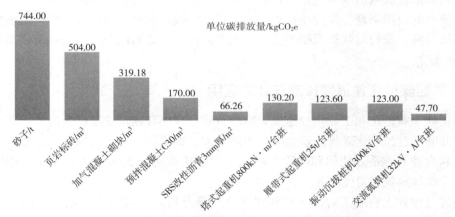

图 5-2　举例展示建筑材料、机械碳排放值

注：由于本研究的指标体系课题研究内容与哈工大团队负责的计算方法课题研究内容为并行，本研究选用案例数据尚未获取哈工大团队研究数据。以上数据来源于《建筑碳排放计算标准》GB/T 51366—2019 以及各专业研究机构对材料设备碳排放值已发布的统计数据。

资料来源：东南大学东禾建筑碳排放计算分析软件。

这里采用建筑成本模型数据库的标准，已完成与碳排放数据库的对接。由于碳系统计量标准会在一定时间内不断有调整，本研究也预留相关解决方案，这样可以达到适时调整并满足标准的改变，也可以实现对一个准立项项目的建筑碳数据的预控。

2. 建筑施工阶段碳排放源分析

就建筑施工而言，按排放源组成可分为：①直接排放的碳源为化石燃料（如汽油、液化石油气、煤炭等固体 、液体和气体燃料）；②能源间接排放为电力；③其他间接排放为用工、建筑材料（包括建筑垃圾）的碳排放。按工程要素组成可分为：①分部分项工程碳排放；②措施项目碳排放；③其他项目碳排放。

我国《建设工程实行工程量清单计价规范》GB 50500—2018，为适应市场化实践需求，建筑施工碳排放宜采用工程要素划分形式为研究对象，将分部分项工程作为基础核算单元，形成类似"清单项综合单价"，计算分项工程的单位综合碳排值，使建筑施工阶段碳排放量更加直观、透明，同时为后续数据应用、关联分析做准备。

3. 建筑施工阶段碳排放量的统计

建筑工程全生命周期的碳排放包含建筑物在与其相关的建材生产和运输、建筑施工、建筑运行、建筑拆除、废料回收和处理五个阶段产生的温室气体排放的总和。具体包括以下阶段：

（1）建材生产和运输阶段的碳排放：包括钢筋、混凝土、玻璃等主要建材生产过程中的碳排放及从生产地到施工现场的运输过程中产生的碳排放，也就是隐含碳排放。

（2）建筑施工建造阶段的碳排放：包括完成各分部分项工程施工产生的碳排放和各项措施实施过程中产生的碳排放。

（3）建筑运行阶段碳排放：包括建筑使用年限内暖通空调、生活热水、照明及电梯、燃气等各系统能源消耗产生的碳排放，以及建筑实体的防水保温、内外装饰、机电系统等按规定使用年限增加的修缮工作产生的碳排放。

（4）建造拆除阶段的碳排放：包括人工拆除和使用小型机具机械拆除使用的机械设备消耗的各种能源动力产生的碳排放。

（5）建筑拆除后的废料回收和处理阶段的碳排放：包括废料回收运输产生的碳排放和废料填埋、焚烧产生的碳排放。

建筑工程各阶段碳排放占比情况见图5-3。

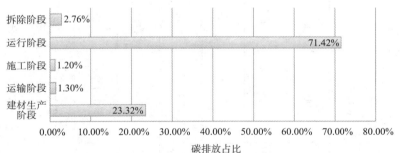

图 5-3　建筑工程各阶段碳排放占比情况

图5-3中，建材生产、运输阶段、施工阶段为已完工项目数据（来自建筑投资成本数据模型数据库中30个同类型实际项目案例数据通过系统算法修正获取计算结果）；运营阶段按照项目标准设计工况以及假设修缮条件进行测算；拆除阶段按照假设拆除及回收方案进行测算。

目前我国建设总量较大，造成了短期内的集中性碳排放，本研究针对建筑工程施工阶段（即生产运输及建造阶段）展开重点研究及思考。碳排放因子基础数据库建立是建筑工程碳排放量化工作的关键环节，是实现温室气体减排目标、建设碳排放交易市场的重要基础。如建筑工程量清单中的"钢筋工程"，则包含原材料生产运输、现场加工、绑扎安装等系列工作内容，通过建筑投资成本数据模型项目案例数据库，将大量统计数字与理论数字相结合，统计计算出完成某项工作内容所对应的施工工序消耗量构成，明细如表5-1所示。

表 5-1　建筑工程量清单中单位"钢筋工程"工作内容构成（单位：kgCO₂e）

序号	类别	名称	规格及型号	单位	施工消耗量	生产运输		制造阶段	
---	---	---	---	---	---	碳因子	碳排量	碳因子	碳排量
1	人工	综合工二类工	—	工日	8.29	—	—	3.77	31.25
2	材料	钢筋	HRB400 12	t	1.05	2 200.00	2 310.00	—	—
3	材料	镀锌铁丝	D0.7	kg	2.63	1.72	4.52	—	—
4	材料	水	—	m³	0.13	0.19	0.02	—	—
5	材料	电焊条	—	kg	7.20	2.18	15.70	—	—
6	机械	钢筋切断机	D40	台班	0.08	—	—	17.00	1.36
7	机械	钢筋调直机	D40	台班	0.20	—	—	6.00	1.20
8	机械	钢筋弯曲机	D40	台班	0.22	—	—	7.00	1.54
9	机械	交流弧焊机	32kV·A	台班	0.33	—	—	47.70	15.74
10	机械	对焊机	75kV·A	台班	0.09	—	—	65.00	5.85
12		小计	—	—	—	—	2 330.24	—	56.94

注：表中人工、材料、机械以及对应施工消耗量来自建筑投资成本数据模型数据库中 30 个同类型实际项目案例数据，通过系统算法修正获取。

依据表中碳源消耗量，代入碳排放因子，即碳排放量＝碳源消耗量×碳排放因子。在此基础上，得到施工阶段碳排放计算公式：

$$E_C = E_{C1} + E_{C2} + E_{C3} + E_{C4} \qquad (5-1)$$

式中：E_{C1}——施工材料生产产生的碳排放量；

　　　E_{C2}——施工材料运输产生的碳排放量；

　　　E_{C3}——施工现场产生的碳排放量；

　　　E_{C4}——施工废弃物产生的碳排放量。

综上，可以计算出单位现浇混凝土钢筋工程，生产运输阶段综合碳排值约 2 330.24kgCO$_2$e，制造阶段综合碳排值约 56.94kgCO$_2$e。

4. 建筑施工阶段碳排放指标

为探寻建筑施工阶段碳排放量的相关性，碳排放指标体系的建立尤为重要。通过上述计算方式，按照建筑投资成本数据模型归集原则，分别测定建筑工程项目在实施阶段各分部分项工程的综合碳排值。

下面引入实际建筑工程项目进行建模分析，目标案例为天津地区某 7 层住宅项目，建筑面积约 2 万 m^2，现对其主体工程施工阶段按照分部分项清单进行碳排放值（C 值）测定统计，表 5-3 为截取部分成果数据。

将整体计算数据进行采集汇总，同时进行相关性、独立性分析，形成多维度碳排放指标。建筑施工阶段生产运输与制造阶段的 C 值分析见表 5-2。

表 5-2　建筑施工阶段生产运输与制造阶段的 C 值分析表

序号	汇总内容	建材生产运输阶段 C 值		建造阶段 C 值	
		碳排放量/kgCO$_2$e	占整体比例	碳排放量/kgCO$_2$e	占整体比例
一	建筑工程	11 260 430.21	95.25%	144 189.52	2.94%
1	砌筑工程	475 595.03	4.09%	5 010.25	0.04%
2	混凝土工程	1 825 614.29	15.72%	46 504.01	0.40%
3	钢筋工程	8 236 807.10	70.92%	77 131.26	0.66%
4	金属结构工程	6 184.04	0.05%	1 051.05	0.01%
5	门窗工程	7 200.00	0.06%	1 059.60	0.01%
6	屋面及防水工程	250 690.22	2.16%	4 947.84	0.04%
7	防腐、隔热、保温工程	458 339.53	3.95%	8 485.51	0.07%
二	装饰工程	203 576.95	1.75%	6 603.44	0.06%
1	楼地面装饰工程	43 626.82	0.38%	836.14	0.01%
2	墙、柱面工程	132 051.18	1.14%	4 119.41	0.04%
3	天棚工程	352.80	0.00%	20.80	0.00%
4	油漆、涂料、裱糊工程	27 546.15	0.24%	1 627.09	0.01%
合计（一+二）		11 614 800.12	97.00%	11 614 800.12	3.00%

表 5-3 截取某住宅工程分部分项清单 C 值计算结果

某住宅工程分部分项碳计量清单（节选）

序号	项目编码	项目名称	项目特征	计量单位	工程量	单位碳排放值/kgCO$_2$e			总碳排放值/kgCO$_2$e		
						生产运输	建造	生产+建造	生产运输	建造	生产+建造
59	010515001001	现浇混凝土钢筋	1. 钢筋级别：HPB300 2. 钢盘直径：12mm 以内（含）	t	52.25	2 327.61	56.94	2 384.55	121 617.62	2 975.12	124 592.74
60	010515001002	现浇混凝土钢筋	1. 钢筋级别：HRB400 2. 钢筋直径：10mm 以内（含）	t	365.75	2 317.83	67.17	2 385.00	847 746.32	24 567.43	872 313.75
61	010515001003	现浇混凝土钢筋	1. 钢筋级别：HRB400 2. 钢筋直径：10~25mm（含）	t	522.50	2 330.24	56.94	2 367.14	1 217 550.40	29 751.15	1 236 830.65
62	010515001004	现浇混凝土钢筋	1. 钢筋级别：HRB400 2. 钢筋直径：25mm 以外	t	104.50	2 330.24	56.94	2 367.14	243 510.08	5 950.23	247 366.13
63	010516003001	现浇混凝土钢筋接头	1. 钢筋规格：直径18~25mm 2. 其他特征：按规定及经批准加	个	3 300.00	1.39	0.89	2.28	4 587.00	2 937.00	7 524.00
64	010516003002	现浇混凝土钢筋接头	1. 钢筋规格：直径28mm 以上 2. 其他特征：按规定及经批准加	个	100.00	1.39	1.55	2.94	139.00	155.00	294.00

续表

某住宅工程分部分项碳计量量清单（节选）

序号	项目编码	项目名称	项目特征	计量单位	工程量	单位碳排放值/kgCO$_2$e			总碳排放值/kgCO$_2$e		
						生产运输	建造	生产+建造	生产运输	建造	生产+建造
65	010515001005	混凝土内植钢筋	1. 植筋直径：直径 6mm 2. 其他特征：植筋深度约为	m	50.00	336.00	0.60	336.60	16 800.00	30.00	16 830.00
66	010515001006	混凝土内植钢筋	1. 植筋直径：直径 8mm 2. 其他特征：植筋深度约为	m	6 000.00	336.00	0.60	336.60	2 016 000.00	3 600.00	2 019 600.00
67	010515001007	混凝土内植钢筋	1. 植筋直径：直径 10mm 2. 其他特征：植筋深度约为	m	50.00	336.00	0.60	336.60	16 800.00	30.00	16 830.00
68	010515001008	混凝土内植钢筋	1. 植筋直径：直径 12mm 2. 其他特征：植筋深度约为	m	9 000.00	371.39	1.00	372.39	3 342 510.00	9 000.00	3 351 510.00
69	010515001009	混凝土内植钢筋	1. 植筋直径：直径 14mm 2. 其他特征：植筋深度约为	m	50.00	422.24	2.14	424.38	21 112.00	107.00	21 219.00

建筑施工阶段 C 值排放占比分析见图 5-4。

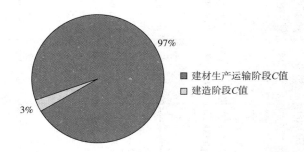

图 5-4　建筑施工阶段 C 值排放占比分析

经统计，建材的生产运输阶段碳排放值在整个施工阶段高达 97% 的占比，集中体现在钢筋、混凝土材料的生产，其次为砌块、保温等材料。

建筑施工阶段碳排放与工程造价的相关性分析见表 5-4。

表 5-4　建筑施工阶段碳排放与工程造价的相关性分析表

序号	汇总内容	造价		施工阶段 C 值统计	
		金额/万元	占整体比例	碳排放量/tCO_2e	占整体比例
一	建筑工程	818.67	97.45%	11 404.64	98.19%
1	砌筑工程	63.52	7.56%	480.61	4.14%
2	混凝土工程	263.78	31.40%	1 872.12	16.12%
3	钢筋工程	416.75	49.61%	8 313.94	71.58%
4	金属结构工程	5.79	0.69%	7.24	0.06%
5	门窗工程	18.27	2.17%	8.26	0.07%
6	屋面及防水工程	29.62	3.53%	255.64	2.20%
7	防腐、隔热、保温工程	20.94	2.49%	466.83	4.02%
二	装饰工程	21.40	2.55%	210.17	1.81%
1	楼地面装饰工程	8.84	1.05%	44.46	0.38%
2	墙、柱面工程	11.66	1.39%	136.17	1.17%
3	天棚工程	0.09	0.01%	0.37	0.00%
4	油漆、涂料、裱糊工程	0.81	0.10%	29.17	0.25%
合计（一+二）		840.07	100.00%	11 614.81	100.00%

施工阶段碳排放与工程造价对比见图 5-5。

经统计，建筑项目分部分项工程的碳排放量占施工阶段总排放量比例，与自身成本造价占总造价比例，浮动趋势几乎相似，峰值同样出现在钢筋工程，其次为混凝土工程、砌块工程。

建筑施工阶段碳排放与构件重量的相关性分析见表 5-5。

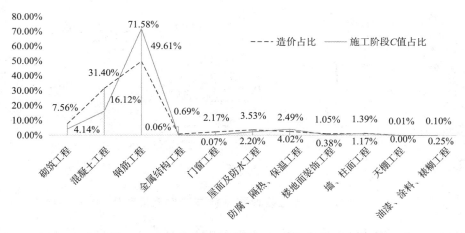

图 5-5 施工阶段碳排放与工程造价对比

表 5-5 建筑施工阶段碳排放与构件重量的相关性分析

序号	汇总内容	构件重量		施工阶段 C 值统计	
		总重量/t	占整体比例	碳排放量/tCO$_2$e	占整体比例
一	建筑工程	22 440.32	96.82%	11 404.64	98.19%
1	砌筑工程	1 097.59	4.74%	480.61	4.14%
2	混凝土工程	19 222.66	82.93%	1 872.12	16.12%
3	钢筋工程	1 235.67	5.33%	8 313.94	71.58%
4	金属结构工程	5.60	0.02%	7.24	0.06%
5	门窗工程	12.56	0.05%	8.26	0.07%
6	屋面及防水工程	497.16	2.14%	255.64	2.20%
7	防腐、隔热、保温工程	369.08	1.59%	466.83	4.02%
二	装饰工程	738.04	3.18%	210.17	1.81%
1	楼地面装饰工程	406.67	1.75%	44.46	0.38%
2	墙、柱面工程	273.59	1.18%	136.17	1.17%
3	天棚工程	1.36	0.01%	0.37	0.00%
4	油漆、涂料、裱糊工程	56.42	0.24%	29.17	0.25%
	合计（一+二）	23 178.36	100.00%	11 614.81	100.00%

施工阶段碳排放与构件重量对比见图 5-6。

经统计，除钢筋、混凝土工程外，建筑项目分部分项工程的碳排放量占施工阶段总排放量比例，与构件自身重量占建筑物总重量比例，浮动趋势几乎相似。由于 1m^3 混凝土折算重量约为 2.4t，而 1m^3 混凝土综合碳排值约 270.89kgCO$_2$e，远低于 1t 钢筋所造成的碳排量，故呈现反比趋势。

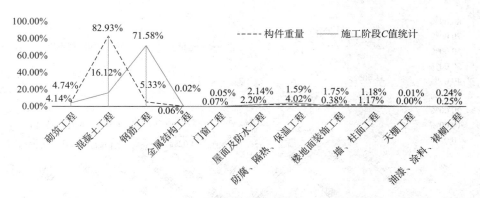

图 5-6　施工阶段碳排放与构件重量对比

通过数据统计分析的结论，建材碳排放值差异的主要原因与材料生产过程消耗的能源关系最为紧密，如钢材、玻璃等需要热加工处理的材料，碳排放量相对较高。

5. 建筑施工阶段碳排放的其他指标

基于大量实例项目碳排值的测定统计数据，对建筑工程单位重量造价（元/kg）、单位重量碳排放值（kg/kg）、单位面积造价（元/m^2）、单位面积碳排放值（kg/m^2）以及单位造价碳排放值（kg/元）等指标进行多维度的分析。

6. 建筑施工阶段碳排放指标体系的应用

建筑施工阶段碳排放指标体系的建立，意在从材料、机械、应用、管理等多角度寻找节能减排的切入点：

（1）根据施工碳排放量预算结果，建筑材料碳排放值占该阶段97%，要发展绿色建材。如用粉煤灰、矿渣来做水泥，还有再生骨料混凝土，把用过的混凝土重新粉碎，循环利用，结合高强度材料做成再生混凝土等。

（2）通过实际案例建模结果显示，混凝土及钢筋混凝土工程的碳排放量占比最高，达88%，针对这两个碳排放量较大的单元过程，首先，施工方在制订施工组织计划时需要更加注意这两个环节的施工组织安排，防止施工机械出现不必要的空转时间，产生不必要的碳排放量。其次，可对这两个环节的施工机械进行改造优化，在确保成本增加值在可控范围内，选用节能环保型机械，以降低碳排放量。

（3）施工碳排放量预算结果首先可帮助业主方制订企业碳排放量减排目标，衡量购买碳排放配额的依据。其次可作为施工方制订碳排放减排目标的参考值，也可以为制订有针对性的减排计划提供依据。如通过对混凝土及钢筋混凝土工程中的施工项目进一步分析，首先发现完成定额现浇构件螺纹钢（25内）工程量的这一单元过程在整个混凝土及钢筋混凝土工程施工项目中占比最大，达45.24%，其次是现浇构件筋螺纹钢（ϕ10以内）占比为17.35%。

（4）建设工程项目的碳排放管理不能仅局限于项目后期的评价，需要通过碳排放指标体系挖掘利用碳排放量结果与工程量联动关系，进行建设工程项目管理活动的碳排放核算的功能。以碳排放为影响因素优化施工方案实现节能减排的事前管理，或者预估项目碳排放量配额参与碳排放交易活动，或者对碳排放量实时监控等。

建筑材料及施工阶段碳排放指标见表5-6。

表 5-6　建筑材料及施工阶段碳排放指标表

序号	汇总内容	单位重量造价/（元/kg）	单位重量建材碳排放值/（kg/kg）	单位重量建造碳排放值/（kg/kg）	单位面积造价/（元/m²）	单位面积建材碳排放值/（kg/m²）	单位面积建造碳排放值/（kg/m²）	单位造价碳排放值/（kg/元）
一	建筑工程	0.365	0.501	0.006	408.353	561.318	7.192	1.392
1	砌筑工程	0.579	0.433	0.005	31.683	23.723	0.250	0.757
2	混凝土工程	0.137	0.095	0.002	131.576	91.063	2.320	0.710
3	钢筋工程	3.373	6.666	0.062	207.879	410.857	3.847	1.995
4	金属结构工程	10.331	1.104	0.188	2.886	0.308	0.052	0.125
5	门窗工程	14.550	0.000	0.084	9.112	0.000	0.053	0.006
6	屋面及防水工程	0.596	0.504	0.010	14.772	12.505	0.247	0.863
7	防腐、隔热、保温工程	0.567	1.242	0.023	10.444	22.862	0.423	2.229
二	装饰工程	0.290	0.276	0.009	10.673	10.155	0.329	0.982
1	楼地面装饰工程	0.217	0.107	0.002	4.411	2.176	0.042	0.503
2	墙、柱面工程	0.426	0.483	0.015	5.816	6.587	0.205	1.168
3	天棚工程	0.658	0.259	0.015	0.045	0.018	0.001	0.417
4	油漆、涂料、裱糊工程	0.143	0.488	0.029	0.402	1.374	0.081	3.622
	合计（一+二）	0.362	0.494	0.007	419.026	571.473	7.522	1.382

（二）碳成本控制及经济决策平台的建立与应用

1. 碳成本控制及经济决策平台的建立

目前国内还没有针对施工阶段碳排放建立统一、标准化的碳排放核算体系，对碳排放核算方面的研究大多都集中在基于全生命周期理论计算建筑物的碳排放总量，而单独针对建设工程施工阶段碳排放量计算的研究比较少。①这些单独针对施工阶段碳排放的研究中在排放因子的取值和能耗数据的选取缺少相对统一的标准，导致在建设工程施工阶段的碳排放量核算范围与核算方法不规范，容易导致在碳排放核算过程中可能产生不必要的误差。②大多数研究中对碳排放计量的目的是施工阶段发生的实际碳排放进行评价，仅起到事后评价的作用，未能起到用碳排放估算量指导碳排放减排计划、减排措施的制定作用，因此，对施工阶段碳排放核算研究，在排放因子、核算活动数据的选取、碳排放量报告规范性等方面仍然需要继续不断完善。

由于工程量清单中分部分项工程生产制造、加工运输、安装调试，以及不同厂家、企业涉及的工艺、技术方法参差不齐，故单位综合碳排值并不唯一。由此再次依托建筑投资成本数据模型，基于大量实际工程项目案例形成的数据库，融入地域性、建筑规模、施工企业生产力等因素影响，测定单位综合碳排值合理区间，在形成建筑工程碳排放数据库的同时，形成碳排放量对比基准数据，为后续低碳工艺、材料、设备的评比优化等提供支持。

2. 碳成本控制及经济决策平台的应用

碳成本控制及经济决策平台的模型数据分析，通过建设工程碳排放计量与统计、建设工程碳排放评价数据参考、建设工程碳排放量核算基准指标管理体系以及推动构建碳排放平台化管理体系等，帮助建筑企业完成成本定位、收益数据以及制定减排目标，为统筹及预估购买碳排放配额提供依据；实现节能减排的事前管理，或者预估项目碳排放量配额参与碳排放交易活动，以及碳排放量实时监控等低碳管理工作。

关于管理体系，用于"以终为始"的计量理念和适配品牌目录等市场化规则，在图纸设计之前完成建筑成本及碳排放设计，通过大量实践项目数据，实现精准度 3% 的管理目标。因此，任何发承包模式下，无论是施工总承包，还是设计采购施工（EPC）模式，均可依托碳成本控制及经济决策平台完成碳计量及管理工作。

（1）碳排放数据库需要建立在大量的信息以及经验数据的积累和整理工作的基础上形成，用于指导碳排放估算指标的编制，预估拟建项目的碳排放量，预测其发展趋势，制定项目低碳目标，给项目的决策者做好低碳目标控制工作提供依据。

（2）通过对碳排放的计量，结合现行国家核证自愿减排量标准，建立企业沟通平台，对建筑产品进行经济分类及编制评级制度，向满足低碳要求的供应商提供合作机会、业务推广等需求，遏制部分高碳排产业及降碳措施差的产业；对建筑业、建材生产业进行市场化良性引导；实现同企业不同项目或者不同企业不同项目之间的相互比较，提高碳排放评价的一致性，使评价结果更具有实际意义。

（3）为成本决策提供依据，市场碳交易以企业为对象，集成建筑施工企业所有建筑项目，因此施工企业需要碳排放的数据集成平台作为支持；另外，碳交易价格是波动的，平台会通过碳值分析、预测系统快速反应，帮助企业完成成本决策。

（4）将碳排放计量规则引入招投标领域，实现施工碳排放量预测，满足企业或国家碳排放交易配额规划要求。编制企业减排计划、确定减排行动和控制企业碳排放总量的依据，提高碳排放量信息的质量。

（5）企业建立碳成本控制及经济决策平台，通过标准化的管理流程，对项目碳排放以及投资成本进行综合评估，以及后期链接分包管控平台。企业内部资源共享的同时，可以进行市场化的推广，实现同企业不同项目或者不同企业不同项目之间的相互比较，提高碳排放评价的一致性，使评价结果更具有实际意义。不仅提升本企业的市场竞争力，也可作为企业新的经济增长点。

第五节　数据模型成功案例介绍

一、某酒店数据模型应用案例

北京康莱德（conrad）酒店坐落于东三环，为希尔顿（Hilton）集团旗下首家超白金五星级酒店。

项目由招商局地产投资建设，总建筑面积 57 000m²，檐高为 106.95m，地下 4 层，地上25 层。

酒店于 2008 年 8 月获批开始建设，于 2013 年 3 月正式营业，共有 289 间客房，包括275 个标准房间和 14 间套间。

瑞杰历信行作为全过程投资顾问，在 2007 年 8 月开始参与项目的目标成本规划工作，至 2007 年 12 月完成项目最终目标成本的确定。期间对项目的目标成本、合约规划、项目管理的建议、方案阶段的优化建议等内容做出了详尽的前期工作，正因为这些的充分准备工作，也使项目在整个管理过程中，投资 11.7 亿元，最终全部结算完成后较目标成本结余约650 万元。

1. 目标成本管理工作概述

随着房地产类项目开发节奏的逐步加快，多数项目从立项到开工的时间要求越来越紧迫。部分房地产开发项目甚至要求在获取土地使用权后 3~6 个月内要达到预售条件，这样对项目初期的定位决策和成本设计及规划就变得尤为重要。

而在此阶段往往更多的是根据投资人团队的项目管理经验，通过一系列指标来计算项目的成本、投资、收益。而往往在项目方案多样性对比选择上，需要花费较大的精力去调整不同业态组合等导致的成本变化，而对方案决策的时间和各种不确定性风险也相对增加。

利用多年积累的项目投资成本结算数据进行分析，将一个个完整项目包括前期、基础设施、建筑安装、财务、管理、销售等各个环节的投资数据资料，通过特定数据归类方式，搭建模块化清单数据库。

再通过计算机协助，实现在较短时间内快速、精准地完成拟建项目的建筑成本投资数据模型，并根据投资人意向调整项目不同材料设备品牌档次、不同业态组成等条件下形成多个方案之间成本及收益的差异对比分析，协助投资人确定项目的准确定位。

成本数据模型的涵盖范围即固定资产投资的全部范围，包括了静态投资及动态投资，也就是工程造价的全部内容。

2. 项目估算书的确定

2007 年 8 月，测量师完成项目第一版估算书，拟建面积 5.7 万 m^2，建筑安装总金额人民币 7.8 亿元，建筑面积单方造价为 13 680 元/m^2。该费用包含专业顾问费及不可预见费，不含土地及开发成本。具体如表 5-7 所示。

表 5-7　估算书汇总表

成本类别	专业工程	合价/元	单方造价/（元/m^2）
建造总费用		779 780 404	13 680
1. 土方工程		13 043 100	229
2. 土建工程		428 720 750	7 521
	结构工程	98 698 600	1 732
	建筑工程	29 486 850	517
	幕墙工程	64 765 000	1 136
	精装修工程	235 770 300	4 136
3. 机电工程		147 385 000	2 586
	电气工程	27 475 000	482
	弱电工程	35 950 000	631
	给排水工程	19 660 000	345
	通风、空调工程	33 890 000	595
	供暖工程	7 300 000	128
	电梯工程	12 100 000	212
	消防工程	9 210 000	162
	燃气工程	1 150 000	20
	机房隔音、减震、降噪工程	650 000	11
4. 专业设备工程		86 800 000	1 523
	泳池设施	2 300 000	40
	SPA 及健身设施	7 500 000	132
	厨房设施	17 000 000	298
	浓衣机房设施	6 600 000	116
	标识系统	—	—
	酒店运营物品	52 000 000	912
	垃圾处理系统	600 000	11
	车库标识	300 000	5
5. 室外工程		20 840 000	366
6. 设计、顾问费		53 000 000	930
7. 开办费用＝（1+2+3+4+5+6）×6%		—	—

成本类别	专业工程	合价/元	单方造价/（元/m²）
8. 不可预见费用 =（1+2+3+4+5+6+7）×4%		29 991 554	526
9. 合计 = 1+2+3+4+5+6+7+8		779 780 404	13 680

当时项目尚处于概念设计阶段。建筑师只能提供规划效果图等概念性指标。结构及机电配置等情况均无法提供详细资料。测量师在与设计师初步沟通后，按照业主及设计师的思路，对酒店的设计方案进行了系统地梳理，并完成了相关成本的测算工作。后续总结这个过程为项目的"成本设计"阶段。

测量师在编制估算前期查阅了多个同类酒店的相关资料，如上海波特曼丽嘉酒店，北京中国大酒店，广州花园酒店，济南山东大厦等，最终以北京金融街丽兹卡尔顿酒店一套完整的结算数据为基础，并参考中国旅游局发布的白金五星级酒店标准及中国境内相应标准最终完成项目成本设计的假设方案：

客房暂按 300 套考虑（标准客房 260 套，豪华及转角套房 38 套，行政酒廊 1 套，总统套房 1 套），其中标准客房面积 45m²，套房面积 80～500m²。客房配置均提供详细清单及明细。

配套设施考虑大堂、中餐厅、西餐厅、全日餐厅、风味餐厅、宴会厅、会议室、商务中心、游泳池、SPA、健身房等，并对各区域面积按照同级别酒店标准进行设定。

机电各系统配置按照同级别酒店进行设定。

再结合项目开发时间、地域等差异因素，针对不同专业逐自进行设计方案对比调整，量身打造康莱德酒店的成本数据模型，最终为项目投资决策做出卓越贡献。

以单间客房为例（见表 5-8、表 5-9），测量师完成估算书的详细程度已经达到了模拟清单招标的水平。

表 5-8　单间客房估算章节汇总（节选）

项目	合计/元
第一节　准备工作	10 000.00
第二节　内置家具	52 839.52
第三节　门窗工程	13 320.51
第四节　小五金工程	3 761.46
第五节　楼地面工程	42 889.67
第六节　墙面装饰工程	89 999.81
第七节　顶棚装饰工程	10 816.83
第八节　油漆工程	2 621.46
第九节　玻璃工程	4 451.71
第十节　灯具、开关、面板工程	22 224.17

续表

项目		合计/元
第十一节　洁具、阀门工程		29 890.00
第十二节　其他		34 800.00
	转至总计	317 635.14

表 5-9　单间客房灯具、开关、面板估算清单（节选）

项目	内容	数量	单位	单价/元	合计/元
A	台灯	1	套	1 500.00	1 500.00
B	落地灯	1	套	3 500.00	3 500.00
C	夜灯	2	套	1 500.00	3 000.00
D	壁灯	2	套	1 320.00	2 640.00
E	吊灯	1	套	1 481.23	1 481.23
F	床头几灯	1	套	1 671.00	1 671.00
G	桌灯	1	套	2 123.00	2 123.00
H	A1 嵌入式低压顶棚小聚光灯	1	套	297.49	297.49
I	A2 嵌入式低压重点照明灯	1	套	557.49	557.49
J	A2A 嵌入式低压重点照明灯	1	套	557.49	557.49
K	低压灯带	1	m	405.03	405.03

注：安装项目是经业主或设计单位认可的品牌的机电产品在客房区域（安装的灯具）。

测量师在项目前期做了大量准备工作，对酒店定位、选材等内容进行充分调研分析后做出成本规划，并编制具有较强针对性的项目估算书，也为后续项目成本管理的顺利执行做了铺垫。

3. 酒店调研报告及材料、设备品牌建议

本酒店调研报告是在对北京城区高端酒店深入调查的基础上向业主提出的专业性结论及顾问建议：

（1）投入的成本决定着酒店的预期收益。

（2）费用的等级确定了酒店经营者的品牌。

（3）在成本和费用的指导下开展设计工作。

（4）通过各顾问之间的交流，及与设计师的互动沟通，合理规划成本。

（一）调研目的及范围

为了使业主全面了解北京城区酒店的发展现状、前景以及酒店管理等各方面的情况，测量师特以项目所在地为中心，重点对 CBD 地区及同时环绕北京城区的五星级以上酒店进行调查研究，在此基础上，向业主提供所需资料。

本报告将介绍北京城区五星级酒店的市场发展情况及酒店管理等方面的情况，为保证业主资金投入物有所值和利益最大化，特提供一些建议以供参考。

（二）项目概况

本项目欲于北京朝阳区东三环之 CBD 附近购置土地，由招商局地产投资，北京恒世华融开发建造的一座超五星级酒店。

酒店预计指标见表 5-10。

表 5-10　酒店预计指标

序号	位置	项目	面积/m²	比率
A	首层（裙楼）	大堂、接待、休息、咖啡、大堂吧等	3 000	5.26%
	二层（裙楼）	中餐厅、西餐厅、全日餐厅、风味餐厅等	3 500	6.14%
	三层（裙楼）	大宴会厅、会议室、商务中心	3 500	6.14%
	四层（裙楼）	游泳池、SPA、配套功能等	2 000	3.51%
	五至二十一层	客房（270 套）	1 276×17	38.06%
	二十二、二十三层	行政酒廊、总统套、总经理公寓（3 套）	1 308	2.29%
	二十四层	屋顶花园		
		地上建筑面积	35 000	61.40%
B	地下一层	商业、设备间、管理用房	4 500	7.89%
	地下二层	配套用房、设备用房	4 500	7.89%
	地下三、四层	车库（200 车位）、人防	11 000	19.30%
		地下建筑面积	22 000	38.60%
C		总建筑面积	57 000	100%

初步规划指标见表 5-11。

表 5-11　初步规划指标

序号	项目	单位	指标	比率
1	总建筑面积	m²	57 000	100%
2	建筑高度	m	100	
3	地上建筑层数	层	24	
4	地上建筑自然间数	间	346	
5	占地面积	m²	7 800	
6	基底面积	m²	3.550	
7	绿化率	%	30%	
8	客房面积	m²	23 000	40.35%
9	酒店配套面积	m²	12 000	21.05%
10	酒店营业区域	m²	40 000	70.18%
11	酒店配套设施	m²	15 000	26.32%

注：上述指标尚未得到政府规划部门及投资人的审批，此后还需调整。

（三）北京城区酒店市场分析

北京城区五星级酒店是本项目的重点评价对象，经测量师查询约有四五十家酒店，其中香格里拉、君悦、中国大饭店是京城酒店行业的风向标志性的酒店。

1. 区位分析

从地理位置上看，近三分之二的星级酒店分布在城八区，其中 CBD、王府井及军事博物馆等区域是高星级酒店供应的热点区域。

CBD 区域：经济最活跃、世界 500 强企业入驻最多，有三星级（含）以上酒店 24 家，约占三星级（含）以上酒店总数的 7%，提供客房 6 700 多间。

王府井区域：拥有故宫和天安门等 5A 级景点、北京火车站及驰名中外的"金街"，有三星级（含）以上酒店 22 家，约占 6%，提供客房约 8 200 多间。

军事博物馆区域：拥有全国最大火车站（北京西站）及军事博物馆，有三星级（含）以上酒店 13 家，约占 4%，提供客房约 5 000 间。

2. 需求分析

北京作为首都，在政治、文化、经济等领域占有相当的竞争优势，这不仅为商务旅游市场的拓展提供了良好的市场环境，也为星级酒店的需求提供了重要的客源保证。

北京每年举办的展览会约占全国总数的 20%，且各项展会已成规模和具有声誉，如北京国际机床展、纺织机械展、冶金铸造展、印刷机械展的水平和规模已跻身国际同类展览会的前四名；作为政治中心，每年接待各种会议、视察及调研活动所产生的商务旅行形成了一个不容忽视的市场需求；另外，北京作为高校最集中、非官方协会最多的城市，地区性和全国性的学术交流活动与日俱增，学术交流市场是近些年来发展十分迅速的商务旅行市场。所有这些需求都为星级酒店的发展提供了有利的市场环境。

从发展趋势预测，北京地区随着国际化程度的进一步加强，对于酒店仍然存在着巨大的需求空间，尤其是高档次的五星级酒店的开发，无论是在市场方面还是在政府的引导上都是顺应经济走向的。

根据《北京市旅游酒店业发展规划》，到规划期末（2008 年），北京星级酒店总数将达到 800 家、客房 13 万间。2004 年北京星级酒店约为 600 家，2005 年约为 650 家，2006 年约为 700 家，平均年增长率约为 8%。因此，预计在未来的一段时间内，北京星级酒店供应量将继续平稳增加。

3. 价格分析

北京五星级酒店的门市均价约为 2 236 元/（间·天），优惠价约为 1 110 元/（间·天）；北京酒店的经营情况普遍看好，不仅出租率高达 70% 左右（除 2003 年受"非典"影响外），而且平均房价呈现上涨趋势。

酒店档次越高，经营效果越好，价格呈现平稳上升。所以在收入方面，五星级以上的酒店普遍都处于盈利状况，在此时介入，风险相对较小。

4. 竞争分析

当前楼市的利润虽然很高，但同时业主承担的风险也同等巨大，于是处于增长阶段的酒店业成了新一轮注资目标。高档住宅市场的回报率目前只有 3% 左右，而酒店业的回报率可高达 8%，两者之间的差距使得更多的开发商从楼市投资转向酒店市场投资。

虽然目前外资酒店集团真正管理的酒店数量实际不到 30 家，但世界前十名国际酒店管理集团中已有洲际、圣达特、万豪、雅高、希尔顿、精选、喜达屋、卡尔森及凯悦等 9 家国际著名酒店管理集团已经纷纷涉足北京酒店市场，而且他们在加快拓展北京酒店市场。

目前北京的酒店数量快速增加，特别是五星级酒店，已达 40~50 家。预计 2007—2008 年，北京高星级酒店供应量将继续增加。

5. 品牌分析

作为集团化的地产公司，招商局有必要开拓物业方面以降低地产开发方面的风险；此外，还可通过酒店日常经营收入确保企业的现金流量；酒店尤其是五星级以上，还是彰显集团公司品牌地位的一种象征。

6. 教训案例分析

虽然有上述美好的前景，但测量师从酒店经营的成功案例中也发现存在部分实例，并不盈利。作为典型的案例，王府饭店便是一例。作为北京五星级饭店中最著名的品牌之一，其年营业额超过 1.5 亿元，却一直处于亏损状态。酒店经营管理者——半岛集团的经营理念是只做高端，即它只经营超高档酒店，目标客户都是高品位顾客，也就是说是整个饭店客户消费群中的金字塔尖的部分，其经营收入达到了目的，毛利率也不低于 15%。但王府饭店当时（20 世纪 90 年代）投资 12 亿元人民币，并为企业的资本金所困，始终被银行的利息压得难以完成对投资者的回报，可以说这几乎是目前国内 50% 酒店亏损的一个主要原因。

测量师提请业主编制财务计划时予以关注，采取自有资金还是借贷资金，或与其他公司合资，或与酒店集团集资等融资形式，将直接影响实施中的运作及日后的经营。追求服务高品质的同时必须遵从企业生存发展的经济规律。

（四）合作伙伴——酒店经营者分析

1. 希尔顿集团简介

根据美国 *HOTELS* 杂志公布统计，希尔顿集团（英国）2004 年有酒店 403 座，房间 102 636 间，列第 11 位；2003 年列 10 位，酒店 392 座，房间 98 689 间。

根据企业之间的协议，希尔顿国际集团（Hilton International）和希尔顿酒店公司（Hilton Hotels Corp.）分享对 Conrad 品牌的运营权，其中包括在 13 个国家中的 17 家宾馆。希尔顿国际拥有在全球除美国以外地区使用希尔顿品牌名称的权利，旗下有 Hilton、Scandic 和 Conrad 等品牌，运营有 403 家酒店，其中 261 家的品牌名为希尔顿，另外 142 家则是针对中档市场的 Scandic 品牌。希尔顿国际酒店集团是总部设于英国的希尔顿集团公司旗下分支，拥有除北美洲外全球范围内希尔顿商标使用权，管理 405 家酒店，包括 263 家希尔顿（Hilton）酒店、142 家斯堪迪克（Scandic）酒店，在全球的 78 个国家拥有超过 7 万名雇员，有 10 多个不同层次的酒店品牌。希尔顿国际集团在全球的发展以谨慎著称。

2006 年希尔顿国际亚太有限公司被评选为中国饭店业国际品牌 10 强之 9。

希尔顿饭店公司已是世界公认的饭店业中的佼佼者。希尔顿饭店的宗旨是"为我们的顾客提供最好的住宿和服务"。希尔顿的品牌名称已经成为出色的代名词了。

与美国本土相比，希尔顿酒店在其他国家的品牌认知度较低，但在国际旅游者眼里，希尔顿却是首选，人们对房间的设置划分为办公区、放松区和盥洗区等感到熟悉。凡入住希尔顿的旅客均可赢得 50 多个航空公司的飞行旅程积分。国际希尔顿旅馆有限公司每天接待数十万计的各国旅客，年利润达数亿美元，雄踞世界最大旅馆的榜首。除南极之外，希尔顿已经遍布全球。

招商地产选择希尔顿是与自身的企业形象相匹配。

（1）希尔顿酒店管理的金科玉律。

1）酒店联号的任何一个分店必须要有自己的特点，以适应不同国家、不同城市的需要。

2）预测要准确。

3）大量采购。

4）挖金子：把饭店的每一寸土地都变成盈利空间。

5）为保证酒店的服务质量标准，并不断地提高服务质量，要特别注意培养人才。

6）加强推销，重视市场调研，应特别重视公共关系，用整个系统优势，搞好广告促销。

7）酒店之间互相帮助预订客房。

（2）创新管理模式。

1）细分目标市场，提供多样化的产品。

2）高标准的服务质量监控。

3）严格控制成本费用。

4）以人为本的员工管理战略。

5）积极全面地开展市场营销活动。

6）利用新技术。

2. Conrad 酒店简介

全球 18 家屡获大奖的超豪华型酒店 Conrad 位于欧洲、美洲、亚太地区和中东/非洲等地国家的首府和充满异国情调的度假胜地。Conrad 通过建立并保持最高级别的服务水平，本着著名的"Conrad 服务文化"理念，为商务和休闲游客创造价值。酒店客房舒适精美、餐厅高贵典雅、健身俱乐部设备完善、会议配套设施高档齐全。2005—2007 年，Conrad 还计划在美国、泰国、日本和阿拉伯联合酋长国（迪拜）增设 5 家酒店。所有 Conrad 酒店的客人都能享受到希尔顿全球预订中心和其知名客户忠诚项目 Hilton HHonors（R）的服务。

3. 北京 Conrad 酒店简介

据悉 2005 年 6 月 7 日，希尔顿国际酒店集团（HI）与中房集团在北京签署协议，宣布"康莱德"（Conrad）酒店落户北京；该集团旗下经济型酒店品牌"斯堪迪克"（Scandic）同时签约，两项工程均由中房集团海外发展有限公司负责开发，计划于 2008 年北京奥运会前营业。

北京康莱德酒店有 200 间客房、100 套服务式公寓；斯堪迪克酒店有 400 间客房和 100 套服务式公寓。这是欧洲以外的首家斯堪的克酒店，北京将成为世界上第一个拥有全部三个希尔顿国际品牌的城市，包括豪华型酒店康莱德、高档酒店希尔顿和面向中端市场的经济型酒店斯堪迪克。

北京 Conrad 酒店将落户于朝阳区二环路与三环路之间的长安大街，该地区的友谊商店将被改造成为一个占地 200 000m² 的综合开发区。Conrad 酒店预计占开发区总面积的 $\frac{1}{4}$，其余部分将被用于开发甲级写字楼和一个大型多层零售商场。长安大街是中国政治、经济和文化活动中心，享有"中华第一街"之美誉。

Conrad 共设有 200 间客房，100 套服务式公寓，各种餐厅及综合会议设施，其中包括可容纳 500 人的宴会厅、设备完善的 SPA 和健身俱乐部。预计酒店将吸引寻求豪华、一流服务的尊贵旅客。

4. 香港 Conrad 酒店简介

香港 Conrad 酒店又称香港港丽酒店，拥有 513 间各式雅致套房，为商务及休闲旅客提供最舒适的享受、最完善的设施及最体贴的服务。每间客房内都设有个人传真机、上网设备、卫星电视频道及两部电话。富丽堂皇的装修以及帝王式的享受，令人流连忘返。酒店亦设会客室供商务人士招待客人之用。酒店内设 4 家国际餐厅和 9 间宴客及会议厅，包含一间无柱式宴会厅，提供中、西式餐厅，可任意选择。此外，酒店还有商务中心及设备完善的健身俱乐部，包含室外游泳池及漩涡池。服务项目包括：会议厅、商务中心、IDD 电话、洗衣服务、商场、室外游泳池。

（五）　市场定位

1. 规模的选择

招商地产已经选择了希尔顿集团及其下属高端品牌 Conrad，而希尔顿集团也选择招商地产作为北京的合作伙伴，彼此间做了充分的了解和调研。因此，对于合作伙伴——酒店管理者的选择已无需深入讨论研究，应重点关注合作双方如何协调各自的文化和经营管理，如何就酒店的具体建设规划明确方向。

从 20 世纪 80 年代大批量建设的众多酒店经营实例中可以了解到，中国的酒店一定要瞄准市场，合理定位。酒店并不是越大越豪华就越能赚钱，投资者需要了解北京市场的真正需求，不能传统式地推出产品让市场去适应，而应该积极主动从市场需求方面来规划酒店的发展，而这也正是希尔顿所擅长的经营之道。希尔顿集团手中掌握着大量的客户名单，通过国际联营可直接引入境外客人，并且已在北京地区经营自身品牌的酒店。

建设、经营的关键取决于市场，取决于市场的承受力以及市场的需求。另外，就是要很会营造酒店氛围。为什么中国香港半岛酒店如此著名，入住率如此高，这不仅仅是因为那传统的建筑风格以及酒店先进的设施，更重要的是由于那悠久的历史所沉淀下来的酒店氛围，这种特有的氛围无疑是吸引人们的重要原因之一。

就本报告所要阐述的成本而言，这种特有的氛围并非靠高昂的材料堆砌而成，背后所沉淀的深厚文化才是真正的经营特色，而本项目所在地——北京正具备了这种深厚的文化历史背景。

2. 客房

酒店的客人希望在酒店乃至客房里使用到 21 世纪最先进的科技成果，如可视电话、高速网络等。但最终需要的还是所提供的服务，相比于 20 世纪最能够体现的突出的先进设施是电器产品和自动化程度，客房内基本的睡眠及休憩设施功能依然如旧，因而需从收入着手判别成本的投入额度。

（1）总建筑面积除以客房数，每间客房的平均建筑面积应在：

超五星级饭店在 $110 \sim 140 m^2$。

五星级饭店在 $100 m^2$。

四星级饭店在 $85\sim90m^2$。

三星级饭店大体上在 $80m^2$。

（2）投资额遵循的大致规律。

超五星级饭店 13 000 元/m^2。

五星级饭店约 9 500~11 000 元/m^2。

四星级饭店约 8 500~9 000 元/m^2。

三星级饭店约 7 800~8 200 元/m^2。

（3）出租率：

65% 的出租率是平均盈亏平衡点。

75%~80% 是最佳的出租率。

85% 是极限出租率。

超过 85% 的出租率，饭店就是在破坏性经营。

（4）定价：

平均一间客房投资的 1‰ 是饭店的合理房价。

一个城市饭店的房价，约等于同城同等档次房地产均价的 10%。

3. 大堂及餐厅

新奇的、富有吸引力的大堂、餐厅和酒吧，这不仅能够吸引酒店内的客人，也吸引酒店外的客人。对于客人来说，进入酒店首先见到的就是大堂，虽然其单方投资额远远高于客房的费用，但由于其重要程度也成为酒店经营投入的主要部分。餐厅及商业部分区域一般占到酒店面积的 12% 左右，作为酒店另一项重要的收入来源。

（1）通过对大堂部分的观察，主要依靠的是：家具及布艺、园林景观、灯光、材料造型、艺术品。

柔和暖色的装饰材料仅作为背景，由设计师结合酒店管理者的需求发挥自身的想象力予以布置。

（2）在美国的许多五星级酒店中，通常只有一个餐厅；而在亚洲，尤其是中国的高档酒店之中，会同时经营着几家风味不同的餐厅，才能满足不同客人的需要。

需要特别提醒注意的是，这些餐厅不一定要酒店自己经营管理的，如果餐饮部所能带来的利润低于利润的 20%，应当考虑将餐饮服务改为别的项目；也可以出租，由他人经营。这也是经营管理的方式之一。

4. 功能用房

水疗设施、健身俱乐部、商务中心或零售部都是可以增减的功能用房项目。假如所增加的服务项目切合本地市场需求的话，酒店住客和非酒店住客都有可能成为潜在的收入来源。具体如何实施需要和酒店经营管理者充分沟通。

5. 酒店标准手册

酒店经营者起着关键作用，投资人则是投资方向的决策人。希尔顿集团应向投资人提供其经营手册和技术标准要求，在确保议定的收益及分配比例前提下，投资人应尊重经营者的功能技术要求及品牌范围，但酒店管理者按惯例必须事先明确出示，以便投资人的安排和选择。

总之，定位的首要表现就是建筑师和室内设计师的平面布置图，虽然尚未涉及材料设备等价格因素，但此阶段将决定着以后所有具体设计工作的实施方向，以后一旦对此变动将导致成倍的费用支出。

（六）成本规划

1. 成本目标

酒店的收益，或者成本的支出，决定着投资者从中获取的收益额和收益率；而合理的成本目标既能满足酒店经营者的硬件需要，又能确保酒店的正常建设不致产生额外费用。

在目前京城良好的酒店业发展趋势下，选择了希尔顿酒店集团就意味着收益的确定；也因为选择了其高端的 Conrad 品牌，建设成本的投入应以其标准规划。

当务之急需要投资人和项目管理者从双方的协议角度判别，应先予以确定，再行分解由设计顾问落实，万万不可等待设计图纸完善后才着手考虑。

可以先行规划，编制框架，在操作过程中逐渐清晰缩减，无论何种原因而导致日后的价格膨胀对投资人都是不能接受的。

测量师通过系统测算得出了总投资约 7.6 亿元的估算。

2. 设计规划

设计师及咨询顾问费也是投资的一部分，也应成为测量师的控制范围，同样需要进行整体规划。测量师曾提出设计规划建议函，并就业主当前急需了解的设计工作提出报告。而且设计阶段的成效控制权重占 90% 左右，应是整项控制的重中之重。

设计规划的重点在于：

（1）项目管理者的总控和裁决。

（2）酒店标准和限额设计。

（3）设计班子/顾问团队的建立。

（4）建筑师的总协调。

（5）工作的范围和内容、界限。

（6）信息沟通和反馈。

（7）设计成果在工程中的反映。

设计师作为专业领域的高智能人员也需要业主的统一管理。尤其在面积规划方面（见表 5-12），必须符合酒店运营的服务程序要求和市场的需求。

表 5-12　面积规划表

功能用房名称	面积比例	备注
客房	60%	不含停车场和主建筑外的通道
走廊及服务区	7% ~ 8%	
楼梯电梯间	8%	
小计	75%	
公共区域	12% ~ 14%	取决于餐饮设施的数量和咖啡厅（或酒吧、特色餐厅）的规模，可能还有会议室
行政管理区	2%	酒店服务区之中

续表

功能用房名称	面积比例	备注
辅助用房	9% ~ 11%	厨房、库房、洗衣房、工程部、员工更衣室（或休息室等）区
100 间星级客房	10%	所需公共区域及支持区域面积的比例
250 间星级客房	25%	
200 间经济客房	10%	
高档酒店	30%	公共及支持区域占总面积比例

3. 设计管理

设计的目标是：施工建造一家能提供一切运营需要及关系的酒店，以创造一种令人难以忘怀的住店经历为目的设计氛围，向宾客提供 Conrad 酒店的特有服务。

提醒业主在设计阶段应着重设计协调、设计顺序及设计的进度表，若设计顺序及设计进度表安排不当将导致整个工程的延期，而设计协调不仅是设计师之间的协调更，需与酒店管理者协调，以满足酒店营运的需要。

4. 设计顺序

设计协调必须从概念设计着手，形成酒店的全面理念，除建筑和空间规划以外，还包括内部设计室内设计和外部环境。

室内设计师和园林建筑师需积极参与，以便为确保每个场所和每处景观的饰面、陈设陈设品和空间要求不是为了适应某个预先确定的外部设计和构造，而是在全面和协调的设计中得到相应的处理重视，需要室内设计师和景观建筑师的积极参与。

室内设计师的作用举足轻重。他们将作为最主要的公共场所空间的规划者，为整个空间设计以及为概念设计完成之前的每个单独室内空间设计指明设计方向。

在设计班子内部以及与业主和酒店管理公司保持良好的沟通，是成功开发项目最重要的一个方面。

在开工之前，设计班子应向业主和酒店管理公司提出一份国际公认的建筑物规程以及建筑物、饰面和陈设品的标准。

国际公认的规程及标准包括：

（1）统一建筑物规程（美国）。

（2）全国防火协会 101 标准（美国）。

（3）日本标准。

（4）英国标准。

（5）德国 DIN 标准。

（6）美国 UL 及 ASTM 标准。

境外设计师均习惯于采用上述标准，但必须在境内设计师的配合下重新调整以符合我国政府及验收部门的审核要求。

5. 进度表

（1）业主和设计班子核心成员应当建立一套项目进度表、短期任务进度表和会议记录程序。

（2）进度表应每月更新。

（3）工作开始之际，设计班子应准备一份经协调并取得达成一致的进度表。

（4）每月定期沟通信息。

（5）具体的落实及负责人员。

6. 设计协调

酒店设计成果的优劣需要酒店经营者评判，极有必要聘请或要求酒店管理者参与设计阶段的协调。此间的协调包括：

（1）与酒店经营者。如希尔顿极其强调空间的利用，设备管道的维修空隙与经营面积之争。

（2）与各专业顾问。如安防系统及监控点与境内设计标准的差异。

（3）与测量师造价指标。如客房内照明模块功能设置的复杂程度与分配费用。

（4）与项目管理。如各种管道的布置所引致防水工艺的合理实施。

（5）与业主。如图纸详细程度及提供时间与招标采购计划的矛盾。

7. 费用支出

按照以往酒店实施的规律，大致的建造费用支出分配如表 5-13 所示。

表 5-13　建造费用支出分配表

序号	项目名称	单方造价	费用比率
A	工程费用		50%~65%
	土建工程	1 850	
	装饰工程	5 200	
	机电工程	2 100	
B	甲供设备、材料	1 100	12%~18%
C	营运费用	600	3%~5%
D	顾问费用	860	5%~7%
E	不可预见费	665	3%~8%
F	总额	13 300	100%

总体开发费用比例见表 5-14。

表 5-14　总体开发费用比例表

开发费用	12%	项目评估，建筑设计，项目管理/顾问，建设和开发许可，建设保险，现场考察，特许权加盟费（视情况而定），不可预见费
建设成本	20%	土地平整，土木工程，设施管理，不可预见费
设备及装修	40%	家具，固定装置和设备
内装、机电	12%	室内精装修，厨房设备、洗衣机房设备、电子通信系统、保安系统、窗帘、桌布等，不可预见费
建设财务	7%	

试营业	4%	工资和培训，市场营销和广告，办公开支
启动资金	3%	
差额	2%	保留用于经营赤字
合计	100%	

8. 工程成本

反映在工程实施中的成本管理重点：

（1）项目管理者组织。

（2）设计成果的落实。

（3）预定合约计划。

（4）甲供材料界限。

（5）承包商、供货商的工作范围。

（6）变更的权限。

（7）准备、工作时限。

9. 外汇

涉及境外采购的产品与结算汇率密切相关，可采取：

（1）外币交易种类。

（2）固定汇率或浮动汇率。

（3）随时监测浮动汇率。

10. 材料采购

公开的产品势必随市场的波动而变化，宜采取：

（1）随实施进度安排采购计划。

（2）普通材料及短时完成项目，合同约定固定价格。

（3）电缆、钢筋等变幅不定材料，制订价格调整公式。

（4）预付款订货。

（5）履约保函或保证金制约。

（6）库存材料的事先调查。

11. 招标评审

无论调研如何详尽，材料设备价格的最终实现还需投标人的报价确定，此时的控制：

（1）广泛地招纳竞标者，即使垄断行业也存在内部竞标者。

（2）组织监理工程师等实地考察、反馈信息。

（3）招商局地产内部候选名录及酒店管理者推荐名录。

（4）业主控制入围名单。

（5）现场踏勘和交底。

（6）成本指标控制线。

12. 运营人工费

测量师通过多方了解，一般酒店在运营之中的员工工资比例大致见表5-15。

表 5-15　酒店运营中员工工资比例表

酒店部门	占工资总成本比例
客房部	34%
餐饮部	32%
会议宴会部	8%
管理人员	12%
市场销售人员	7%
工程部	7%
合计	100%
工资总额一般占酒店总收入的	35%

（七）材料设备选择

（1）根据测量师的经验，按照合约框架内容，在如下项目中不易存在产品品牌方面的问题：

1）结构工程——当地材料无需限定品牌。

2）建筑工程——普通装修，以质量而非品牌为准。

3）人防工程——人防门由人防部门指定。

4）幕墙工程——石材、铝板等均为市场化产品，只有玻璃有可能由设计师指定厂家。

5）室内精装——按酒店技术指标数据由设计师选定。

6）热力站系统——热力集团垄断。

7）变配电系统——电力集团垄断。

8）燃气工程——燃气集团垄断。

9）电气工程的电缆管线，暖通工程的风道管线——通用材料。

10）给水工程——自来水集团垄断。

11）电视电话——歌华有限及电信部门垄断。

12）雨污水系统——大众产品，无需考虑。

13）园林绿化——本地植物。

14）活动家具及艺术品——均由设计师根据效果决定，主观性较大。

15）灯具及标志标识——个性化较强，无法限定。

（2）在以下项目中大多限定或指定品牌、厂家。

1）室内精装的五金、门锁。

2）卫浴洁具。

3）床上用品。

4）小型电器。

5）电气开关。

6）电梯。

7）空调机组及末端设施。

8）冷却塔。

9）锅炉。

10）发电机。

11）配电箱柜及其中元器配件。

12）弱电设备。

13）水泵、风机。

14）厨房、洗衣机设备。

15）泳池设备。

16）SPA 设备。

17）健身设施。

　　境外高端酒店的技术要求中均会提出相应的技术数据，有些甚至指定了供货商及生产厂家，测量师节选部分供业主参阅并向希尔顿酒店集团的 Conrad 索取。

　　部分酒店集团的限定品牌及厂家见表 5-16。

表 5-16　部分酒店集团的限定品牌及厂家

设备名称	规格型号	技术要求	品牌范围
冷冻机	压缩离心式	三级压缩	Trane、York、Carrier
冷却塔		低噪双速电机	良机、菱电
空调末端设备			新晃、York、Carrier
温控开关		三速可调	Johnson、Honeywell
楼宇自控系统			Johnson、Honeywell
锅炉	高温热水蒸气	卧式湿背四回程	考克兰、标准、双良、迪森
水泵	离心多级		格兰富、ITT、KSB
高低压配电			ABB、梅兰日兰、默勒
层间配电箱开关			ABB、奇胜
发电机		风冷却	康明斯、劳斯莱斯
电梯			三菱、OTIS、东芝
程控交换机			北电、NEC
消防报警系统		34 000	GENT、西伯乐斯、爱德华
厨房烟罩灭火系统			ANSUL
热交换器	容积式	进口温控阀浮动盘管	阿法拉法、斯派莎克

续表

设备名称	规格型号	技术要求	品牌范围
阀门			KIZT、斯派莎克、冠龙
背景音乐/广播			TOA、飞利浦
调光设备		可编程多路集中控制	佑图、Roturan、Dynalite
净水器			EVERPURE
洗衣设备			Milnor、Electrolux
软水器	树脂交换	进口控制器	阿图祖
电视机	25E8Y		飞利浦
小冰箱	吸收式		伊莱克斯
电话机			Teledex、Telematrix
电气开关面板			奇胜、罗格朗
吹风机			SALOON
保险箱			Safeplace、Kingsgate
小排气扇	250mm		松下、爱美特
电子门锁		IC 卡、磁卡两用	SAFLOK、TESA
门锁	机械式	主钥匙系统可编程	YALE-固力
闭门器	带 90° 定位	明装导轨式，暗装	DORMA、YALE

不过在实践操作中，如果项目管理者提出符合技术要求的其他品牌，酒店管理公司并非一味坚持，但前提是双方的沟通合作顺畅，替代品牌质量优异。

例如，欧美的酒店管理集团倾向于使用境外的电视机，但许多境外产品不仅价格高而且维修困难，产品线往往断档，不如采用国内产品更值当。

再如，电器面板国内已经拥有大量的知名产品，如西门子 2000、梅兰日兰等，完全可以被酒店管理者接受。

还有，消防报警装置的 Notifier 已与麦克维尔合并，其产品系列也属于麦克维尔的一部分，完全可以被接受。

但具体的品牌和厂家还需查阅酒店管理公司的技术标准，才能更有针对性地提出意见。双方在具体产品选择上极易发生争议，归根到底就是因为产品的价格，限定的供货范围难以获得合适的价格。

另外，各个专业顾问应从各自行业的特点提供相关的专业考察报告，反映市场上高档酒店的设备选用和厂家技术发展情况，测量师提供部分专业报告供业主参考，但更深入地研究和调查必须由专业顾问予以判别和提供。

(八) 管理建议

1. 组织规划

(1) 设计阶段的管理框架见图 5-7。

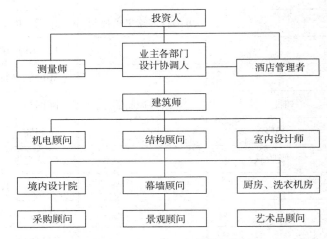

图 5-7　设计阶段的管理框架

(2) 施工阶段的管理框架见图 5-8。

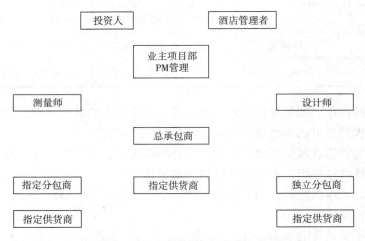

图 5-8　施工阶段的管理框架

2. 沟通机制

会议制度。

(1) 定期沟通。

(2) 问题汇集。

(3) 执行效果。

(4) 会议记录。

（九）总论

（1）作为专业顾问，瑞杰历信行特别提请业主关注。

1）项目盈利是贯穿全过程首要的任务。

2）成本的投入将决定预期收益。

3）工程成本引导项目的设计和变更。

（2）测量师在前述情况说明后向业主提出请求。

1）项目管理者应了解投资人与酒店经营者的合作协议。

2）投资人的收益或与酒店经营者的分成。

3）酒店品牌的技术标准及要求。

4）建筑师及其他设计团队的管理。

5）前期设计工作会议。

希望能得到业主的支持，提供上述或更多的信息，以便测量师提供贴合实际需求的全程成本管理服务。

（3）测量师建议。

1）资金投放的安全程度。为确保项目的顺利实施，投资人的资金安排需要沟通，测量师已提供之资金流量计划的反馈信息希望业主予以提供。

2）酒店经营的利益分配。招商局地产与希尔顿集团间的收益分成及额度应予明确，项目开发商将根据双方的协议落实项目的建设目标。

3）管理者的责权。开发商是本项目的管理者，代表投资人和酒店经营者建设酒店项目，应建立统一的管理框架，无论是投资人、酒店经营者，还是设计师、顾问，乃至承包商、供应商均应通过管理者的调度和安排，有条不紊地开展工作。

4）酒店品牌的技术要求及范围。康莱德是希尔顿酒店集团旗下的高端品牌，有自身的设施、材料技术标准，以及材料设备供应商名录，项目管理者应向其索取相关资料并在尊重其要求的基础上尽力扩大选择范围。

5）成本引导下的设计效果。由于酒店定位及管理者已经确定，收益也应明确，项目管理者应建立牢固的成本观念，从收益倒推出成本支出额度，绝非待设计定案后再落实成本目标，否则将陷于管理上的被动，时时被酒店经营者和设计人牵引方向。

6）技术条件下的经济支出。既然明确了经营目标，理应同时遵循经营条件，而达到经营条件之技术标准，就需要设计师不仅尊重酒店方面提出的技术要求，还要严格遵守投资人的经济要求，在限额标准下发挥自身的能力。

7）价值工程。酒店的高端并不意味着无限地投资，所选用的高端品牌也有规格档次之分，并非一味采用昂贵的部分；通用和标准规格的产品，势必比非标产品便宜；如大堂等重要部位，也存在大量的普通材料和装饰，如何画龙点睛，需要设计师多出方案，以利于评选；合资和国产用品不仅是价格的优势，更重要的是便于日后的经营管理。

8）进度计划。酒店管理公司对精装的工期要求一般均在一年左右，且不允许抢工。如果能与酒店管理公司就经营开业时间达成一致，应立即着手设计工作。而设计的安排同样需要规划和管理，尤其需要通过时间上的协调和衔接避免修改及重复，否则所造成的时间和经济损失比承包商对项目的影响更甚。

通过前期工作的接触，测量师急需得到业主方面的统一指令，在管理上明确界限，希望业主定期组织会议协调工作，召集相关顾问参与，沟通信息，以避免彼此理解上的偏差。

以上通过对酒店一系列标准的充分论证，最终设定详尽且合理的成本目标，测量师通过对业主的成本管理建议，并严格按照计划执行，最终将项目的总成本成功控制在估算书范围内。

（4）成本管理建议。企业经济活动的归根结底的目标就是赚取利润，测量师的成本管理宗旨就是在这一原则下不断调整、发展与国情、行情相符合的方法和策略，以协助贵司实现财富的积累，故测量师所提出的管理关键点是从财富管理的意图出发，而不是单纯及被动地跟踪、反映工程成本。

成本管理关键要素：

1）规划、设计阶段：设计管理。

2）招标阶段：执行估算指标管理、总分包管理平台的建立及执行、分包及材料供应价格的管理与控制。

3）项目实施阶段：业主内部管理、总控目标动态管理、工期与质量管理。

4）结算阶段：强化结算原则及程序，掌握结算节奏；过程中重大变更预估费用的二次复核；整体项目的成本分析与评价。

①设计管理。

a. 众多设计顾问提供的图纸易造成各方面的交叉和紊乱，具体建议可请国内配合设计院为牵头单位，将设计顾问的有关工作及范围统一提供予牵头单位处，进行统一协调。

b. 设计成果直接决定着建造的成本，包括各专业设计的统一性及匹配性、使用功能、技术性、经济性的预评估。

c. 建议根据总控目标进行项目划分，将分配至各个项目的计划费用作为设计限额的指标，交予设计顾问，经过交流后成为服务质量判别的标准之一。

d. 设计缺陷责任的落实，明确设计缺陷或不足的惩罚标尺，尽可能规避设计缺陷风险。

e. 测量师除跟随设计方案进行经济评价分析外还需负责设计合同的账款管理。

②贯彻执行估算指标管理。

a. 根据施工图设计图纸（或初步设计图纸）和设计说明对项目分部位/专业/系统进行计算或估算，以此测算项目建造成本总额或将建造成本总额与事先批准的投资总额进行对比。

b. 将投资总额分解到各建筑部位/专业/系统，以此确定各部分的限额设计额度。

c. 在初步设计及施工图设计过程中，随时与设计师保持紧密联系，随着设计的不断深化，从成本角度对设计方案（包括但不限于技术方案和建设方案）进行经济技术分析和动态的量化比较，并对项目建成后的经济效益进行科学的预测和评价。

d. 将项目的建筑安装总投资控制在事先批准的预算范围内，从而实现资金价值的最大化，追求工程设计性能价格比的最大化。

e. 编制（或审核设计院编制的，应业主的要求而定）施工图概算，将概算的各个组成部分与分解后的投资控制额度（限额设计额度）进行对照分析，在投资总额不变的情况下，动态调整各成本组成部分的分解额度；或根据业主需求的变化动态、合理地调整投资估算（限额设计额度）。

③总分包管理。

a. 建立一个树状的总/分包管理体系和一个全面管理和控制的总/分包工程的游戏规则；业主提供一个服务化的测量师管理平台，通过市场化的手段和执业规范的专业服务，参与和实现工程指定分包工程、市政和景观工程、指定设备和材料采购工程全方位和各层次的市场化招标；实施以动态指标为指引，实现合同管理和成本控制的管理目标。

b. 建立工程的管理平台及管理体系，明确总承包商的责任，减轻甲方的多层管理负担，通过合约管理体系保证工程的施工质量、施工进度。

c. 总/分包工程的估算及招投标在经济上的最终目标是要达到结算时不超标，因此之前规划的所有方案必须围绕此方向进行操作。

d. 施工图的变化是总包工程管理的难点，测量行根据工作程序必须首先审阅相关合同条款，不仅仅依靠设计图还需以合同编制的理念进行管理，其次总承包商的申报、核对拖沓也是造成工程数量迟迟不能确定的主要因素，只有通过工程付款才能促进承包商的总包管理及计量工作，最后设计师能否提供终版的设计图也是控制其成本的关键因素。

e. 总承包商对整个项目的协调管理能力直接影响了业主的管理负荷，而总包合同中约定的完善应予以充分考虑，实施过程中的矛盾与纠纷方能顺利化解。

f. 因酒店项目的配合管理需要总承包商承担巨大的责任，而在报价时总承包商往往不予重视，期待日后在结算中调价，作为一家有经验的测量行，在招标阶段将充分提醒投标单位，应该考虑到其中的困难，工作量不会因总包工作的完成而减省。

④分包及材料供应价格的管理与控制。

a. 明确告知分包商、供应商在本工程所建立工程的管理平台及管理体系，通过合约管理体系在总承包商的管理下保证其在本工程的施工质量、施工进度。

b. 提前进行厂家的选择，使业主有充分的时间与指定分包商或材料厂家洽谈，使价格达到最优。

c. 同时分包工程的分类规划是招投标前期准备的重要工作，根据测量行的招标约定，幕墙、机电及精装等分包工程属于设计-施工合同，要求投标人不仅具备丰富的施工经验，更要承担深化设计的责任，而相关的费用必须在报价中予以反映。

d. 分包工程的招投标应在总承包商的组织下，由业主进行操控，为避免分包工程投标工作的暗箱运作，最终的入围名单应由业主裁决。在精装修项目的施工单位中往往鱼龙混杂，挂靠单位众多，仅仅凭公布的信息不能确切地反映投标人的真实身份，测量行依靠自身的经验通过多渠道质询，能够深入了解，为业主选择有实力的候选单位。

e. 同时分包工程的分类规划是招投标前期准备的重要工作，根据测量行的招标约定，幕墙、机电及精装等分包工程属于设计-施工合同，要求投标人不仅具备丰富的施工经验，更要承担深化设计的责任，而相关的费用必须在报价中予以反映。

f. 分包工程及供应工程的界限划分又是一项重要的任务，在酒店项目中尤为突出，往往是引起彼此范围、责任纠纷的重点环节，测量行特此编制有针对性的合约规划建议书，在总包工程范围明确的情况下，与业主充分沟通，事先划清各自的范围界限，避免相互间的扯皮，并在招标之时对待招工程再次分配，以利于工作量的匹配和承包商之间的竞争。

g. 第一中标人选择后的第二中标人的候选准备：在工作量集中、工期紧的分包项目中，进行分标段策略或第二中标人候选措施，以保证项目的顺利实施。

⑤业主内部管理。

a. 业主内部部门的沟通与协调，建立工作方式及机制，做到责任分明。

b. 业主各部门管理权力执行与相互制约机制的建立与监控。

c. 管理权限的预警机制建立。

⑥总控目标动态管理。

a. 按项目可行性分析的经济回报收益率，匡算投资费用。

b. 结合类似工程成本制定总体成本目标，在此目标下规划各个项目费用及其比例。

c. 根据设计方案及详尽程度进行细化，并随时调整总控目标，以指导项目实际实施。

d. 总目标并非一成不变，但必须有完善的前提条件，通过对改变工程的做法提供准确的标准评估，这类变化的产生主要是根据项目整体定位的变动实现的，在变化与整体定位配套原则下进行变化，当变动与整体定位不配套时，则建议不变更实施。

⑦工期与工程质量管理。

a. 工期直接影响整体成本，计划工期与实际工期的矛盾调配是实现目标工期的关键。

b. 图纸进度、分包招标、材料设备招标计划、充分估计成本、半成品以及设备加工周期的实施均直接影响整体工期。

c. 境外采购周期及相关不确定风险因素亦是影响工期的重点因素。

d. 质量管理直接影响产品的交付时间，故在各工序控制、各专业相互影响的管理，是质量控制的重点。

⑧结算管理。

a. 强化结算原则及程序，掌握结算节奏。由于酒店工程所涉及分包、供应项目繁多，且施工期较长，故必须强化结算原则及程序，制订工作计划，分步骤按计划进行，否则会出现结算混乱局面，造成结算费用管理困难，且迟迟不能全部进行结算。

b. 过程中重大变更预估费用的二次复核。针对过程中重大变更所预估费用，进行二次细化复核，在充分理解实施情况后作出最终判别，有利于价格的合理性。

c. 整体项目的成本分析与评价。工程结算完毕后的项目后评价，总结过往工作的经验，分析得失，以利于日后工作的改进。

二、某建筑工程碳排放统计及分析案例

承德围场党校项目的建设整体采用建设–运营–移交（BOT）模式，即"筹资、融资、投资、建设、运营维护一体化"+"可行性缺口补助"的政府和社会资本合作模式（PPP），通过公开招标确定社会资本方对中共围场满族蒙古族自治县委党校一期、二期实施筹资、融资、投资、建设、运营、维护和移交。

党校项目作为绿色低碳建筑的试点，围场县政府在项目建设过程中提出了绿色低碳的具体要求，从设计阶段、建造阶段介入低碳理念，对建筑全生命周期的碳排放进行前期的设计管理。为落实相关要求，特委托瑞杰历信行完成前期绿色低碳相关测算、统计、分析等工作。

（一）项目概况

承德党校项目建设选址定于围场满族蒙古族自治县哈里哈镇三义号村，东临伊逊河、西

临村庄，南临湿地公园，北临农田，规划总用地面积122 125.45m²（约183.19亩），总建筑面积52 775m²，项目共分两期建设，以PPP模式开发。

一期建设总建筑面积35 296m²，主要建设内容包括：体育馆建筑面积1 771m²，报告厅建筑面积7 462m²，办公教学楼建筑面积4 260m²，室内停车场建筑面积2 970m²，多功能厅建筑面积867m²，学习书院建筑面积804m²，食堂建筑面积3 051m²，学员宿舍A、B、C栋总建筑面积14 311m²，以及室外配套工程，新建校外道路（全长446.93m）。

二期建设总建筑面积17 479m²，主要建设内容包括：学员宿舍D栋建筑面积13 404m²，学员宿舍E栋建筑面积2 075m²，员工宿舍建筑面积2 000m²，以及室外配套工程。

其中教学楼、宿舍楼通过被动式建筑形式设计；学员书院主体结构采用钢结构主体、木质结构+装配式来完成。

同时聘请清华大学碳中和研究院，对建筑全生命周期的碳排放进行设计，从设计、建造阶段就将碳排放降下来。

通过全面围绕碳中和理念，通过党校建设作为试点项目，展示新材料、新工艺的优点，将低碳的理念从设计阶段就介入，最终把产业链上所有产品以教科书式模板进行推广。

（二）党校项目建设的工作内容

（1）项目初期沟通项目需求，通过工程量清单的形式，对拟进行的建筑、结构、幕墙、机电、园林等各专业设计方案进行计算，完成项目碳排放的测算统计工作。

（2）根据低碳的要求，评估材料设备及施工工艺的替代方案。

（3）通过碳排放核算体系确定党校项目碳排放目标以后，对项目全部材料、设备工艺碳排放进行权重分析，对碳排放高的项目进行重点监控。根据招标阶段、施工阶段的具体碳排放数据收集统计，与目标数据随时比对，对预计超出计划碳排放值的材料、设备及施工工艺提出预警。

（4）通过党校项目建设碳排放管理工作，形成标准化的碳排放核算及管理的技术标准文件，并将数据融入当地整体低碳产业链中，对后续项目的发展提供数据应用支持。

（5）提供项目的成本模型，用于指导项目管理公司来完成成本目标的具体落实。

（三）项目碳排放统计及分析具体方案

1. 绿色低碳建筑的管理目标

本项目作为绿色低碳建筑的试点示范，将全面围绕"碳中和及碳达峰"的伟大战略开展工作。基于PPP模式运作方式，从设计阶段、建造阶段介入低碳理念，对建筑全生命周期的碳排放进行设计管理，集成应用低碳施工技术。同时定期举行观摩及经验交流活动，使全行业认识到低碳施工可以实现巨大的环境效益与社会效益，树立绿色低碳施工的发展理念。

本项目将贯彻以资源的高效利用为核心，以环保优先为原则的指导思想，追求高效、低耗、环保，统筹兼顾；实现经济、社会、环保（生态）综合效益最大化的绿色施工模式。

2. 碳排放值及碳排放数据库

低碳发展需要量化支持，通过建立建筑工程碳排放核算体系、多维度的碳排放指标体系以及碳排放数据库，从中找到相关碳排放因子以形成减碳排措施。

（1）碳排放值的测定方式。

1）碳排放源：本项目实行工程量清单计价规范，碳排放的测定采用工程要素划分形式为研究对象（即分部分项工程碳排放、措施项目碳排放、其他项目碳排放等）。将分部分项工程作为基础核算单元，形成类似"清单项综合单价"，计算分项工程的单位综合碳排值，使建筑工程碳排放量更加直观、透明。

2）碳排放因子：根据《建筑碳排放计算标准》GB/T 51366—2019 及省市关于节能减排方面相关规定，对建筑工程碳排放、计算边界、排放因子以及计算方法进行明确，进而计算得出建筑工程中各阶段的碳排放量的基础数据。如生产 1 吨建筑钢材所排放的碳值约 2 200$kgCO_2e$，型号为 D40 的钢筋切断机工作 1 台班所消耗能源的碳排放量约 17$kgCO_2e$ 等。有关建筑工程各项生产活动所排放的碳量均以数值体现，形成碳排放因子基础数据库，为后续应用分析提供支持。建筑材料、机械碳排放值示例见图 5-9。

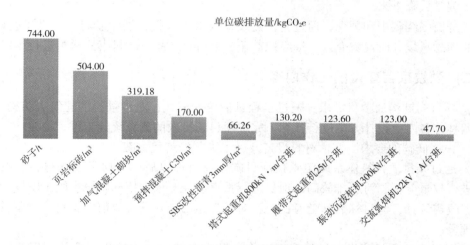

图 5-9　建筑材料、机械碳排放值示例

3）综合碳排值测算。建设阶段：碳排放因子基础数据库建立是建筑施工阶段碳排放量化工作的关键环节，是实现温室气体减排目标、建设碳排放交易市场的重要基础。如建筑工程量清单中的"钢筋工程"，则包含原材料生产运输、现场加工、绑扎安装等系列工作内容，参考行业及企业平均生产水平，其工序构成明细如表 5-17 所示。

表 5-17　建筑工程量清单中单位"钢筋工程"工作内容构成

序号	类别	名称	规格及型号	单位	消耗量
1	人工	综合工二类工	—	工日	8.29
2	材料	钢筋	HRB400 12	t	1.045
3	材料	镀锌铁丝	DO.7	kg	2.63
4	材料	水	—	m^3	0.13
5	材料	电焊条	—	kg	7.20
6	机械	钢筋切断机	D40	台班	0.08

序号	类别	名称	规格及型号	单位	消耗量
7	机械	钢筋调直机	D40	台班	0.20
8	机械	钢筋弯曲机	D40	台班	0.22
9	机械	交流弧焊机	32kV·A	台班	0.33
10	机械	对焊机	75kV·A	台班	0.09

依据表 5-16 中碳源消耗量，代入碳排放因子，即碳排放量=碳源消耗量×碳排放因子。在此基础上，得到施工阶段碳排放计算公式：

$$E_C = E_{C1} + E_{C2} + E_{C3} + E_{C4}$$

式中：E_{C1}——施工材料生产产生的碳排放量；

　　　E_{C2}——施工材料运输产生的碳排放量；

　　　E_{C3}——施工现场产生的碳排放量；

　　　E_{C4}——施工废弃物产生的碳排放量。

综上，可以计算出单位现浇混凝土钢筋工程，生产运输阶段综合碳排值为 2 318.52kgCO$_2$e，制造阶段综合碳排值为 48.62kgCO$_2$e。

同理，运营阶段通过统计项目照明、空调、供热、电梯、太阳能、园林等各系统设备数量功率等参数信息，根据不同使用频率设置缺省值信息，统计在单位时间内运营所需的能源消耗。计算项目运营阶段的各系统的碳排放值及统计指标。

（2）碳排放数据库。本企业通过实际工程项目案例建模，积累统计数据后搭建碳排放数据库，按照土石方工程、护坡及降水工程、桩基工程、钢筋工程、混凝土工程等近 54 项专业分项工程进行碳排放数据归集，剔除合约框架对工程章节划分束缚，利于各项目拉通对比，更适应市场化实践需求。

基于碳排值的测定统计数据，对建筑工程单位重量造价（元/kg）、单位重量碳排放值（kg/kg）、单位面积造价（元/m^2）、单位面积碳排放值（kg/m^2）以及单位造价碳排值（kg/元）等指标进行多维度的建立，用于指导碳排放估算指标的编制，估算拟建项目发生的碳排放量，预测其发展趋势，制定项目低碳目标，为项目的决策者做好低碳目标控制工作提供依据。

3. 绿色低碳建筑的管理制度

本工程项目针对碳排放的管理制度，按照如下六大环节严格把控（见图 5-10），即：

图 5-10　碳排放管理制度六大环节

（1）碳指标预测。通过碳排放数据库，指导本项目碳排放估值指标的编制。在项目开发前期，对建筑材料、施工、项目运营三个层面的建筑全生命周期相关碳排放值进行估算。

（2）碳指标计划。在碳指标预测的基础上，组织编制碳排放清单，确定项目的计划目标碳排量。

（3）碳指标控制。

1）碳指标控制项目建设的各个阶段，对各项生产要素采取一定措施进行监督、调节和控制，及时预防、发现和纠正偏差，做到主动控制及被动控制相结合。

2）设计阶段，关注总体规划的合理性，即对建筑的朝向、采光、外窗的气密性和可开启窗面积，通风以及绿化等因素进行整体布局规划。通过设计初期机电系统选型对比分析，选择满足功能需求，但建造期、运营期相对平衡的低碳排放系统组合。发展绿色建材，如用粉煤灰、矿渣来做水泥，以及再生骨料混凝土，把用过的混凝土重新粉碎，循环利用，结合高强度材料做成再生混凝土等。

3）通过碳排放数据库历史数据统计，建筑工程运行阶段及建材生产阶段碳排值占比高达95%，其中钢筋、混凝土碳排放量约占建材生产阶段88%。针对这两个碳排放量较大的专业工程，在制订施工组织计划时首先将重点关注这两个环节的施工组织安排，防止施工机械出现不必要的空转时间，产生不必要的碳排放量。其次可对这两个环节的施工机械进行提升优化，在确保成本增加值在可控范围内，选用节能环保型机械，有针对性地降低碳排放量。

（4）碳指标核算。根据前述碳排放值的测定方式，结合工程实际的生产制造、加工运输、安装调试，不同材料设备厂家、企业涉及的工艺、技术方法等，测定项目的实际碳排值。挖掘利用碳排放量结果与工程量联动关系，进行建设工程项目管理活动的碳排放核算的功能。以碳排放为影响因素优化施工方案实现节能减排的事前管理，或者预估项目碳排放量配额参与碳排放交易活动，或者碳排放量实时监控等。

（5）碳指标分析。通过对目标项目进行建模分析，分别测定建筑工程项目各生产活动的综合碳排值，同时进行相关性、独立性分析，形成多维度碳排放指标。进行预算指标、目标指标和实际指标的"三阶段"对比，分别计算实际指标与预算指标、实际指标与目标指标的偏差，分析偏差的原因，为今后的节能减排工程寻求途径。

（6）碳指标考核。编制考核评分表（如表5-18所示，具体评价指标结合项目实际情况另行编制），采用定性指标及定量指标相结合的考核标准，可引入第三方独立监督评价机构，给予相关责任者相应的奖励或惩罚等。

表 5-18　考核评分表

指标类别	指标	分值	得分	备注
定性指标	有无环保相关部门罚款	20		
	施工场地绿化是否达标	20		
	……			
定量指标	建筑物拆改率	15		
	建材可重复利用率	15		
	无效碳指标排放率	30		
	……			
合计		100		

4. 低碳减排的保障措施

（1）提高员工节能减排意识。对于传统建筑施工者而言，往往关注建筑设施本身的安全性和可靠性，对于节能减排的意识较为薄弱，容易造成施工阶段的材料浪费，势必造成严重的碳排现象。企业应通过定期组织人员培训，加强绿色低碳建筑意识教育，学习国家有关规范、标准等。

（2）建立部门责任制度及奖惩制度。制定低碳管理目标，建立部门责任制度，并进行量化考核，设立专项奖励基金，根据定期核算结果进行评比，对成绩优秀的责任部门进行公示表扬和奖励，未达标的工作部门进行批评教育和处罚等制度，具体内容如表5-19所示。

表 5-19　部门责任制及管理目标

序号	责任部门	管理内容	管理目标
1	机电安装部门	能源利用	控制能源消耗、控制用电指标，提高节能灯具占比，并进行量化考核
		水资源利用	基坑降水未停之前充分利用井点降水资源，采用地下水作为搅拌、养护、冲洗和部分生活用水，并进行量化考核
2	施工管理部	节地与施工用地保护	施工现场搅拌站、仓库、加工厂、作业棚、材料堆场等布置应考虑最大限度地缩短运输距离，尽量靠近已有交通线路或即将修建的正式或临时交通线路，并进行量化考核
3	物资部	材料资源利用	低碳工艺、材料、设备的评比优化；降低材料损耗率，尽量就地取材，并进行量化考核

（3）建立企业评级制度。建立设备、材料供应企业沟通平台，通过企业碳排放评级制度，向满足低碳要求的相关企业提供合作机会、业务推广等需求。实现同企业不同项目或者不同企业不同项目之间的相互比较，提高碳排放评价的一致性，使评价结果更具有实际意义。

通过上述各阶段管理制度及保障措施的具体实施，达到碳排放控制的基本目的，并总结管理过程中的标准流程，将建筑施工碳排放统计、管理、应用等形成一系列标准规范，针对后续建设项目的施工碳排放工作安排做出进一步指导。从低碳发展角度来看，还可进一步规范对施工碳排放核算及管理体系在工程全过程低碳管理中的应用，并结合建设信息模型技术指导企业在建设工程各个阶段的碳排放量进行估算、核查，制定企业碳排放量报告制度，从而满足碳排放总量控制的要求。

<h1 align="center">第六节　发展方向及展望</h1>

一、数据模型发展趋势

随着数据科学技术的发展，建筑成本数据模型也将不断发展。以下是数据模型发展的一些趋势和方向：

（1）数学应用的推进。随着数学技术的不断进步，包括深度学习、机器学习和人工智能等技术，将更好地应用于数据模型的建立和应用中。

（2）数据可视化。数据可视化是将数据呈现为图表、表格和图形的过程，可以更直观地展现数据的特征和趋势。在数据模型中，数据可视化将更加重要，以帮助用户更好地理解和应用数据。

（3）云计算和大数据。随着云计算和大数据技术的普及，数据模型将更加依赖这些技术来存储和处理大量数据。云计算和大数据技术将能够更好地支持数据模型的开发和应用。

（4）数据安全和隐私保护。数据安全和隐私保护将是数据模型发展的一个重要方向。在建立数据模型时，必须考虑数据的安全性和隐私保护，以保护数据的真实性、完整性和保密性。

（5）开放数据模型。随着数据模型的发展，开放数据模型将变得更加普遍。这些模型将基于开放标准和协议，以促进数据共享和互操作性，从而更好地支持数据模型的建立和应用。

总之，数据模型将会不断发展，而在这个过程中，数学技术、数据可视化、云计算和大数据技术、数据安全和隐私保护以及开放数据模型等方面都将成为数据模型发展的重要趋势。

二、数据模型研究方向

建筑成本数据模型在工程造价市场化改革中发挥了重要作用，但仍然有许多方面可以进一步改进和完善，因此未来的发展方向和研究展望如下：

（1）数据共享和协同。在建筑成本数据模型的基础上，将更多的数据进行共享和协同处理，包括材料成本、人力成本、机械设备成本等，实现全流程数据的可视化和可控。这有助于实现各参与方之间的合作和协同，提高工程管理的效率和效益。

（2）人工智能和大数据技术的应用。将人工智能和大数据技术应用于建筑成本数据模型中，可以更好地处理和分析大量数据，预测成本风险，提高估算准确度，同时也可以根据历史数据进行预测和优化建筑成本管理。

（3）精细化管理。建筑成本管理需要更加精细化和定制化，以适应不同项目的需求。未来，建筑成本数据模型需要提供更加细致和专业的管理模式，以满足各类项目的需求。

（4）可视化和智能化。未来建筑成本数据模型将朝向更加可视化和智能化的方向发展，使各参与方能够更加直观地了解工程进展和成本变化，及时做出调整和决策。

（5）绿色建筑和可持续发展。随着社会对绿色建筑和可持续发展的需求不断增强，建筑成本数据模型将逐渐融入这一领域中，通过对碳排放、能耗等方面进行统计和分析，推动建筑行业向更加环保和可持续的方向发展。

总之，未来建筑成本数据模型将持续发展，随着技术的不断进步和市场的不断变化，它将逐渐成为建筑工程管理的核心工具。

三、与碳排放相关研究的结合与展望

针对建设工程施工碳排放核算指标体系的应用研究，以及构建碳排放数据库，以碳排放核算数据为基础编制碳排放估算指标的应用。施工碳排放核算体系满足工程项目低碳管理的要求，为实现基于四大目标体系——进度、质量、成本、碳排放的工程项目管理工作提供可能。

　　碳数据的研究，必然是以数据库结构形态为基础。我们的研究方向也必须改变列表形式的大量数据形态，建立对应完整的数据库。这样的数据结构，创造今后建筑业数据业务的提升，同时也为建筑业与其他行业（比如碳行业）数据之间的相互应用提供基础。

　　当然，建设工程施工碳排放数据统计以及核算体系不仅局限于指导施工阶段实际碳排放量计量，而是最终获取 CCER 的认证，并能指导在建设工程项目全过程低碳管理工作中碳排放核算工作，为最终碳交易做准备。

　　从企业低碳发展角度，可进一步对施工碳排放核算体系在工程全过程低碳管理中的应用，并结合建设信息模型技术指导企业在建设工程各阶段对碳排放量进行估算、预算、核查。制定企业碳排放量报告制度，从而满足区域碳排放总量控制的要求。

　　从行业低碳发展角度，可进行利用施工碳排放核算体系指导完成行业碳排放估算指标、概算指标以及各类型工程碳排放定额的编制。同时，进一步研究如何运用该体系实现较准确的碳排放配额的计算，准确制定建设工程行业企业的碳排放配额，加快建设工程行业的企业加入碳排放交易市场的脚步。

　　从区域或国家低碳发展的角度，充分利用互联网、物联网、大数据以及云平台等技术，建设包括碳排放因子、碳排放指标在内的国家碳排放基础数据库，搭建区域碳排放大数据平台。通过平台的信息发布，实现区域内不同建设项目的碳排放情况实时监测，区域碳排放总量监控、碳排放量超标警报等功能。各级各类监测数据在平台中互联共享，提升区域或国家信息化碳排放管理能力。

参 考 文 献

［1］边馥苓．数字工程的原理与方法［M］．第 2 版．北京：测绘出版社，2011．

［2］查克·伊斯曼．BIM 手册［M］．北京：中国建筑工业出版社，2016．

［3］中国建筑业信息化发展报告（2021）智能建造应用与发展编委会．中国建筑业信息化发展报告（2021）智能建造应用与发展［M］．北京：中国建筑工业出版社，2021．

［4］中国建筑施工行业信息化发展报告（2018）大数据应用与发展编委会．中国建筑施工行业信息化发展报告（2018）大数据应用与发展［M］．北京：中国建筑工业出版社，2018．

［5］华为公司数据管理部．华为数据之道［M］．北京：机械工业出版社，2020．